中国科学院科学出版基金资助出版

《数学机械化丛书》获国家基础研究发展规划项目“数学机械化方法及其在信息技术中的应用”与“数学机械化应用推广专项经费”资助

数学机械化丛书　11

不等式机器证明与自动发现

杨　路　夏壁灿　著

科 学 出 版 社
北　京

内 容 简 介

本书主要介绍作者及其合作者近十年来在不等式机器证明与自动发现方面的工作，兼顾经典结果和方法. 全书共分 7 章，分别介绍和论述多项式的伪除与结式、相对单纯分解、多项式的实根、常系数半代数系统的实解隔离、参系数半代数系统的实解分类、不等式机器证明的降维算法与 BOTTEMA 程序以及不等式的明证. 除第 1 章及第 3 章、第 7 章的部分内容外，余皆作者及合作者的工作. 附录介绍了子结式理论和柱形代数分解算法，还包括了对作者自编软件包 BOTTEMA 的使用说明.

本书可作为高等院校、科研机构数学或计算机科学方向研究生的教材，也可作为相关专业研究人员和工程技术人员的参考书.

图书在版编目(CIP)数据

不等式机器证明与自动发现/杨路，夏壁灿著. —北京：科学出版社，2007
(数学机械化丛书；11)

ISBN 978-7-03-020721-0

I.不… II.①杨… ②夏… III.不等式-机器证明 IV.O178-39

中国版本图书馆 CIP 数据核字(2007) 第 186181 号

责任编辑：赵彦超 吕 虹／责任校对：张怡君
责任印制：徐晓晨／封面设计：王 浩

科学出版社 出版
北京东黄城根北街 16 号
邮政编码：100717
http://www.sciencep.com

北京凌奇印刷有限责任公司 印刷

科学出版社发行 各地新华书店经销

*

2008 年 1 月第 一 版 开本：B5(720 × 1000)
2017 年 1 月第二次印刷 印张：15
字数：277 000

POD定价： 88.00元
（如有印装质量问题，我社负责调换）

《数学机械化丛书》前言[①]

十六七世纪以来, 人类历史上经历了一场史无前例的技术革命, 出现了各种类型的机器, 取代各种形式的体力劳动, 使人类进入一个新时代. 几百年后的今天, 电子计算机已可开始有条件地代替一部分特定的脑力劳动, 因而人类已面临另一场更宏伟的技术革命, 处在又一个新时代的前夕. 数学是一种典型的脑力劳动, 它在这一场新的技术革命中, 无疑将扮演一个重要的角色. 为了了解数学在当前这场革命中所扮演的角色, 就应对机器的作用, 以及作为数学的脑力劳动的方式, 进行一定的分析.

1. 什么是数学的机械化

不论是机器代替体力劳动, 或是计算机代替某种脑力劳动, 其所以成为可能, 关键在于所需代替的劳动已经“机械化”, 也就是说已实现了刻板化或规格化. 正因为割麦、刈草、纺纱、织布的动作已经是机械化刻板化了的, 因而可据此造出割麦机、刈草机、纺纱机、织布机来. 也正因为加减乘除开方等运算这一类脑力劳动, 几千年来就已经是机械地刻板地进行的, 才有可能使得 17 世纪的法国数学家 Pascal, 利用齿轮传动造出了第一台机械计算机 —— 加法机, 并由 Leibniz 改进成为也能进行乘法的机器. 数学问题的机械化, 就要求在运算或证明过程中, 每前进一步之后, 都有一个确定的、必须选择的下一步, 这样沿着一条有规律的、刻板的道路, 一直达到结论.

在中小学数学的范围里, 就有着不少已经机械化了的课题. 除了四则、开方等运算外, 解线性联立方程组就是一个很好的例子. 在中学用的数学课本中, 往往介绍解线性方程组的各种“消去法”, 其求解过程是一个按一定程序进行的计算过程, 也就是一种机械的、刻板的过程. 根据这一过程编成程序, 由电子计算机付诸实施, 就可以不仅机器化而且达到自动化, 在几分钟甚至几秒钟之内求出一个未知数多至上百个的线性方程组的解答来, 这在手工计算几乎是不可能的. 如果用手工计算, 即使是解只有三四个未知数的方程组, 也将是繁琐而令人厌烦的. 现代化的国

① 20 世纪七八十年代之交, 我尝试用计算机证明几何定理取得成功, 由此提出了数学机械化的设想. 先后在一些通俗报告与写作中, 解释数学机械化的意义与前景, 例如 1978 年发表于《自然辩证法通讯》的“数学机械化问题”以及 1980 年发表于《百科知识》的“数学的机械化”. 二文都重载于 1995 年由山东教育出版社出版的《吴文俊论数学机械化》一书. 经过 20 多年众多学者的努力, 数学机械化在各个方面都取得了丰富多彩的成就, 并已出版了多种专著, 汇集成现在的数学机械化丛书. 现据 1980 年的《百科知识》的“数学的机械化”一文, 稍加修改并作增补, 以代丛书前言.

防、经济建设中, 大量出现的例如网络一类的问题, 往往可归结为求解很多未知数的线性方程组. 这使得已经机械化了的线性方程解法在四个现代化中起着一种重要作用.

即使是不专门研究数学的人们, 也大都知道, 数学的脑力劳动有两种主要形式: 数值计算与定理证明 (或许还应包括公式推导, 但这终究是次要的). 著名的数理逻辑学家美国洛克菲勒大学教授王浩先生在一篇有名的《向机械化数学前进》的文章中, 曾列举了这两种数学脑力劳动的若干不同之点. 我们可以简略而概括地把它们对比一下:

计算	证明
易	难
繁	简
刻板	灵活
枯燥	美妙

计算, 如已经提到过的加、减、乘、除、开方与解线性方程组, 其所以虽繁而易, 根本原因正在于它已经机械化. 而证明的巧而难, 是大家都深有体会的, 其根本原因也正在于它并没有机械化. 例如, 我们在中学初等几何定理的证明中, 就经常要依靠诸如直观、洞察、经验以及其他一些模糊不清的原则, 去寻找捷径.

2. 从证明的机械化到机器证明

一个值得提出的问题是: 定理的证明是不是也能像计算那样机械化, 因而把巧而难的证明, 化为计算那样虽繁而易的劳动呢? 事实上, 这一证明机械化的设想, 并不始自今日, 它早就为 17 世纪时的大哲学家、大思想家和大数学家 Descartes 和 Leibniz 所具有. 只是直到 19 世纪末, Hilbert(德国数学家, 1862~1943) 等创立并发展了数理逻辑以来, 这一设想才有了明确的数学形式. 又由于 20 世纪 40 年代电子计算机的出现, 才使这一设想的实现有了现实可能性.

从 20 世纪二三十年代以来, 数理逻辑学家们对于定理证明机械化的可能性进行了大量的理论探讨, 他们的结果大都是否定的. 例如 Gödel 等的一条著名定理就说, 即使看来最简单的初等数论这一范围, 它的定理证明的机械化也是不可能的. 另一方面, 1950 年波兰数学家 Tarski 则证明了初等几何 (以及初等代数) 这一范围的定理证明, 却是可以机械化的. 只是 Tarski 的结果近于例外, 在初等几何及初等代数以外的大量结果都是反面的, 即机械化是不可能的. 1956 年以来美国开始了利用电子计算机做证明定理的尝试. 1959 年王浩先生设计了一个机械化方法, 用计算机证明了 Russell 等著的《数学原理》这一经典著作中的几百条定理, 只用了 9 分钟, 在数学与数理逻辑学界引起了轰动. 一时间, 机器证明的前景似乎非常乐观. 例如 1958 年时就有人曾经预测: 在 10 年之内计算机将发现并证明一个重要的数学新定理. 还有人认为, 如果这样, 则不仅许多著名哲学家与数学家如 Peano、Whitehead、Russell、Hilbert 以及 Turing 等人的梦想得以实现, 而且计算将成为科学的皇后, 人类的主人!

然而, 事情的发展却并不如预期那样美好. 尽管在 1976 年, 美国的 Hanker 等人, 在高速计算机上用了 1200 小时的计算时间, 解决了数学家们 100 多年来所未能解决的一个著名难题 —— 四色问题, 因此而轰动一时, 但是, 这只能说明计算机作为定理证明的辅助工具有着巨大潜力, 还不能认为这样的证明就是一种真正的机器证明. 用王浩先生的说法, Hanker 等关于四色定理的证明是一种使用计算机的特例机证, 它只适用于四色这一特殊的定理, 这与所谓基础机器证明之能适用于一类定理者有别. 后者才真正体现了机械化定理证明, 进而实现机器证明的实质. 另一方面, 在真正的机械化证明方面, 虽然 Tarski 在理论上早已证明了初等几何的定理证明是能机械化的, 还提出了据以造判定机也即是证明机的设想, 但实际上他的机械化方法非常繁, 繁到不可收拾, 因而远远不是切实可行的. 1976 年时, 美国做了许多在计算机上证明定理的实验, 在 Tarski 的初等几何范围内, 用计算机所能证明的只是一些近于同义反复的“儿戏式”的“定理”. 因此, 有些专家曾经发出过这样悲观的论调: 如果专依靠机器, 则再过 100 年也未必能证明出多少有意义的新定理来.

3. 一条切实可行的道路

1976 年冬, 我们开始了定理证明机械化的研究. 1977 年春取得了初步成果, 证明初等几何主要一类定理的证明可以机械化. 在理论上说来, 我们的结果已包括在 Tarski 的定理之中. 但与 Tarski 的结果不同, 我们的机械化方法是切实可行的, 即使用手算, 依据机械化的方法逐步进行, 虽然繁复, 也可以证明一些艰深的定理.

我们的方法主要分两步, 第一步是引进坐标, 然后把需证定理中的假设与终结部分都用坐标间的代数关系来表示. 我们所考虑的定理局限于这些代数关系都是多项式等式关系的范围, 例如平行、垂直、相交、距离等关系都是如此. 这一步可以叫做几何的代数化. 第二步是通过代表假设的多项式关系把终结多项式中的坐标逐个消去, 如果消去的结果为零, 即表明定理正确, 否则再作进一步检查. 这一步完全是代数的, 即用多项式的消元法来验证.

上述两步都可以机械与刻板地进行. 根据我们的机械化方法编成程序, 以在计算机上实现机器证明, 并无实质上的困难. 事实上数学所某些同志以及国外的王浩先生都曾在计算机上试行过. 我们自己也曾在国产的长城 203 台式机上证明了像 Simson 线那样不算简单的定理. 1978 年初我们又证明了初等微分几何中主要的一类定理证明也可以机械化. 而且这种机械化方法也是切实可行的, 并据此用手算证明了不算简单的一些定理.

从我们的工作中可以看出, 定理的机械化证明, 往往极度繁复, 与通常既简且妙的证明形成对照, 这种以量的复杂来换取质的困难, 正是利用计算机所需要的.

在电子计算机如此发展的今天, 把我们的机械化方法在计算机上实现不仅不难, 而且有一台微型的台式机也就够了. 就像我们曾经使用过的长城 203, 它的存数最多只能到 234 个 10 进位的 12 位数, 就已能用以证明 Simson 线那样的定理. 随着超大规模集成电路与其他技术的出现与改进, 微型机将愈来愈小型化而内存却愈来愈大, 功能愈来愈多, 自动化的程度也愈来愈高. 进入 21 世纪以后, 这一类方便的小型机器将为广大群众普遍使用. 它们不仅将成为证明一些不很简单的定理的武器, 而且还可用以发现并证明一些艰深的定理, 而这种定理的发现与证明, 在数学研究手工业式的过去, 将是不可想像的. 这里我们应该着重指出, 我们并不鼓励以后人们将使用计算机来证明甚至发现一些有趣的几何定理. 恰恰相反, 我们希望人们不再从事这种虽然有趣却即是对数学甚至几何学本身也已意义不大的工作, 而把自己从这种工作中解放出来, 把自己的聪明才智与创造能力贯注到更有意义的脑力劳动上去.

还应该指出, 目前我们所能证明的定理, 局限于已经发现的机械化方法的范围, 例如初等几何与初等微分几何之内. 而如何超出与扩大这些机械化的范围, 则是今后需要探索的长期的理论性工作.

4. 历史的启示与中国古代数学

我们发现几何定理证明的机械化方法是在 1976 至 1977 年之间. 约在两年之后我们发现早在 1899 年出版的 Hilbert 的经典名著《几何基础》中, 就有着一条真正的正面的机械化定理: 初等几何中只涉及从属与平行关系的定理证明可以机械化. 当然, 原来的叙述并不是以机械化的语言来表达的, 也许就连 Hilbert 本人也并没有对这一定理的机械化意义有明确的认识, 自然更不见得有其他人提到过这一定理的机械化内容. Hilbert 是以公理化的典范而著称于世的, 但我认为, 该书更重要处, 是在于提供了一条从公理化出发, 通过代数化以到达机械化的道路. 自然, 处于 Hilbert 以及其后数学的一张纸一支笔的手工作业时代里, 公理化的思想与方法得到足够的重视与充分的发展, 而机械化的方向与意义受到数学家的忽视是完全可以理解的. 但电子计算机已日益普及, 因而繁琐而重复的计算已成为不足道的事情, 机械化的思想应比公理化思想受到更大重视, 似乎是合乎实际的.

其次应该着重指出, 我们从事机械化定理证明工作获得成果之前, 对 Tarski 的已有工作并无接触, 更没有想到 Hilbert 的《几何基础》会与机械化有任何关系. 我们是在中国古代数学的启发之下提出问题并想出解决办法来的.

说起来道理也很简单：中国的古代数学基本上是一种机械化的数学. 四则运算与开方的机械化算法由来已久. 汉初完成的《九章算术》中, 对开平、立方与解线性联立方程组的机械化过程, 都有详细说明. 宋代更发展到高次代数方程求数值解的机械化算法.

总之, 各个数学领域都有定理证明的问题, 并不限于初等几何或微分几何. 这种定理证明肇始于古希腊的 Euclid 传统, 现已成为近代纯粹数学或核心数学的主流. 与之相异, 中国的古代学者重视的是各种问题特别是来自实际要求的具体问题的解决. 各种问题的已知数据与要求的数据之间, 很自然地往往以多项式方程的形式出现. 因之, 多项式方程的求解问题, 也就自然成为中国古代数学家研究的中心问题. 从秦汉以来, 所研究的方程由简到繁, 不断有所前进, 有所创新. 到宋元时期, 更出现了一个思想与方法的飞跃：天元术的创立.

“天元术”到元代朱世杰时又发展成四元术, 所引入的天元、地元、人元、物元实际上相当于近代的未知元或未知数. 将这些未知元作为通常的已知数那样加减乘除, 就可得到与近代多项式与有理函数相当的概念与相应的表达形式与运算法则. 一些几何性质与关系很容易转化成这种多项式或有理函数的形式及其关系. 这使得过去依题意列方程这种无法可循需要高度技巧的工作从此变成轻而易举. 朱世杰 1303 年的《四元玉鉴》又给出了解任意多至四个未知元的多项式方程组的方法. 这里限于 4 个未知元只是由于所使用的计算工具 (算筹和算板) 的限制. 实质上他解方程的思想路线与方法完全可以适用于任意多的未知元.

不问可知, 在当时的具体条件下, 朱世杰的方法有许多缺陷. 首先, 当时还没有复数的概念, 因之朱世杰往往限于求出 (正) 实值. 这无可厚非, 甚至在 17 世纪 Descartes 的时代也还往往如此. 但此外朱世杰在方法上也未臻完善. 尽管如此, 朱世杰的思想路线与方法步骤是完全正确的, 我们在 20 世纪 70 年代之末, 遵循朱世杰的思想与方法的基本实质, 采用美国数学家 J. F. Ritt 在 1932, 1950 年关于微分方程代数研究书中所提供的某些技术, 得出了解任意复多项式方程组的一般算法, 并给出了全部复数解的具体表达形式. 此后又得出了实系数时求实解的方法, 为重要的优化问题提供了一个具体的方法.

由于多种问题往往自然导致多项式方程组的求解, 因而我们解方程的一般方法可被应用于形形式式的问题. 这些问题可以来自数学自身, 也可以来自其他自然科学或工程技术. 在本丛书的第一本书, 吴文俊的《数学机械化》一书中, 可以看到这些应用的实例. 在工程技术方面的应用, 在本丛书中已有高小山的《几何自动作图与智能 CAD》与陈发来和冯玉瑜的《代数曲面拼接》两本专著. 上述解多项式方程组的一般方法已推广至代微分方程的情形. 许多应用以及相应论著正在酝酿之中.

5. 未来的技术革命与时代的使命

宋元时代天元术与四元术的创造, 把许多问题特别是几何问题转化成代数方程与方程组的求解问题. 这一方法用于几何可称为几何的代数化. 12 世纪的刘益将新法与“古法”比较, 称“省功数倍”, 这可以说是减轻脑力劳动使数学走上机械化的道路的一项伟大的成就.

与天元术的创造相伴, 宋元时代的数学又引进了相当于现代多项式的概念, 建立了多项式的运算法则和消元法的有关代数工具, 使几何代数化的方法得到了有系统的发展, 见于宋元时代幸以保存至今的杨辉、李冶、朱世杰的许多著作之中. 几何的代数化是解析几何的前身, 这些创造使我国古代数学达到了又一个高峰. 可以说, 当时我国已到达了解析几何与微积分的大门, 具备了创立这些数学关键领域的条件, 但是各种原因使我们数学的雄伟步伐就在这些大门之前停顿下来. 几百年的停顿, 使我们这个古代的数学大国在近代变成了数学上的纯粹入超国家. 然而, 我国古代机械化与代数化的光辉思想和伟大成就是无法磨灭的. 本人关于数学机械化的研究工作, 就是在这些思想与成就启发之下的产物, 它是我国自《九章算术》以迄宋元时期数学的直接继承.

恩格斯曾经指出, 枪炮的出现消除了体力上的差别, 使中世纪的骑士阶级从此销声匿迹, 为欧洲从封建时代进入到资本主义时代准备了条件. 近年有些计算机科学家指出, 个人用计算机的出现, 其冲击作用可与枪炮的出现相比. 枪炮使人们在体力上难分强弱, 而个人用计算机将使人们在智力上难分聪明愚鲁. 又有人对数学的未来提出看法, 认为计算机的出现, 将使数学现在一张纸一支笔的方法, 在历史的长河中, 无异于石器时代的手工方法. 今天的数学家们, 不得不面对计算机的挑战, 但是, 也不必妄自菲薄. 大量繁复的事情交给计算机去做了, 人脑将仍然从事富有创造性的劳动.

我国在体力劳动的机械化革命中曾经掉队, 以致造成现在的落后状态. 在当前新的一场脑力劳动的机械化革命中, 我们不能重蹈覆辙. 数学是一种典型的脑力劳动, 它的机械化有着许多其他类型脑力劳动所不及的有利条件. 它的发扬与实现对我国的数学家是一种时代的使命. 我国古代数学的光辉, 鼓舞着我们为实现数学的机械化, 在某种意义上也可以说是真正的现代化而勇往直前.

吴文俊

2002 年 6 月于北京

前　言

自古以来, 物理量之间大小的比较为现实世界之必需, 这导致了数学不等式的产生和发展. 迄今, 不等式的重要应用已贯穿于当代科学技术和工程领域的多个学科分支.

不等式在数学中从来就不是一个二级或三级的相对独立的学科, 而是 "哪里不平哪里有我". 关于不等式的系统研究应该是近八十年之内的事情. 1929 年, Bohr 向 Hardy 抱怨说: "所有的分析学家都要花一半时间从文献中搜寻他们需用然而未能证明的不等式." 5 年之后, Hardy, Littlewood 和 Pólya 出版了系统研究不等式的经典名著 "*Inequalities*", 1952 年发行了第二版, 该书带有 Hardy 作品中一以贯之的漂亮的代数风格; 关于不等式的第二本重要著作当推 1965 年 Beckenbach 和 Bellman 的与上面同名的专著, 后者的部分内容与前者重叠, 但包含了许多较现代的题材和方法以及较多的应用; 第三本应该是 Mitrinović 于 1970 年出版的 "*Analytic Inequalities*", 这是一部近乎词典式的工具书, 包含了从别处不易获得的若干材料.

以上以及同类的工作, 虽然提供了不等式的大量研究成果和多种论证方法, 却不能适应数学机械化和推理自动化的需要. 由于没有建立强有力的判定算法, 不能对一些常见的不等式问题类作整体的解决, 更不可能对大量的在线问题作实时判定. Hardy 在他的书出版 5 年后被问及: 该书是否对 Bohr 提到的情况有所改善? Hardy 回答说, 从这本书里似乎从来都找不到我所需要的东西.

本书主题是如何用计算机证明和发现代数不等式, 着重研究实用的算法和程序, 固然不同于上面提到的不等式经典, 与国内外阐述实代数或实代数几何的理论性专著也有明显的区别. 但为了理论上做到自成体系以方便研读, 必须补充一些基础知识包括作者及其合作者的若干有关的理论工作作为铺垫. 这部分内容构成本书的前两章和附录 A、附录 B.

代数不等式问题的本质是多项式或多项式组实零点的存在和分类问题, 所以在接下来的三章讨论了多项式的实根、常系数半代数系统的实解隔离和参系数半代数系统的实解分类. 其中第 5 章介绍了实现参系数半代数系统的实解分类的程序 DISCOVERER, 并水到渠成地阐述了该程序自动发现不等式型定理的功能.

第 6 章介绍代数不等式机器证明的降维算法以及对应的程序 BOTTEMA, 这是一个简便快速的不等式证明器, 可以直接处理带多重根式的不等式. 最后两节讨论如何尝试将本章的算法和程序应用于 "高等问题", 即超出 Tarski 所界定的 "初等" 范围的问题. 譬如, 不等式中变量的个数是一个不确定的正整数 n. 读者会发现这部分内容是富有吸引力的, 虽然探索可以说是刚刚开始.

第 7 章介绍几项探索式研究的进展, 其中包括 Hilbert 第 17 问题的构造性研究. 这些算法虽不完备, 但在实际中常能解决许多原本束手无策的问题. 特别是这些方法产生的证明是可读性很强的 “明证”(certificate), 它无需专家 “审稿”, 普通读者即可 “核对” 无误.

由于本书读者包括不同的群体, 对理论部分暂时无暇顾及, 但对不等式机器证明的实用算法和程序有兴趣的读者可以直接阅读第 6 章、第 7 章和附录 C. 俟机再读其余部分.

本书系统地介绍作者及其合作者近十年来在不等式机器证明与自动发现方面的工作. 除第 1 章及第 3 章、第 7 章部分内容外, 余皆作者及合作者的工作.

值此书稿完成之际, 作者衷心感谢吴文俊先生、胡国定先生和吴文达先生多年的教诲和帮助.

深切怀念已经离去的程民德先生.

衷心感谢十年来从多方面对作者帮助和支持的亲人、同事和朋友们.

衷心感谢国家重点基础研究发展计划 “数学机械化方法及其在信息技术中的应用” 项目的鼎力支持, 使本书得以顺利出版.

作 者

2007 年 1 月 3 日

目　录

第 1 章　多项式的伪除与结式

多项式的伪除与结式是 消去法 的两个基本工具, 也是本书许多算法中的常用操作. 我们就从简单介绍相关概念和结论开始.

本章中如非特别指明, $\mathcal{R}$ 表示整环, 一元多项式皆指 $\mathcal{R}[x]$ 中的多项式.

1.1　伪　　除

域 $\mathcal{K}$ 上的多项式环 $\mathcal{K}[x]$ 中多项式的带余除法 (又称长除法) 是人们熟知的. 如果 $\mathcal{R}$ 为整环, 那么带余除法不再适用于 $\mathcal{R}[x]$ 上的多项式, 因为这样的除法会产生 "分式"(系数不再属于 $\mathcal{R}$). 为了避免分式的出现, 对 $\mathcal{R}[x]$ 中的多项式可以使用所谓伪除法.

设

$$F = \sum_{i=0}^{m} a_i x^i, \quad G = \sum_{i=0}^{l} b_i x^i$$

是 $\mathcal{R}[x]$ 中多项式且 $m \geqslant l$. 构造矩阵

$$M = \begin{pmatrix} b_l & \cdots & b_1 & b_0 & & & \\ & b_l & \cdots & b_1 & b_0 & & \\ & & \ddots & & \ddots & & \\ & & & b_l & \cdots & b_1 & b_0 \\ a_m & a_{m-1} & \cdots & \cdots & \cdots & a_1 & a_0 \end{pmatrix},$$

除了 F 和 G 的系数所处的位置外, 别的元素都是零. 矩阵 M 的第 i 列对应着相应多项式关于 x^{m-i+1} 的系数, 具体地说,

$$M \cdot \begin{pmatrix} x^m \\ x^{m-1} \\ \vdots \\ x \\ 1 \end{pmatrix} = \begin{pmatrix} x^{m-l}G \\ x^{m-l-1}G \\ \vdots \\ G \\ F \end{pmatrix}.$$

如果系数在一个域中, 那么对矩阵 M 做高斯消去化为阶梯形, 最后一行的元素就是 F 除以 G 的余式的系数, 即如果 M 最终可通过高斯消去化为

$$\begin{pmatrix} b_l & \cdots & b_1 & b_0 & & & \\ & b_l & \cdots & b_1 & b_0 & & \\ & & \ddots & & \ddots & & \\ & & & b_l & \cdots & b_1 & b_0 \\ 0 & \cdots & \cdots & 0 & r_{l-1} & \cdots & r_0 \end{pmatrix}, \tag{1.1.1}$$

那么, $R=\sum_{i=0}^{l-1} r_i x^i$ 就是 F 除以 G 的 *余式*, 记作 $R=\mathrm{rem}(F,G)$.

如果系数在整环中, 我们可以对 M 施行所谓 *无分式高斯消去法* (fraction-free Gaussian elimination)：首先, 用最后一行乘以 b_l 减去第一行乘以 a_m; 假设计算的第 i 步 $(1\leqslant i\leqslant m-l+1)$ 最后一行的第 i 个系数是 c_i, 则用最后一行乘以 b_l 减去第 i 行乘以 c_i. 这样经过 $m-l+1$ 次上述操作后, M 变成了形如 (1.1.1) 的矩阵, 那么 $R=\sum_{i=0}^{l-1} r_i x^i$ 称作 F *伪除* 以 G 的 *伪余式*, 记作 $\mathrm{prem}(F,G,x)$ 或 $\mathrm{prem}(F,G)$. 它满足

$$b_l^{m-l+1}F=QG+R, \tag{1.1.2}$$

这里 $Q\in\mathcal{R}[x]$ 称作 *伪商*, 记作 $\mathrm{pquo}(F,G,x)$ 或 $\mathrm{pquo}(F,G)$. 公式 (1.1.2) 称作 *伪余公式*.

如果上述步骤中某个 $c_i=0$, 那么伪余公式的两端会有公因子 b_l. 我们可以在施行无分式高斯消去法时对最后一行少乘一次 b_l 来降低伪余公式中 b_l 的方次.

例 1.1.1　设多项式

$$F=2x^3-x^2+1,\quad G=3x^2+x-1.$$

我们来考查 F 除以 G 的余式和伪余式. 构造矩阵

$$M=\begin{pmatrix} 3 & 1 & -1 & 0 \\ 0 & 3 & 1 & -1 \\ 2 & -1 & 0 & 1 \end{pmatrix}.$$

容易计算矩阵 M 在通常的高斯消去和无分式高斯消去下分别化为

$$M_1=\begin{pmatrix} 3 & 1 & -1 & 0 \\ 0 & 3 & 1 & -1 \\ 0 & 0 & 11/9 & 4/9 \end{pmatrix} \quad 和 \quad M_2=\begin{pmatrix} 3 & 1 & -1 & 0 \\ 0 & 3 & 1 & -1 \\ 0 & 0 & 11 & 4 \end{pmatrix}.$$

所以

$$\mathrm{rem}(F,G,x)=\frac{11}{9}x+\frac{4}{9},\quad \mathrm{prem}(F,G,x)=11x+4.$$

多项式的伪余式还可以用显式表达出来. 为简便起见, 我们引入如下定义.

设 M 为 $\mathcal{R}$ 上的 $r\times s$ 矩阵, 这里 $r\leqslant s$. 定义 M 的 *行列式多项式* 为

$$\mathrm{detpol}(M)=|M^{(r)}|x^{s-r}+|M^{(r+1)}|x^{s-r-1}+\cdots+|M^{(s)}|,$$

其中 $M^{(j)}$ 是由 M 的前 $r-1$ 列和第 j 列构成的 $r\times r$ 阶子矩阵.

设

$$A_i=\sum_{j=0}^{n_i}a_{ij}x^{n_i-j},\quad 1\leqslant i\leqslant k$$

为一列多项式, 而 $t=1+\max(n_1,\cdots,n_k)$. 我们用 $\mathrm{mat}(A_1,\cdots,A_k)$ 记矩阵 $(m_{ij})_{k\times t}$, 其中 m_{ij} 是 A_i 关于 x^{t-j} 项的系数.

定义 1.1.1 多项式列 $A_1,\cdots,A_k$ 的 *行列式多项式* 定义为

$$\mathrm{detpol}(A_1,\cdots,A_k)=\mathrm{detpol}(\mathrm{mat}(A_1,\cdots,A_k)).$$

例 1.1.2 设

$$A_1=x^3+2x+5,\quad A_2=3x^2-x-6,\quad A_3=-x^4+x^3$$

是三个多项式, 那么 $t=5,k=3$, 而

$$\mathrm{mat}(A_1,A_2,A_3)=\begin{pmatrix}0&1&0&2&5\\0&0&3&-1&-6\\-1&1&0&0&0\end{pmatrix}.$$

于是

$$\begin{aligned}&\mathrm{detpol}(A_1,A_2,A_3)\\=&\begin{vmatrix}0&1&0\\0&0&3\\-1&1&0\end{vmatrix}x^2+\begin{vmatrix}0&1&2\\0&0&-1\\-1&1&0\end{vmatrix}x+\begin{vmatrix}0&1&5\\0&0&-6\\-1&1&0\end{vmatrix}\\=&-3x^2+x+6.\end{aligned}$$

容易验证如下命题.

命题 1.1.1 设多项式 F 和 G 如上所示, 且 $m\geqslant l>0$, 则

$$\mathrm{detpol}(x^{m-l}G,\cdots,G,F)=\mathrm{prem}(F,G,x).$$

其实这是容易理解的, 因为从高斯消去法的过程可以看出, 伪余式 R 的 x^i ($0 \leqslant i \leqslant l-1$) 的系数显然只与矩阵 M 的前 $m-l+1$ 列及第 $m-i+1$ 列有关, 而与别的列无关. 上述命题进一步指出这个系数就是这 $m-l+2$ 列构成的矩阵之行列式.

特别地, 如果 F, G 是 $\mathcal{R}[\boldsymbol{x}]$ 中的多项式 (这里 $\boldsymbol{x}$ 代表 $x_1, \cdots, x_n$), 我们可以视其为某个事先确定的*主变元*—— 比如 x_k 的多项式. 记 $\tilde{\mathcal{R}} = \mathcal{R}[x_1, \cdots, x_{k-1}, x_{k+1}, \cdots, x_n]$, 那么 $\tilde{\mathcal{R}}$ 也是整环, F, G 都是 $\tilde{\mathcal{R}}[x_k]$ 中的多项式. 于是, 可以如上施行关于 x_k 的伪除, 得到伪余式和伪商.

1.2 结　　式

两个一元多项式 $F, G \in \mathcal{R}[x]$ 的*结式*是关于 F 和 G 的系数的一种形式, 该形式为零将为这两个多项式关于 x 有公共零点提供某种条件. 这里 F 和 G 的*公共零点* $\bar{x}$ 是指 $\mathcal{R}$ 之商域的某一扩域中的元素, 使得 $F(\bar{x}) = G(\bar{x}) = 0$.

结式理论是经典的消去理论, 有多种形式的结式, 比如 Sylvester 结式、Bézout 结式、Dixon 结式、Macaulay 结式等. 从本书的内容出发, 我们仅介绍 Sylvester 结式. 它不仅结论优美, 而且充分展示了经典消去法的技巧和思想. 建立在 Sylvester 矩阵之上的子结式理论更是把余式和结式联系起来了.

设 F 和 G 关于 x 的次数分别为 m 和 l, 并将 F 与 G 写成如下形式

$$
\begin{aligned}
F &= a_0 x^m + a_1 x^{m-1} + \cdots + a_{m-1} x + a_m, \\
G &= b_0 x^l + b_1 x^{l-1} + \cdots + b_{l-1} x + b_l.
\end{aligned} \tag{1.2.1}
$$

我们构造一个 $m+l$ 阶方阵

$$
\boldsymbol{S} = \left(\begin{array}{cccccccc}
a_0 & a_1 & \cdots & a_m & & & & \\
 & a_0 & a_1 & \cdots & a_m & & & \\
 & & \ddots & \ddots & & & \ddots & \\
 & & & a_0 & a_1 & \cdots & a_m & \\
b_0 & b_1 & \cdots & b_l & & & & \\
 & b_0 & b_1 & \cdots & b_l & & & \\
 & & \ddots & \ddots & & \ddots & & \\
 & & & b_0 & b_1 & \cdots & b_l &
\end{array} \right)
\begin{array}{l}
\left.\vphantom{\begin{array}{c}1\\1\\1\\1\end{array}}\right\} l \\
\left.\vphantom{\begin{array}{c}1\\1\\1\\1\end{array}}\right\} m
\end{array}, \tag{1.2.2}
$$

其中, 除 F, G 的系数所处位置外别的元素都为 0. 称该方阵为 F 和 G 关于 x 的 *Sylvester 矩阵*.

定义 1.2.1 称 Sylvester 矩阵 S 的行列式为 F 和 G 关于 x 的 *Sylvester 结式*, 记作 $\operatorname{res}(F, G, x)$.

特别地, 如果 F 或 G 是常数, 比如 $F=a_0\in\mathcal{R}$, 那么 $\mathrm{res}(F,G,x)=a_0^l$; 如果 $G=b_0\in\mathcal{R}$, 那么 $\mathrm{res}(F,G,x)=b_0^m$. 另外规定, 当 $F,G\in\mathcal{R}$ 时, 若 $F=G=0$, 则 $\mathrm{res}(F,G,x)=0$; 否则 $\mathrm{res}(F,G,x)=1$.

习惯上, 我们用 $\det(M)$表示方阵 M 的行列式. 结式 $\mathrm{res}(F,G,x)=\det(\boldsymbol{S})$ 是齐次的, 它关于 a_i 的次数为 l, 关于 b_i 的次数为 m.

引理 1.2.1 设 F 和 G 是如 (1.2.1) 式所示的正次数多项式, 则存在非零多项式 $A,B\in\mathcal{R}[x]$, 使得

$$AF+BG=\mathrm{res}(F,G,x), \tag{1.2.3}$$

而且 $\deg(A,x)<\deg(G,x)$, $\deg(B,x)<\deg(F,x)$. 这里, deg 表示多项式的次数.

证明 记 F 和 G 的 Sylvester 矩阵为 S. 对每个 $i(1\leqslant i\leqslant m+l-1)$, 将 S 的第 i 列乘以 x^{m+l-i}, 然后加到最后一列, 得到

$$S'=\begin{pmatrix} a_0 & a_1 & \cdots & \cdots & a_m & & & x^{l-1}F \\ & a_0 & a_1 & \cdots & \cdots & a_m & & x^{l-2}F \\ & & \ddots & \ddots & & & \ddots & \vdots \\ & & & a_0 & a_1 & \cdots & a_{m-1} & F \\ b_0 & b_1 & \cdots & \cdots & b_l & & & x^{m-1}G \\ & b_0 & b_1 & \cdots & \cdots & b_l & & x^{m-2}G \\ & & \ddots & \ddots & & & \ddots & \vdots \\ & & & b_0 & b_1 & \cdots & b_{l-1} & G \end{pmatrix}.$$

于是

$$\mathrm{res}(F,G,x)=\det(S)=\det(S').$$

将最右端的行列式按最后一列展开, 再把含有 F 和 G 的项分别合并, 并注意其中 x 的次数, 即得 (1.2.3) 式.

下证 A,B 非零. 当 $\mathrm{res}(F,G,x)\neq 0$ 时, 结论显然. 假如 $\mathrm{res}(F,G,x)=0$, 据 (1.2.3) 设

$$A(x)=u_{l-1}x^{l-1}+\cdots+u_0,\quad B(x)=v_{m-1}x^{m-1}+\cdots+v_0,$$

那么

$$S^{\mathrm{T}} \cdot \begin{pmatrix} u_{l-1} \\ \vdots \\ u_0 \\ v_{m-1} \\ \vdots \\ v_0 \end{pmatrix} = \begin{pmatrix} 0 \\ \vdots \\ 0 \\ 0 \\ \vdots \\ 0 \end{pmatrix}.$$

因为 $\det(S^{\mathrm{T}}) = \mathrm{res}(F, G, x) = 0$, 所以这个方程组有非零解. 如所欲证. □

定理 1.2.1　设 F 和 G 是如 (1.2.1) 式所示的正次数多项式, 且 a_0, b_0 不同时为零, 则 F 和 G 有非平凡公因子当且仅当 $\mathrm{res}(F, G, x) = 0$.

证明　如果 $\mathrm{res}(F, G, x) \neq 0$, 则由引理 1.2.1, F 和 G 的公因子必定整除该结式. 而 $\mathrm{res}(F, G, x)$ 显然是一常数, 因此 F 和 G 没有非平凡的公因子.

反之, 设 $\mathrm{res}(F, G, x) = 0$, 且 a_0, b_0 不同时为零, 不妨设 $a_0 \neq 0$. 由引理 1.2.1, 存在 A, B, 使得 $AF = -BG$. 若 F 和 G 互素, 则 F 整除 B, 这与 $\deg(B, x) < \deg(F, x)$ 矛盾. □

根据结式的定义以及特殊情形时的规定, 不难验证如下结论.

命题 1.2.1　设多项式 F 和 G 如 (1.2.1) 所定义, 则

(1) 当 F 和 G 中有常数时, 结式满足

$$\mathrm{res}(F, G, x) = \begin{cases} a_0^l, & \text{若 } F \in \mathcal{R}, G \notin \mathcal{R}, \\ b_0^m, & \text{若 } G \in \mathcal{R}, F \notin \mathcal{R}, \\ 0, & \text{若 } F = G = 0, \\ 1, & \text{若 } F, G \in \mathcal{R},\ F, G \text{ 不同时为零}; \end{cases}$$

(2) $\mathrm{res}(F, G, x) = (-1)^{ml}\,\mathrm{res}(G, F, x)$;

(3) 设 $l \geqslant m > 0$, $R = \mathrm{rem}(G, F)$, $r = \deg(R, x)$, 则

$$\mathrm{res}(F, G, x) = a_0^{l-r}\,\mathrm{res}(F, R, x).$$

事实上, 满足上面命题中三个条件的代数式是唯一的.

引理 1.2.2　设多项式 F 和 G 如 (1.2.1) 所定义, $A(F, G, x)$ 是 F, G 的系数 (在 $\mathcal{R}$ 的商域的一个适当扩域中) 的多项式, 且满足命题 1.2.1 中三个条件, 则 $A(F, G, x) = \mathrm{res}(F, G, x)$.

证明　因为满足第 (1) 条, 所以如果 F, G 中有常数, 则结论成立. 如果 F, G 都不是常数, 我们只需要根据第 (2) 和第 (3) 条对 F, G 的最小次数做归纳证明, 立即可得结论. □

事实上, 命题 1.2.1 的第 (2) 和第 (3) 条递推地定义了结式的一种计算方法, 而第 (1) 条则规定了递推公式最后一步的值 (所以这个值只要合乎习惯, 其本身是多少并不重要).

定理 1.2.2 设多项式 F 和 G 如 (1.2.1) 所定义, α_i $(i=1,\cdots,m)$ 和 β_j $(j=1,\cdots,l)$ 分别是 F 和 G (在 $\mathcal{R}$ 的商域的一个适当扩域中) 的零点. 那么

$$\begin{aligned}\operatorname{res}(F,G,x) &= a_0^l\prod_{i=1}^m G(\alpha_i)=(-1)^{ml}b_0^m\prod_{j=1}^l F(\beta_j)\\ &= a_0^l b_0^m\prod_{i=1}^m\prod_{j=1}^l(\alpha_i-\beta_j),\end{aligned}$$

这里, 我们规定当 $F=G=0$ 时, 上面的乘积为 0; 而当 $F,G\in\mathcal{R}$ 且不同时为零时, 上面的乘积为 1.

证明 只需要证明第一个等式. 而容易验证第一个乘积满足命题 1.2.1 中的三个条件, 由引理 1.2.2 定理得证. □

推论 1.2.1 记号同定理 1.2.2. 若定义 F 的*判别式*为

$$\operatorname{discrim}(F,x)=a_0^{2\,m-2}\prod_{1\leqslant j<i\leqslant m}(\alpha_i-\alpha_j)^2,$$

则 $\operatorname{res}(F,F',x)=(-1)^{\frac{m\,(m-1)}{2}}a_0\operatorname{discrim}(F,x)$.

1.3 子 结 式

子结式理论是经典的构造性理论之一, 算法代数、计算代数几何中的不少著名方法都源自子结式理论. 本节简要介绍子结式的基本概念和结论, 进一步的结论请参阅本书附录.

考虑 (1.2.1) 式中的多项式 F 和 G 以及它们的 Sylvester 矩阵 S, 如 (1.2.2) 式所示. 以下总假设 $m\geqslant l>0$. 命 S_{ij} 为通过删除矩阵 S 中 l 行 F 系数中的最后 j 行, m 行 G 系数中的最后 j 行和最后 $2j+1$ 列, 但第 $m+l-i-j$ 列除外, 所得的子矩阵, 这里 $0\leqslant i\leqslant j<l$.

定义 1.3.1 对 $0\leqslant j<l$, 称多项式

$$S_j(x)=\operatorname{subres}_j(F,G)=\sum_{i=0}^j\det(S_{ij})\,x^i$$

为 F 和 G 关于 x 的第 j 个*子结式*. 这里 $\deg(S_j,x)\leqslant j$, 并称 $R_j=\det(S_{jj})$ 为 F 和 G 关于 x 的第 j 个*主子结式系数*, 或第 j 个*结式*.

如果 $m > l+1$, 则将 F 和 G 关于 x 的第 j 个子结式 $S_j(x)$ 与主子结式系数 R_j 的定义拓广如下

$$S_l(x) = b_0^{m-l-1}G, \quad R_l = b_0^{m-l}; \quad S_j(x) = R_j = 0, \ \ l < j < m-1.$$

如果 $\deg(S_j, x) = r < j$, 则称 S_j 为 r 次亏损的; 否则, 称 S_j 为正则的.

容易看出, $S_0 = R_0$ 为 F 和 G 关于 x 的结式.

定理 1.3.1 设 F 和 G 如 (1.2.1) 式所示, 为 $\mathcal{R}[x]$ 中的多项式, 且 $m=\deg(F,x)\geqslant \deg(G,x) = l > 0$. 又设 S_j $(0 \leqslant j < m-1)$ 为 F 和 G 关于 x 的第 j 个子结式. 则存在多项式 $A_j, B_j \in \mathcal{R}[x]$, 使得

$$A_jF + B_jG = S_j,$$

这里 $\deg(A_j, x) < l-j$, $\deg(B_j, x) < m-j$.

证明 如果 $l \leqslant j < m-1$, 结论显然成立, 所以下面考虑 $j < l$ 的情形. 容易验证, 矩阵

$$\left(\begin{array}{ccccccc} a_0 & a_1 & \cdots & \cdots & a_m & & x^{l-j-1}F \\ & a_0 & a_1 & \cdots & \cdots & a_m & x^{l-j-2}F \\ & & \ddots & \ddots & & \ddots & \vdots \\ & & & a_0 & a_1 & \cdots \ a_{m-j-1} & F \\ b_0 & b_1 & \cdots & \cdots & b_l & & x^{m-j-1}G \\ & b_0 & b_1 & \cdots & \cdots & b_l & x^{m-j-2}G \\ & & \ddots & \ddots & & \ddots & \vdots \\ & & & b_0 & b_1 & \cdots \ b_{l-j-1} & G \end{array}\right) \begin{array}{l} \left.\vphantom{\begin{array}{c}1\\1\\1\\1\end{array}}\right\} l-j \text{ 行} \\ \left.\vphantom{\begin{array}{c}1\\1\\1\\1\end{array}}\right\} m-j \text{ 行} \end{array}$$

的行列式就是 S_j. 将这个行列式按最后一列展开, 又将含 F 和 G 的项分别合并, 并注意其中 x 的方次即可. □

利用前面定义的行列式多项式的概念, 我们容易验证如下命题.

命题 1.3.1 设多项式 F 和 G 如 (1.2.1) 式所示, 且 $m \geqslant l > 0$, 则

(1) F 和 G 的第 i $(< l)$ 个子结式

$$S_i = \operatorname{detpol}(x^{l-i-1}F, \cdots, xF, F, x^{m-i-1}G, \cdots, xG, G);$$

(2) $S_{l-1} = (-1)^{m-l+1}\operatorname{prem}(F, G, x)$.

实际上, 命题中的第一个结论可以看作子结式的一个 (可能更容易理解的) 等价定义.

1.4 三 角 列

本节我们考虑一个特征为零的数域 $\mathcal{K}$ 上的 *多元多项式环* $\mathcal{K}[\boldsymbol{x}]$, 其中 $\boldsymbol{x}$ 表示 $x_1,\cdots,x_n$. 我们将变元 $\boldsymbol{x}$ 排成固定的次序 $x_1 \prec x_2 \prec \cdots \prec x_n$. 对任意多项式 $P\in\mathcal{K}[\boldsymbol{x}]\setminus\mathcal{K}$, 我们称使得 P 关于变元 x_p 的次数 $\deg(P,x_p)>0$ 的最大下标 p 为 P 的 *类*, 记为 $\mathrm{cls}(P)$. 非零常数的 *类* 定义为 0. 设 $p=\mathrm{cls}(P)>0$, 称 x_p 为多项式 P 的 *导元* 或 *主变元*, 记为 $\mathrm{lv}(P)$, $\deg(P,x_p)$ 为 P 的 *导次数*, 记为 $\mathrm{ldeg}(P)$, 而 P 关于变元 x_p 的最高项系数 $\mathrm{lc}(P,x_p)$ 为 P 的 *初式*, 记为 $\mathrm{I}(P)$. *多项式组* 是指 $\mathcal{K}[\boldsymbol{x}]$ 中的非零多项式的有限非空集.

定义 1.4.1 设 $\mathbb{T}=[F_1,F_2,\cdots,F_r]$ 是 $\mathcal{K}[\boldsymbol{x}]$ 中非常数多项式组成的有限非空有序集合, 若

$$\mathrm{cls}(F_1)<\mathrm{cls}(F_2)<\cdots<\mathrm{cls}(F_r),$$

则称 $\mathbb{T}$ 为 *三角列*.

一般地, 三角列具有如下形式

$$\mathbb{T}=\left[\begin{array}{l} F_1(x_1,\cdots,x_{p_1}),\\ F_2(x_1,\cdots,x_{p_1},\cdots,x_{p_2}),\\ \quad\cdots\cdots\\ F_r(x_1,\cdots,x_{p_1},\cdots,x_{p_2},\cdots,x_{p_r}) \end{array}\right], \tag{1.4.1}$$

这里

$$\begin{aligned}&0<p_1<p_2<\cdots<p_r\leqslant n,\\ &p_i=\mathrm{cls}(F_i),\quad x_{p_i}=\mathrm{lv}(F_i),\quad i=1,\cdots,r.\end{aligned}$$

我们可以把变元重新命名, 比如记 $y_i=x_{p_i}$, 而把其余变元 (非主变元) 视为参数, 记为 u, 那么上面的三角列就可以写成

$$\mathbb{T}=[F_1(u,y_1),F_2(u,y_1,y_2),\cdots,F_r(u,y_1,\cdots,y_r)]. \tag{1.4.2}$$

这在形式上更像一个 “三角” 列.

设 F 和 G 是两个非零多项式, 而 $\mathrm{cls}(F)=p$. 如果 G 关于 x_p 的次数小于 F 关于 x_p 的次数, 则称 G 对 F 是 *约化的*. 如果 G 对三角列 $\mathbb{T}$ 中每个多项式都是约化的, 则称 G 对 $\mathbb{T}$ 是约化的.

定义 1.4.2 如果三角列 $\mathbb{T}=[F_1,F_2,\cdots,F_r]$ 中每个 F_j 对 F_i $(1\leqslant i<j\leqslant r)$ 是约化的, 称该三角列是一个 *非矛盾升列*. 另外, $\mathcal{K}$ 中的一个非零常数构成的集合称作 *矛盾升列*.

定理 1.4.1(整序定理[127])　有一算法使对 $\mathcal{K}[\boldsymbol{x}]$ 中的任一多项式组 $\mathbb{P}$, 都可以在有限步之内将其分解为一个升列 $\mathbb{T}:[F_1,\cdots,F_r]$ 满足

$$\mathrm{Zero}(\mathbb{P})\subseteq \mathrm{Zero}(\mathbb{T});$$

当 $\mathbb{T}$ 是非矛盾升列时, 还满足

$$\mathrm{Zero}(\mathbb{T}/J)\subseteq \mathrm{Zero}(\mathbb{P}),$$

这里, $J=I_1\cdots I_r$ 而 I_i 是 F_i 的初式, $\mathrm{Zero}(\cdot)$ 表示多项式 (组) 在 $\mathcal{K}$ 中的零点或 $\mathcal{K}$ 的扩域中的零点, 而 $\mathrm{Zero}(\mathbb{T}/J)$ 表示 $\mathrm{Zero}(\mathbb{T})\setminus \mathrm{Zero}(J)$.

整序定理中得到的非矛盾升列就是所谓的 *特征列*, 它满足 $\mathbb{T}\subseteq\langle\mathbb{P}\rangle$ 而且 $\mathrm{prem}(\mathbb{P};\mathbb{T})=\{0\}$. 这里, $\langle\mathbb{P}\rangle$ 表示 $\mathbb{P}$ 生成的 *理想*, 而 $\mathrm{prem}(\mathbb{P};\mathbb{T})$ 表示 $\mathbb{P}$ 中多项式关于三角列 $\mathbb{T}$ 的伪余式 (见定义 2.2.1) 之集.

据整序定理, 显然有

$$\mathrm{Zero}(\mathbb{P})=\mathrm{Zero}(\mathbb{T}/J)\bigcup \mathrm{Zero}(\mathbb{P}\bigcup\{J\}).$$

于是我们可以用同样的方法继续分解 $\mathrm{Zero}(\mathbb{P}\bigcup\{J\})$. 这样的过程必然在有限步后终止 (为保证算法终止, 实际上是对 $\mathrm{Zero}(\mathbb{P}\bigcup\{J\}\bigcup\mathbb{T})=\mathrm{Zero}(\mathbb{P}\bigcup\{J\})$ 继续做分解), 最后得到一系列特征列 $\mathbb{T}_i$ 满足

$$\mathrm{Zero}(\mathbb{P})=\bigcup \mathrm{Zero}(\mathbb{T}_i/J(\mathbb{T}_i)),\tag{1.4.3}$$

这里, $J(\mathbb{T}_i)$ 表示 $\mathbb{T}_i$ 的所有初式之积. 上述方法或公式 (1.4.3) 称作多项式组 $\mathbb{P}$ 的(吴方法意义下的)*零点分解*.

注 1.4.1　给定 $\mathcal{K}[x]$ 中多项式组 $\mathbb{P}$, 目前已有许多成熟的 *消去法* 可以把它分解为一个或多个满足各种性质的三角形方程组, 比如著名的 *吴方法*(*特征列方法*)、*Gröbner 基方法*、*结式方法*(如 *聚筛法*) 等. 关于这些著名的方法, 可参阅文献 [10, 17, 49, 114, 127, 131, 162]. 鉴于这些方法在符号计算的教材中都有介绍并有多部专著论述, 本书不再详细介绍而直接使用其结果. 事实上, 就本书的主要目的而言, 我们只需要承认有这样的三角化方法即可. 正因如此, 我们只简单介绍了特征列方法的两个基本结果 (整序定理和零点分解).

第 2 章　相对单纯分解

除非特别申明，本章中的多项式都是 $\mathcal{K}[\boldsymbol{x}](=\mathcal{K}[x_1,\cdots,x_n])$ 上的多项式，其中 $\mathcal{K}$ 是一个特征为 0 的可计算数域. 多项式 F 有时也称作 *方程* F(实际上是 $F=0$); 多项式的零点也常说成 *根* 或 *解*. 从上下文中不难判断这些概念的实际含义. 设 $PS=\{P_1,\cdots,P_s\}$ 是一个 *多项式组*, 即非零多项式的有限非空集合, F 是一个多项式. 用 $\mathrm{Zero}(PS)$ 和 $\mathrm{Zero}(F)$ 分别表示 PS 和 F 在 $\mathcal{K}$ 的一个适当扩域上的零点集合. 我们关心这两个集合间的如下关系：

(1) $\mathrm{Zero}(PS)\bigcap\mathrm{Zero}(F)=\varnothing$;

(2) $\mathrm{Zero}(PS)\subseteq\mathrm{Zero}(F)$;

(3) $\mathrm{Zero}(PS)\bigcap\mathrm{Zero}(F)\neq\varnothing$.

第一种情形, 我们称 PS 和 F *互素*; 第二种情形, 称 PS 和 F *整相关*; 当 $\mathrm{Zero}(PS)\bigcap\mathrm{Zero}(F)\neq\varnothing$ 时, 称 PS 和 F *相关*. 第一或第二种情形下, 我们称 PS 相对于 F 是 *单纯的*.

本章主要讨论一个多项式的零点集合与一个多项式组的零点集合间的上述三种关系. 当然, 两个多项式的零点关系及两个多项式组的零点关系分别是这种讨论的退化和推广情形. 另一讨论的核心问题是如何把第三种情形化归前两种, 即对与 F 相关的 PS 做所谓 *相对单纯分解*(RSD 分解).

2.1　多项式关于三角列的结式

定义 2.1.1　设 F 是 $\mathcal{K}[\boldsymbol{x}]$ 上多项式, $\mathbb{T}$ 是形如 (1.4.2) 的三角列, 即 $\mathbb{T}=[F_1(u,y_1),F_2(u,y_1,y_2),\cdots,F_r(u,y_1,\cdots,y_r)]$, 我们记

$$\begin{aligned}
&R_r=F,\\
&R_{r-1}=\mathrm{res}(R_r,F_r,y_r),\\
&R_{r-2}=\mathrm{res}(R_{r-1},F_{r-1},y_{r-1}),\\
&\qquad\cdots\cdots\\
&R_0=\mathrm{res}(R_1,F_1,y_1).
\end{aligned}$$

最后一个结式 R_0 称作 F 关于三角列 $\mathbb{T}$ 的 *逐次结式*, 也简称 *结式*, 记为 $\mathrm{res}(F;\mathbb{T})$ 或 $\mathrm{res}(F;F_r,\cdots,F_1)$.

据引理 (1.2.1) 不难知道, 存在非零多项式 A_i $(0 \leqslant i \leqslant r)$, 使得

$$\operatorname{res}(F; F_r, \cdots, F_1) = A_0 F + \sum_{i=1}^{r} A_i F_i. \tag{2.1.1}$$

F 关于三角列 $\mathbb{T}$ 的结式 R_0 有个鲜明的特点就是它是参数 u 的多项式而不再含有任何变元 y_i; 当 $r = n$ 时, $R_0 \in \mathcal{K}$.

定义 2.1.2 设 $\mathbb{T}$ 是形如 (1.4.2) 的三角列, 如果 $\mathrm{I}(F_1) \neq 0$, 并且对任意 i $(1 < i \leqslant r)$ 和 $[F_{i-1}, \cdots, F_1]$ (在 $\mathcal{K}(u)$ 的一个适当扩域上) 的任一公共零点 $\boldsymbol{y}_{i-1}$, 有 $\mathrm{I}(F_i)(\boldsymbol{y}_{i-1}) \neq 0$, 那么 $\mathbb{T}$ 称为正常升列.

定理 2.1.1 给定形如 (1.4.2) 的正常升列 $\mathbb{T}$ 和多项式 F, 以 $\mathrm{Zero}(\mathbb{T})$ 和 $\mathrm{Zero}(F)$ 分别记 $\mathbb{T}$ 和 F 在 $\mathcal{K}(u)$ 的一个适当扩域中的零点集合, 则

$$\mathrm{Zero}(\mathbb{T}) \cap \mathrm{Zero}(F) = \varnothing \Longleftrightarrow \operatorname{res}(F; \mathbb{T}) \neq 0.$$

证明 如果 $\operatorname{res}(F; \mathbb{T}) \neq 0$ 而 $(y_1^*, \cdots, y_r^*) \in \mathrm{Zero}(\mathbb{T}) \bigcap \mathrm{Zero}(F)$, 那么, 把 $(y_1^*, \cdots, y_r^*)$ 代入 (2.1.1) 容易得到 $\operatorname{res}(F; \mathbb{T}) = 0$. 矛盾.

反过来, 假设 $\mathrm{Zero}(\mathbb{T}) \cap \mathrm{Zero}(F) = \varnothing$. 注意正常升列 $\mathbb{T}$ 总是有公共零点的. 我们首先考虑 $R_{r-1} = \operatorname{res}(F, F_r, y_r)$. 设 $\boldsymbol{y}_{r-1} = (y_1^*, \cdots, y_{r-1}^*)$ 是 $[F_{r-1}, \cdots, F_1]$ 的任一公共零点, 那么 $\mathrm{I}(F_r)(\boldsymbol{y}_{r-1}) \neq 0$. 根据假设, $F(\boldsymbol{y}_{r-1}, y_r)$ 与 $F_r(\boldsymbol{y}_{r-1}, y_r)$ 一定没有公共零点. 于是从定理 1.2.1 知, $R_{r-1}(\boldsymbol{y}_{r-1}) \neq 0$.

依此类推, 按相同的方法逐个讨论 $R_{r-2}, \cdots, R_1$ 直到 R_0, 我们得到 $R_0(u) = \operatorname{res}(F; \mathbb{T}) \neq 0$. □

该定理提供了一个判断多项式与正常升列互素的方法. 注意, 正常升列的条件是必不可少的. 比如, 设 $F = z + y$ 而

$$\mathbb{T} = [F_1 = x + 1, F_2 = (x+1)y^2 + y + 1, F_3 = (x+1)z^2 - z - 1].$$

容易算出 $\operatorname{res}(F; F_3, F_2, F_1) = 0$, 但明显 $\mathrm{Zero}(\mathbb{T}) \cap \mathrm{Zero}(F) = \varnothing$.

正常升列 (proper chain)的概念是文献 [158] 中首先引入的, 稍后在文献 [160] 中被叫做 normal chain, 又见于文献 [159, 168]. 文献 [72] 也独立地引入了相同概念 (regular chain). 文献 [113, 114] 把这一概念推广到了三角系统 (regular set, regular system). 应用定理 2.1.1, 还可以把正常升列的定义等价地换成 $\mathrm{I}(F_1) \neq 0$, 并且对任意 i $(1 < i \leqslant r)$, 有

$$\operatorname{res}(\mathrm{I}(F_i); F_{i-1}, \cdots, F_1) \neq 0.$$

事实上, 这正是文献 [158] 中正常升列的定义.

2.2 多项式关于三角列的伪除

相对于互素性的判定, 整相关性的判定要复杂得多. 我们希望用除法来给出相应的判定方法. 本节的主要内容来自文献 [114, 162].

类似于逐次结式的定义, 我们来定义逐次伪除.

定义 2.2.1 设 F 是 $\mathcal{K}[\boldsymbol{x}]$ 上一个多项式, $\mathbb{T}$ 是形如 (1.4.2) 的三角列, 即 $\mathbb{T}=[F_1(u,y_1),F_2(u,y_1,y_2),\cdots,F_r(u,y_1,\cdots,y_r)]$, 记

$$\begin{aligned}
&R_r=F,\\
&R_{r-1}=\mathrm{prem}(R_r,F_r,y_r),\\
&R_{r-2}=\mathrm{prem}(R_{r-1},F_{r-1},y_{r-1}),\\
&\qquad\cdots\cdots\\
&R_0=\mathrm{prem}(R_1,F_1,y_1).
\end{aligned}$$

最后一个余式 R_0 称作 F 关于三角列 $\mathbb{T}$ 的 *逐次伪余式*, 也简称 *伪余式*, 记为 $\mathrm{prem}(F;\mathbb{T})$ 或 $\mathrm{prem}(F;F_r,\cdots,F_1)$; 上面的计算称作 *逐次伪除*.

由余式公式 (1.1.2) 可知, 存在多项式 Q_i $(1\leqslant i\leqslant r)$ 和整数 d_i, 使得

$$I_1^{d_1}\cdots I_r^{d_r}\cdot F=\sum_{i=1}^{r}Q_iF_i+R_0, \tag{2.2.1}$$

其中 I_i 是 F_i 的初式.

逐次伪余式不同于逐次结式, 并不能保证伪余式中消去某个变元. 但是, 总会有

$$\deg(R_0,y_i)<\deg(F_i,y_i),\quad 1\leqslant i\leqslant r.$$

即 R_0 对 $\mathbb{T}$ (或每个 F_i) 是 *约化的*.

我们关心的是 $\mathrm{prem}(F;\mathbb{T})=0$ 的情形. 以 $J(\mathbb{T})=\mathrm{I}(F_1)\cdots\mathrm{I}(F_r)$ 记 $\mathbb{T}$ 的初式之积.

引理 2.2.1 对 $\mathcal{K}[\boldsymbol{x}]$ 中形如 (1.4.2) 的三角列 $\mathbb{T}$ 与多项式 P,

$$\mathrm{prem}(P;\mathbb{T})=0\Longrightarrow \mathrm{Zero}(\mathbb{T}/J(\mathbb{T}))\subseteq \mathrm{Zero}(P).$$

证明 设 $\bar{\boldsymbol{x}}\in\mathrm{Zero}(\mathbb{T}/J(\mathbb{T}))$. 于是对任意 $\mathrm{I}(F_i)$ 有 $\mathrm{I}(F_i)(\bar{\boldsymbol{x}})\neq 0$. 因此由伪余公式 (2.2.1) 可得 $P(\bar{\boldsymbol{x}})=0$. □

推论 2.2.1 如果一个多项式关于一个正常升列的伪余式是 0, 那么这个多项式和正常升列整相关.

下面的结果告诉我们反方向的结论不成立.

定理 2.2.1 对 $\mathcal{K}[\boldsymbol{x}]$ 中形如 (1.4.2) 的正常升列 $\mathbb{T}$ 与多项式 P,

$$\mathrm{Zero}(\mathbb{T}) \subseteq \mathrm{Zero}(P) \Longleftrightarrow \text{存在正整数 } d, \text{使得 } \mathrm{prem}(P^d; \mathbb{T}) = 0.$$

证明参阅文献 [114] 第 72~73 页.

虽然伪余为零不能刻画整相关性, 但它却能刻画另一个重要概念.

定理 2.2.2 对 $\mathcal{K}[\boldsymbol{x}]$ 中形如 (1.4.2) 的正常升列 $\mathbb{T}$ 与多项式 P,

$$\mathrm{prem}(P; \mathbb{T}) = 0 \Longleftrightarrow \text{对某个正整数 } s, J^s P \in \langle \mathbb{T} \rangle \text{ 成立},$$

其中 $\langle \mathbb{T} \rangle$ 表示由 $F_1, \cdots, F_r$ 生成的 $\mathcal{K}[\boldsymbol{x}]$ 中的*理想*, 而 $J = \prod_{i=1}^{r} \mathrm{I}(F_i)$.

证明 必要性可以立即从余式公式 (2.2.1) 得到. 充分性的证明请参阅文献 [162] 第 49~50 页或文献 [114] 第 180~182 页. □

对代数知识比较熟悉的读者容易看出, 上述两个定理涉及到一些代数学中常用的概念. 比如, 理想的根和*饱和*.

定义 2.2.2 设 I 是 $\mathcal{K}[\boldsymbol{x}]$ 中理想, F 是一个多项式. I 的*根*定义为

$$\sqrt{I} = \{P \in \mathcal{K}[\boldsymbol{x}] \mid \text{存在一个正整数 } m, \text{使得 } P^m \in I\}.$$

I 关于 F 的*饱和理想*定义为

$$I : F^{\infty} = \{P \in \mathcal{K}[x] \mid \text{对某个正整数 } s, F^s P \in I \text{ 成立}\}.$$

如果我们定义三角列 $\mathbb{T}$ 的*饱和理想*为

$$\mathrm{sat}(\mathbb{T}) = \langle \mathbb{T} \rangle : J^{\infty},$$

这里, $J = \prod_{i=1}^{r} \mathrm{I}(F_i)$, 那么, 上述两个定理可以等价地叙述为

定理 2.2.3 记号如上. 对 $\mathcal{K}[\boldsymbol{x}]$ 中形如 (1.4.2) 的正常升列 $\mathbb{T}$ 与多项式 P,

$$\mathrm{prem}(P; \mathbb{T}) = 0 \Longleftrightarrow P \in \mathrm{sat}(\mathbb{T}),$$

$$\mathrm{Zero}(\mathbb{T}) \subseteq \mathrm{Zero}(P) \Longleftrightarrow P \in \sqrt{\mathrm{sat}(\mathbb{T})}.$$

2.3 相对单纯分解算法

如前所述, 当一个正常升列 $\mathbb{T}$ 与一个多项式 P 整相关或互素时, 称该升列 $\mathbb{T}$ 相对于该多项式 P 是*单纯的*(simplicial). 直观地讲, 单纯意味着 P 在 $\mathbb{T}$ 的任意零点

上都等于零或都不等于零. 如果 $\mathbb{T}$ 相对于 P 不单纯, 即 $\mathbb{T}$ 与 P 相关, 我们希望对 $\mathbb{T}$ 作零点分解

$$\mathrm{Zero}(\mathbb{T}) = \bigcup \mathrm{Zero}(\mathbb{T}_i),$$

使得每个 $\mathbb{T}_i$ 都是正常升列, 而且关于 P 都是单纯的.

本节的主要目的就是介绍这样的分解算法, 这里简称RSD (relatively simplicial decomposition)算法. 该算法的最早描述见于文献[160], 也可参见文献[161, 162, 169], 在这些文献中都称作 WR算法.

设

$$\mathbb{T} = [F_1(x_1), F_2(x_1, x_2), \cdots, F_k(x_1, \cdots, x_k)]$$

是 $\mathcal{R}[x_1, \cdots, x_k]$上的正常升列, 这里 $\mathcal{R}$ 是一个整环, $\mathrm{lv}(F_i) = x_i$. 设 P 是 $\mathcal{R}[x_1, \cdots, x_k]$ 上一个多项式, 把 P 和 F_k 看作 x_k 的多项式, 作关于 x_k 的子结式链 $S_{\mu+1}, S_\mu, \cdots, S_0$. 按习惯用 R_j $(0 \leqslant j \leqslant \mu+1)$ 记相应的主子结式系数 (相关概念请参考第 1 章及附录).

定理 2.3.1 记号如上. 如果

$$\mathrm{prem}(R_0; F_{k-1}, \cdots, F_1) = \cdots = \mathrm{prem}(R_{i-1}; F_{k-1}, \cdots, F_1) = 0,$$

而

$$\mathrm{res}(R_i; F_{k-1}, \cdots, F_1) \neq 0.$$

那么, S_i 是 P 和 F_k 在 $R[x_1, \cdots, x_k]/\mathrm{sat}([F_1, \cdots, F_{k-1}])$ 上的最大公因子. 这里的最大公因子是指关于 x_k 次数最大的公因子.

该定理几乎就是子结式理论在 $R[x_1, \cdots, x_k]/\mathrm{sat}([F_1, \cdots, F_{k-1}])$ 上的推论, 直观意义是很明显的. 感兴趣的读者可参考文献 [162] 第 60 页的证明或自己根据子结式理论给出证明. 需要指出的是, 当 $k = 1$ 时, 定理中的条件应该理解为

$$R_0 = \cdots = R_{i-1} = 0 \text{ 而 } R_i \neq 0.$$

算法 RSD: $\{\mathbb{T}_i | \, i \in A\} := \mathrm{RSD}(\mathbb{T}, P)$. 任给形如 (1.4.2) 的正常升列 $\mathbb{T}$ 和多项式 $P \in \mathcal{K}[u, y_1, \cdots, y_r]$, 本算法计算 $\mathbb{T}$ 的零点分解

$$\mathrm{Zero}(\mathbb{T}) = \bigcup_{i \in A} \mathrm{Zero}(\mathbb{T}_i),$$

使得每个 $\mathbb{T}_i$ ($i \in A$ 是一个有限指标集) 都是正常升列, 而且关于 P 都是单纯的.

D1. 计算 P 关于 $\mathbb{T}$ 的伪余式 $\mathrm{prem}(P; \mathbb{T})$, 如果它是零, 结束并输出 $\{\mathbb{T}\}$; 否则计算 $\mathrm{res}(P; \mathbb{T})$, 如果不是零, 结束并输出 $\{\mathbb{T}\}$.

D2. 此时 $\mathrm{res}(P; \mathbb{T}) = 0$ 而 $\mathrm{prem}(P; \mathbb{T}) \neq 0$. 设 j 是使得下式成立的最小非负整数

$$\mathrm{prem}(R_j(P, F_r); F_{r-1}, \cdots, F_1) \neq 0,$$

这里 $R_j(P,F_r)$ 是 P 和 F_r 关于 x_r 的子结式链中的项 $S_j(P,F_r)$ 的主子结式系数.

D2.1. 若

$$\mathrm{res}(R_j(P,F_r);F_{r-1},\cdots,F_1)\neq 0,$$

则由定理 2.3.1, 可求得 P 和 F_r 在 $\mathcal{K}[u][y_1,\cdots,y_r]/\mathrm{sat}([F_1,\cdots,F_{r-1}])$ 上的最大公因子, 记为 F_{r1}. 命 F_r 除以 F_{r1} 的伪商是 F_{r2}, 记

$$\mathbb{T}_1=[F_1,\cdots,F_{r-1},F_{r1}],\quad \mathbb{T}_2=[F_1,\cdots,F_{r-1},F_{r2}].$$

调用RSD$(\mathbb{T}_1,P)$ 和RSD$(\mathbb{T}_2,P)$ 继续分解. 输出这两个分解结果的并集.

D2.2. 若

$$\mathrm{res}(R_j(P,F_r);F_{r-1},\cdots,F_1)=0,$$

调用本算法作 $[F_1,\cdots,F_{r-1}]$ 关于 $R_j(P,F_r)$ 的相对单纯分解, 记

$$L'=\mathtt{RSD}([F_1,\cdots,F_{r-1}],R_j(P,F_r)).$$

对 L' 中的每个升列 $[\bar{F}_1,\cdots,\bar{F}_{r-1}]$, 调用RSD$([\bar{F}_1,\cdots,\bar{F}_{r-1},F_r],P)$ 继续分解. 把这样分解所得结果的并集输出.

我们来证明算法RSD的终止性与正确性.

考察算法的 D2.1 步. 此时 $\mathrm{prem}(P;\mathbb{T})\neq 0$, 而 $\mathrm{res}(P;\mathbb{T})=0$, 一方面, 据定理 2.1.1, P 与 F_r 有非平凡公因子. 另一方面, 用 P 伪除以 F_r, 并记

$$I_r^sP=QF_r+R.$$

因为 $\mathrm{prem}(P;\mathbb{T})\neq 0$, 所以

$$R\notin \mathrm{sat}([F_1,\cdots,F_{r-1}]).$$

那么在 $\mathcal{K}[u][y_1,\cdots,y_r]/\mathrm{sat}([F_1,\cdots,F_{r-1}])$ 中 F_r 不除尽 P. 这就是说, P 与 F_r 在 $\mathcal{K}[u][y_1,\cdots,y_r]/\mathrm{sat}([F_1,\cdots,F_{r-1}])$ 上的最大公因子一定是次数小于 F_r 次数的非平凡因子. 因而, D2.1 步得到的 F_{r1} 和 F_{r2} 的次数都严格小于 F_r 的次数.

再来考察算法的 D2.2 步. 很明显, 当该步递归调用RSD时, 升列中的多项式数目减少了. 如果在递归的某一步升列中只有一个多项式, 根据定理 2.3.1 后面的解释以及上面的讨论我们知道, 此时容易计算两个一元多项式的最大公因子. 也就是说, 递归的最底层是可以有效计算的.

总之, RSD算法的每次递归调用要么使升列中的多项式数目减少, 要么使升列中多项式的次数降低, 因而必然在有限步终止.

设算法终止时的输出是 $\{\mathbb{T}_i|\ i\in A\}$. 显然每个 $\mathbb{T}_i$ 都满足 $\mathrm{prem}(P;\mathbb{T})=0$ 或 $\mathrm{res}(P;\mathbb{T})\neq 0$. 这说明了算法的正确性. □

当然, 我们只需稍加安排就可以把与 P 整相关或互素的升列分别用两个集合输出. 要注意的是, 该算法得到的升列在与 P 整相关时满足更强的条件 (即 $\mathrm{prem}(P;\mathbb{T})=0$).

上面的算法保证了我们可以把任意三角列分解为有限个正常升列, 而解集不变, 即

定理 2.3.2 $\mathcal{K}(u)[y_1,\cdots,y_r]$ 上的任意三角列 $\mathbb{T}$ 都可分解为有限个正常升列 $\mathbb{T}_i$, 使得

$$\mathrm{Zero}(\mathbb{T})=\bigcup_i \mathrm{Zero}(\mathbb{T}_i).$$

例 2.3.1[162] 求正常升列 $T=[f_1,\cdots,f_8]$ 关于多项式 g 的单纯分解, 其中

$$\begin{aligned}
&f_1=4x_1^2-3,\\
&f_2=2x_2-1,\\
&f_3=x_3-1,\\
&f_4=x_4^2-3,\\
&f_5=4x_5^2-8x_5+1,\\
&f_6=2x_6-4x_5+3,\\
&f_7=((4-2x_1)x_4+2x_1-3)x_7-2x_1+2,\\
&f_8=2(2-x_1)x_8+x_7-2,\\
&g=x_5x_8-x_6x_7.
\end{aligned}$$

因为 $\mathrm{prem}(g;T)\neq 0$ 而 $\mathrm{res}(g;T)=0$, RSD算法进入 D2 步. 记

$$R^{(8)}=R_0(g,f_8)$$

是 g 和 f_8 关于 x_8 的子结式链中 $S_0(g,f_8)$ 的主子结式系数. 因为

$$\mathrm{res}(R^{(8)};f_7,\cdots,f_1)=0,$$

算法进入 D2.2 步: 递归调用RSD ($[f_1,\cdots,f_7],R^{(8)}$). 于是计算 $R^{(7)}=R_0(R^{(8)},f_7)$, 又因为

$$\mathrm{res}(R^{(7)};f_6,\cdots,f_1)=0,$$

算法还是进入 D2.2 步: 递归调用RSD ($[f_1,\cdots,f_6],R^{(7)}$). 经过几次类似的递归, 多次使用 D2.2 步分别计算

$$R^{(6)}=R_0(R^{(7)},f_6),\quad R^{(5)}=R_0(R^{(6)},f_5),$$

并有

$$\mathrm{res}(R^{(i)};f_{i-1},\cdots,f_1)=0,\quad i=5,6,7,8.$$

当调用RSD $([f_1,\cdots,f_4],R^{(5)})$ 时, 在 D2.1 步将 f_4 分解为 f_{41} 和 f_{42},

$$f_{41}=-8625x_4+9896x_4x_1-14844+17250x_1,$$
$$f_{42}=9896x_4x_1-17250x_1-8625x_4+14844.$$

在以 $[f_1,f_2,f_3,f_{42},f_5]$ 返回的递归分支中, 每次都在 D1 步退出. 于是我们得到一个与 g 互素的分支

$$T_1=[f_1,f_2,f_3,f_{42},f_5,f_6,f_7,f_8].$$

考虑另外一个以 $[f_1,f_2,f_3,f_{41},f_5]$ 返回的递归分支

$$\mathtt{RSD}\,([f_1,f_2,f_3,f_{41},f_5],R^{(6)}).$$

它在 D2.1 步将 f_5 分解为 f_{51} 和 f_{52},

$$f_{51}=212356x_5-245252x_1x_5+457608x_1-396295,$$
$$f_{52}=-981008x_1x_5+131584x_1+849424x_5-113668.$$

以后返回的两个递归分支都在 D1 步退出, 我们又得到两个单纯分支

$$T_2=[f_1,f_2,f_3,f_{41},f_{52},f_6,f_7,f_8],$$

$$T_3=[f_1,f_2,f_3,f_{41},f_{51},f_6,f_7,f_8].$$

并且 T_2 与 g 互素, T_3 与 g 整相关 (更满足 $\mathrm{prem}(g;T_3)=0$). 至此, 单纯分解完成.

注 2.3.1　需要特别注意的是, RSD算法是在系数域 $\mathcal{K}(u)$ 上考虑问题的. 如果某个结式, 比如 $\mathrm{res}(g;f_r,\cdots,f_1)=R(u)$, 其中真正出现了 u, 那么我们当然认为该结式不为零. 但如果我们考察系统在 $\mathbf{R}^n$ 中的解 (即 $x_1,\cdots,x_n$ 的解) 时, 此时使 $R(u)=0$ 的特殊参数值也是应该考虑的 (因为 u 就是某些 x_i). 文献 [78, 114, 162] 中对这种情况都有讨论. 基本的思路就是把 $R(u)=0$ 作为一个新的方程加入原系统继续使用单纯分解. 这样我们不难把一个 $\mathcal{K}[\boldsymbol{x}]$ 上的多项式组 $\mathbb{P}$ 分解为有限个正常升列 $\mathbb{T}_i$, 使得

$$\mathrm{Zero}(\mathbb{P})=\bigcup\nolimits_i\mathrm{Zero}(\mathbb{T}_i/S_i),$$

其中 S_i 是计算中产生的一些多项式. 从本书后面的内容可以看到, 在考虑多项式组 $\mathbb{P}$ 关于参数 u 的零点分类时, 可以不必事先做这样彻底的分解, 而可以逐步考虑使 $R(u)=0$ 的特殊参数值. 这导致了一个重要的概念: *边界多项式* (border polynomial), 见下节.

注 2.3.2 虽然对确定的输入, RSD算法能给出确定的输出. 但一般说来, 一个正常升列相对于一个多项式的单纯分解在形式上却可能不是唯一的. 譬如对于上面的例子, 我们这里的结果在形式上就与原文[162]中的结果不同. 这正是我们研究算法需要进一步做的工作.

注 2.3.3 相关性、整相关和互素是研究零点关系的重要概念, 而RSD算法是后文中的核心算法之一. 文献 [162] 中以RSD分解算法为核心发展了一整套求解非线性代数方程组的理论和算法 (比如聚筛法). 鉴于这些理论已有专著论述, 并且我们的主要兴趣不在零点分解而在半代数系统的实解分类, 所以我们仅从理论上自封闭的角度介绍后文所需与零点分解相关的概念和结果, 不再进一步展开.

2.4 三角列的相关性

作为第 2.1、2.2 节内容的自然推广, 我们来讨论两个正常升列的零点关系. 对 $\mathcal{K}(u)[y_1,\cdots,y_r]$ 上的两个正常升列 $\mathbb{T}^{(1)}:[F_1,\cdots,F_r]$ 和 $\mathbb{T}^{(2)}:[G_1,\cdots,G_r]$, 根据它们零点间的如下关系:

(1) $\text{Zero}(\mathbb{T}^{(1)})\bigcap\text{Zero}(\mathbb{T}^{(2)})=\varnothing$;

(2) $\text{Zero}(\mathbb{T}^{(1)})\subseteq\text{Zero}(\mathbb{T}^{(2)})$;

(3) $\text{Zero}(\mathbb{T}^{(1)})\bigcap\text{Zero}(\mathbb{T}^{(2)})\neq\varnothing$.

可以类似地分别称 $\mathbb{T}^{(1)}$ 和 $\mathbb{T}^{(2)}$ *互素*、*整相关* 和 *相关*. 第一或第二种情形下, 我们称 $\mathbb{T}^{(1)}$ 相对于 $\mathbb{T}^{(2)}$ 是 *单纯的*.

如何判定 $\mathbb{T}^{(1)}$ 和 $\mathbb{T}^{(2)}$ 的零点关系呢? 关于整相关性, 我们有如下定理.

定理 2.4.1 $\mathcal{K}(u)[y_1,\cdots,y_r]$ 上的两个正常升列 $\mathbb{T}^{(1)}:[F_1,\cdots,F_r]$ 和 $\mathbb{T}^{(2)}:[G_1,\cdots,G_r]$ 是整相关的, 即 $\text{Zero}(\mathbb{T}^{(1)})\subseteq\text{Zero}(\mathbb{T}^{(2)})$, 当且仅当存在整数 d, 使得对任意 i $(1\leqslant i\leqslant r)$,

$$\text{prem}(G_i^d;\mathbb{T}^{(1)})=0.$$

证明 证明是直接的. 充分性. 据定理 2.2.1, 对任意 i $(1\leqslant i\leqslant r)$, 有 $\text{Zero}(\mathbb{T}^{(1)})\subseteq\text{Zero}(G_i)$. 因此,

$$\text{Zero}(\mathbb{T}^{(1)})\subseteq\bigcap\text{Zero}(G_i)=\text{Zero}(\mathbb{T}^{(2)}).$$

必要性. 对任意 i $(1\leqslant i\leqslant r)$, 有

$$\text{Zero}(\mathbb{T}^{(1)})\subseteq\text{Zero}(\mathbb{T}^{(2)})\subseteq\text{Zero}(G_i).$$

于是据定理 2.2.1, 存在整数 d_i, 使得

$$\text{prem}(G_i^{d_i};\mathbb{T}^{(1)})=0.$$

命 $d=\max(d_1,\cdots,d_r)$ 即可. □

用显式来判定两个正常升列的相关性或互素性是比较困难的. 但下面的结论却是简单而实用的.

定理 2.4.2 如果 $\mathcal{K}(u)[y_1,\cdots,y_r]$ 上的两个正常升列 $\mathbb{T}^{(1)}:[F_1,\cdots,F_r]$ 和 $\mathbb{T}^{(2)}:[G_1,\cdots,G_r]$ 是相关的, 即 $\mathrm{Zero}(\mathbb{T}^{(1)})\bigcap\mathrm{Zero}(\mathbb{T}^{(2)})\neq\varnothing$, 那么对任意 i $(1\leqslant i\leqslant r)$,

$$\mathrm{res}(F_i;G_i,\cdots,G_1)=0 \text{ 而且 } \mathrm{res}(G_i;F_i,\cdots,F_1)=0.$$

定理 2.4.2 给出的是两个正常升列相关的必要条件, 但非充分条件. 例如, 考察这样两个升列

$$\begin{aligned}&\mathbb{T}_1:[F_1=x(x-1)(x-2),F_2=(y-1)(y-3)],\\&\mathbb{T}_2:[G_1=(x-2)(x-3),G_2=y-x].\end{aligned}$$

明显

$$\mathrm{res}(F_1,G_1)=\mathrm{res}(F_2;G_2,G_1)=\mathrm{res}(G_2;F_2,F_1)=0,$$

但 $\mathbb{T}_1$ 和 $\mathbb{T}_2$ 没有公共零点.

当然, 我们可以利用上节描述的RSD算法来对满足上述必要条件的两个升列作单纯分解, 得到相对单纯的升列. 比如对该例, 用RSD算法作 $\mathbb{T}_1$ 关于 G_2 的单纯分解可以把 $\mathbb{T}_1$ 分解为

$$\begin{aligned}&\mathbb{T}_{11}:[x-1,y-1],\\&\mathbb{T}_{12}:[x-1,y-3],\\&\mathbb{T}_{13}:[x(x-2),(y-1)(y-3)].\end{aligned}$$

此时, $\mathrm{res}(G_2;\mathbb{T}_{12})\neq0$, $\mathrm{res}(G_2;\mathbb{T}_{13})\neq0$, 而且 $\mathrm{res}(G_1;\mathbb{T}_{11})\neq0$, 所以, $\mathbb{T}_{11},\mathbb{T}_{12},\mathbb{T}_{13}$ 相对于 $\mathbb{T}_2$ 都是互素的.

一般地, 对于给定的两个满足上述必要条件的正常升列, 我们可以利用上节描述的RSD算法对一个升列关于另一个升列的每一项作单纯分解, 从而达到判断相关性 (进而单纯性) 的目的, 并同时得到单纯分解. 这样的分解通常不是唯一的. 比如上例, 如果我们先把 $\mathbb{T}_1$ 关于 G_1 作单纯分解, 再把得到的升列关于 G_2 作单纯分解, 那么将得到 6 个正常升列. 为明确起见, 我们给出如下算法框架.

算法 TSD: $\{\mathbb{T}_{1i}|\ i\in A\}:=$ TSD$(\mathbb{T}_1,\mathbb{T}_2)$. 任给 $\mathcal{K}(u)[y_1,\cdots,y_r]$ 上的两个正常升列 $\mathbb{T}_1$,$\mathbb{T}_2$, 本算法把 $\mathbb{T}_1$ 分解为有限个正常升列 $\mathbb{T}_{1i}$, 满足零点分解

$$\mathrm{Zero}(\mathbb{T}_1)=\bigcup_{i\in A}\mathrm{Zero}(\mathbb{T}_{1i}),$$

而且每个 $\mathbb{T}_{1i}$ 关于 $\mathbb{T}_2$ 都是单纯的.

F1. $L\leftarrow\{\mathbb{T}_1\}$, $i\leftarrow r$, out$\leftarrow\varnothing$.

F2. 重复下列步骤直到 $L=\varnothing$ 或 $i=0$.

F3. 对 L 中每一个升列 $\mathbb{T}$, 判断定理 2.4.2 中的必要条件 (关于 $\mathbb{T}_2$) 是否满足. 若不满足, 则把 $\mathbb{T}$ 加入 out; 否则, 用RSD算法做 $\mathbb{T}$ 关于 $\mathbb{T}_2$ 的第 i 个多项式的单纯分解.

F4. 把上一步中所有单纯分解的结果集合记作 L(即替换原来的值), 并令 $i\leftarrow i-1$, 返回第 F2 步.

F5. 输出 out.

这里描述的是一个算法框架, 不少步骤是可以优化的. 算法的细节这里就不讨论了.

据定理 2.4.2, 如果 $\mathrm{res}(F_i;G_i,\cdots,G_1)$ 和 $\mathrm{res}(G_i;F_i,\cdots,F_1)$ 中存在一个非零常数, 那么 $\mathbb{T}^{(1)}$ 和 $\mathbb{T}^{(2)}$ 互素. 否则, 把不恒等于零的那些结式的乘积记作 R, 这就是一个关于参数的多项式. 当考虑参数的特别取值时, 使得 $R=0$ 的参数值就是可能使得 $\mathbb{T}^{(1)}$ 和 $\mathbb{T}^{(2)}$ 相关的参数值. 这一点将在后面讨论零点分类时用到.

2.5 三角化的半代数系统

我们称如下系统

$$\begin{cases} p_1(u,x_1,\cdots,x_n)=0,\cdots,p_s(u,x_1,\cdots,x_n)=0,\\ g_1(u,x_1,\cdots,x_n)\geqslant 0,\cdots,g_r(u,x_1,\cdots,x_n)\geqslant 0,\\ g_{r+1}(u,x_1,\cdots,x_n)>0,\cdots,g_t(u,x_1,\cdots,x_n)>0,\\ h_1(u,x_1,\cdots,x_n)\neq 0,\cdots,h_m(u,x_1,\cdots,x_n)\neq 0 \end{cases}$$

是一个 *半代数系统*, 简称为 SAS, 也记为

$$[P,G_1,G_2,H], \tag{2.5.1}$$

其中 P,G_1,G_2 和 H 分别记多项式组

$$[p_1(u,x_1,\cdots,x_n),\cdots,p_s(u,x_1,\cdots,x_n)],$$

$$[g_1(u,x_1,\cdots,x_n),\cdots,g_r(u,x_1,\cdots,x_n)],$$

$$[g_{r+1}(u,x_1,\cdots,x_n),\cdots,g_t(u,x_1,\cdots,x_n)],$$

及

$$[h_1(u,x_1,\cdots,x_n),\cdots,h_m(u,x_1,\cdots,x_n)],$$

这里, $n,s\geqslant 1$, $r,t,m\geqslant 0$, 而 p_i, g_j, h_k 皆是 $\mathbf{Q}[u,x_1,\cdots,x_n]$ 上的多项式, $u=(u_1,\cdots,u_d)$ 是参数且取值于实数.

从一般的定义讲，我们可以把上面定义中的系数域换成一个序域. 实际上，后文的很多结果对别的系数域 —— 比如实数域 $\mathbf{R}$ 也成立. 但从计算的角度讲，这应该是一个可计算的序域 (比如有理数域 $\mathbf{Q}$). 所以为了明确起见，本节以至于本书中我们在类似情形下都直接令系数域是 $\mathbf{Q}$.

当一个 SAS 不含参数时，即 $d=0$ 时，我们称其为*常系数半代数系统*；反之，称其为*参系数半代数系统*. 如果一个 SAS 中的方程组是一个三角列，我们把这样的系统称作*三角化的半代数系统*，简称为 TSA.

我们首先讨论一种简单而基本的 TSA: $[F,G_1,G_2,H]$，其中

$$F=[f_1(u,x_1),f_2(u,x_1,x_2),\cdots,f_s(u,x_1,x_2,\cdots,x_s)],$$

即方程个数和变元个数相同. 我们把这种 TSA 称作*基本 TSA*.

设 $\mathbb{T}:[F,G_1,G_2,H]$ 是一个基本 TSA. 对每个 f_i $(1\leqslant i\leqslant s)$，记

$$\mathrm{dis}(f_i)=\mathrm{res}(f_i,f_i',x_i),$$

其中 f_i' 表示 f_i 关于 x_i 的导数. 注意，在不计符号时 $\mathrm{dis}(f_i)$ 就是 f_i 的判别式与首项系数之积. 命

$$\begin{aligned}&\mathrm{BP}_{f_1}=\mathrm{dis}(f_1);\\&\mathrm{BP}_{f_i}=\mathrm{res}(\mathrm{dis}(f_i);f_{i-1},\cdots,f_1),\quad 2\leqslant i\leqslant s.\end{aligned}$$

设 q 是 $\{g_j\mid 1\leqslant j\leqslant t\}\bigcup\{h_k\mid 1\leqslant k\leqslant m\}$ 中的一个多项式，命

$$\mathrm{BP}_q=\mathrm{res}(q;f_s,\cdots,f_1).$$

定义 2.5.1　记号同上. 定义

$$\mathrm{BP}(\mathbb{T})=\prod_{1\leqslant i\leqslant s}\mathrm{BP}_{f_i}\cdot\prod_{1\leqslant j\leqslant t}\mathrm{BP}_{g_j}\cdot\prod_{1\leqslant k\leqslant m}\mathrm{BP}_{h_k},$$

简记为 BP，称作系统 $\mathbb{T}$ 的*边界多项式*.

定义 2.5.2　若一个基本 TSA 的边界多项式 $\mathrm{BP}\neq 0$，则称其是*正则的*.

一个基本 TSA 是正则的意味着构成其方程组的多项式组 F 是正常升列而且没有重零点；同时，该正常升列相对于每个构成不等式和不等方程的多项式 (即 g_j,h_k) 都是互素的. 不失一般性，可以将一个正则的基本 TSA 看作具有如下形式：

$$\{f_1=0,\cdots,f_s=0,g_1>0,\cdots,g_t>0\},\tag{2.5.2}$$

即 $[F,[\ ],G,[\ ]]$. 我们称这种形式的正则的基本 TSA 为*标准 TSA*.

一个常系数的 TSA, 其 BP总是一个常数, 不含参数. 一个参系数的 TSA, 其 BP一般说来是一个含有参数的多项式, 此时 BP $=0$ 是 $\mathbf{R}^d$ 空间中的超曲面, 它把空间划分为有限多个连通子集. 在 BP $\neq 0$ 的参数点集中, 任意两个参数点只要在同一个连通子集里, 那么原系统在这两个参数值处具有相同数目的实解 (也有相同数目的复解). 而在位于不同连通子集的两个参数点处, 系统可能有不同数目的实解 (这正是"边界多项式"名称的来历).

引理 2.5.1 设

$$f(a,x)=a_m x^m+a_{m-1}x^{m-1}+\cdots+a_0$$

是一个实参系数一元多项式, 其中 a 表示 $a_m,\cdots,a_0$ 是实参数. 记 $R(a)=\mathrm{res}(f,f',x)$, 如果 c_1,c_2 是参数空间 $\mathbf{R}^{m+1}$ 中 $R(a)\neq 0$ 的同一个连通分支中的两个点, 那么 $f(c_1,x)$ 和 $f(c_2,x)$ 有相同数目的实解.

证明 在不计符号的情况下, $\mathrm{res}(f,f',x)$ 就是 $\mathrm{lc}(f,x)\cdot\mathrm{dis}(f,x)$ (推论 1.2.1). 因为 $R(c_1)\neq 0$, 所以 $f(c_1,x)$ 没有重根且次数是 m. 于是根据根对系数的连续依赖性 (比如参见文献 [9] 的命题 3.11), 一定存在一个 c_1 的邻域 $N(c_1;r_1)$(以 c_1 为球心 r_1 为半径的开球) 完全含于 c_1 所在的连通分支, 并且使得 $f(a,x)$ 在邻域 $N(c_1;r_1)$ 的任意点处与在 c_1 处有相同的实解数.

设 P 是该连通分支中连接 c_1 和 c_2 的一条路径. 定义集合

$$C=\{c\in P\mid f(c,x)\text{和}f(c_1,x)\text{有不同数目的实解}\}.$$

以 d_c 记 C 中点沿 P 到 c_1 的距离. 如果 C 非空, 因为 r_1 是这些距离的一个下界, 所以一定有下确界, 记为 d_0. 在 P 上取一个点 c_0, 使得它到 c_1 的距离是 d_0. 同样因为 $R(c_0)\neq 0$, 所以 $f(c_0,x)$ 没有重根且次数是 m. 于是根据根对系数的连续依赖性, 一定存在一个 c_0 的邻域 $N(c_0;r_0)$ 完全含于 c_0 所在的连通分支, 并且使得 $f(a,x)$ 在邻域 $N(c_0;r_0)$ 的任意点处与在 c_0 处有相同的实解数. 但是, 根据 c_0 的构造, $N(c_0;r_0)$ 与集合 C 及 $P\setminus C$ 相交均非空. 这说明 $N(c_0;r_0)$ 中不可能每个点处 $f(a,x)$ 的实解数相同, 矛盾. 因此 C 是空集. 证毕. □

定理 2.5.1 设 $\mathbb{T}$ 是一个标准 TSA, 即形如 (2.5.2) 的正则 TSA, BP($\mathbb{T}$) 是其边界多项式, 那么在 $\mathbf{R}^d$ 空间中 BP($\mathbb{T}$) $\neq 0$ 的每个连通子集上, $\mathbb{T}$ 的实解数目不变.

证明 设 C 是 $\mathbf{R}^d$ 中 BP($\mathbb{T}$) $\neq 0$ 的一个连通子集. 明显, 在 C 上 $\mathrm{lc}(f_1,x_1)\cdot\mathrm{dis}(f_1,x_1)$ 的符号是恒定不变的, 引理 2.5.1 表明在 C 上 $f_1(u,x_1)$ 的实解数是不变的. 我们把 $f_2(u,x_1,x_2)$ 看作 x_2 的多项式, 既然在 C 上,

$$f_1(u,x_1)=0\quad\text{并且}\quad \mathrm{res}(\mathrm{lc}(f_2,x_2)\mathrm{dis}(f_2,x_2),f_1,x_1)\neq 0,$$

那么 $\mathrm{lc}(f_2, x_2)\mathrm{dis}(f_2, x_2) \neq 0$. 所以, 如果把 f_2 中的 x_1 用 f_1 的实解代入, 那么 f_2 关于 x_2 的实解数也是不变的. 依此类推, 在 C 上 $\{f_1 = 0, \cdots, f_s = 0\}$ 的实解数是不变的.

另外, 因为 $\mathrm{res}(g_j; f_s, \cdots, f_1) \neq 0$, 所以如果把 $\{f_1 = 0, \cdots, f_s = 0\}$ 的实解代入 g_j, 那么在 C 上 g_j 的符号恒定. 证毕. □

显然, 定理 2.5.1 的结论对一般的正则基本TSA 也成立.

任意基本 TSA 可以分解为一些标准 TSA. 下面我们给出算法的主要步骤. 设 $\mathbb{T}: [F, G_1, G_2, H]$ 是一个 (非正则的) 基本 TSA, 通过以下步骤可以将 $\mathbb{T}$ 分解为有限个标准 TSA: $\mathbb{T}_i$, 并满足

$$\mathrm{Zero}(\mathbb{T}) = \bigcup_i \mathrm{Zero}(\mathbb{T}_i),$$

这里 Zero 表示系统在 $\mathbf{Q}(u)$ 的一个适当的扩域上的解集. 当系统不含 u 时, 它表示复解.

• 如果某个 $\mathrm{BP}_{h_k} = 0$, 即 $\mathrm{res}(h_k; F) = 0$, 那么用RSD算法做 $[f_1, \cdots, f_s]$ 关于 h_k 的单纯分解. 不失一般性, 设 F 分解为 $[A_1, \cdots, A_s]$ 和 $[B_1, \cdots, B_s]$, 其中 $\mathrm{prem}(h_k; A_s, \cdots, A_1) = 0$ 而 $\mathrm{res}(h_k; B_s \cdots, B_1) \neq 0$. 用 $[B_1, \cdots, B_s]$ 替换 $\mathbb{T}$ 中的 $[f_1, \cdots, f_s]$ 并删除 h_k. 新的系统显然与原系统有相同的解集. 另一个升列 $[A_1, \cdots, A_s]$ 就不用考虑了, 因为用它替换 $[f_1, \cdots, f_s]$ 得到的系统显然无解.

• 如果某个 $\mathrm{BP}_{g_j} = 0$, 即 $\mathrm{res}(g_j; F) = 0$, 那么用RSD算法做 $[f_1, \cdots, f_s]$ 关于 g_j 的单纯分解. 不失一般性, 设 F 分解为 $[A_1, \cdots, A_s]$ 和 $[B_1, \cdots, B_s]$, 其中 $\mathrm{prem}(h_k; A_s, \cdots, A_1) = 0$ 而 $\mathrm{res}(h_k; B_s \cdots, B_1) \neq 0$.

如果在系统 $\mathbb{T}$ 中是 $g_j > 0$, 那么我们仅需要用 $[B_1, \cdots, B_s]$ 替换系统 $\mathbb{T}$ 中的 $[f_1, \cdots, f_s]$ 即可. 如果在系统 $\mathbb{T}$ 中是 $g_j \geqslant 0$, 那么我们首先用 $[B_1, \cdots, B_s]$ 替换 $[f_1, \cdots, f_s]$ 并将 $g_j \geqslant 0$ 替换成 $g_j > 0$, 得到一个系统 $\mathbb{T}_1$; 另外, 再用 $[A_1, \cdots, A_s]$ 替换 $[f_1, \cdots, f_s]$ 并删除 g_j 得到另一个系统 $\mathbb{T}_2$. 明显, $\mathrm{Zero}(\mathbb{T}) = \mathrm{Zero}(\mathbb{T}_1) \bigcup \mathrm{Zero}(\mathbb{T}_2)$.

• 假设某个 $\mathrm{BP}_{f_i} = 0$, 即 $\mathrm{res}(\mathrm{dis}(f_i); f_{i-1}, \cdots, f_1) = 0$. 因为 $\mathrm{dis}(f_i)$ 包含首项系数和判别式, 所以我们分情况讨论.

假设是首项系数导致结式为零, 这说明 F 不是正常升列. 据定理 2.3.2, 可以用RSD算法把 F 分解为有限个正常升列. 于是, 为讨论方便, 下面不妨假设 F 是正常升列. 那么, $\mathrm{BP}_{f_i} = 0$ 意味着 f_i 的判别式与正常升列 $[f_{i-1}, \cdots, f_1]$ 相关.

命 $[D_1, \cdots, D_{n_i}]$ 记 f_i 关于 x_i 的 *判别式序列* (定义见 3.2 节. 注意, D_{n_i} 在相差一个正负号的意义下就是 $\mathrm{dis}(f_i)$). 首先, 做 $[f_1, \cdots, f_{i-1}]$ 相对于 D_{n_i} 的单纯分解, 并假设得到 $[A_1, \cdots, A_{i-1}]$ 和 $[B_1, \cdots, B_{i-1}]$ 满足 $\mathrm{prem}(D_{n_i}; A_{i-1}, \cdots, A_1) = 0$, 但 $\mathrm{res}(D_{n_i}; B_{i-1}, \cdots, B_1) \neq 0$. 用 $[B_1, \cdots, B_{i-1}]$ 替换 $[f_1, \cdots, f_{i-1}]$ 得到的新系统

已不需要进一步讨论. 我们继续讨论用 $[A_1,\cdots,A_{i-1}]$ 替换 $[f_1,\cdots,f_{i-1}]$ 得到的系统. 此时考虑判别式序列 $[D_1,\cdots,D_{n_i}]$ 中 D_{n_i} 的前一项 D_{n_i-1}. 如果 $\mathrm{res}(D_{n_i-1};A_{i-1},\cdots,A_1)=0$, 做 $[A_1,\cdots,A_{i-1}]$ 关于 D_{n_i-1} 的单纯分解, 并继续讨论判别式序列的前一项, 直到某一步对某个 D_{i_0} 和正常升列 $[\bar{A}_1,\cdots,\bar{A}_{i-1}]$, 有 $\mathrm{res}(D_{i_0};\bar{A}_{i-1},\cdots,\bar{A}_1)\neq 0$ 而 $\forall j\ (i_0<j\leqslant n_i)$, $\mathrm{prem}(D_j;\bar{A}_{i-1},\cdots,\bar{A}_1)=0$. 注意, 这种情况必定会出现, 因为 $[f_1,\cdots,f_s]$ 是正常升列蕴涵 $\mathrm{res}(I_i;f_{i-1},\cdots,f_1)\neq 0$; 另一方面, $D_1=n_iI_i^2$, 所以 $\mathrm{res}(D_1;f_{i-1},\cdots,f_1)\neq 0$.

于是, 据定理 2.3.1 可以计算 f_i 和 f_i' 在 $\mathbf{Q}(u)[x_1,\cdots,x_i]/\mathrm{sat}([\bar{A}_1,\cdots,\bar{A}_{i-1}])$ 上的最大公因子 $\gcd(f_i,f_i')$. 记 $\gcd(f_i,f_i')$ 伪除 f_i 的伪商是 $\bar{f}_i$, 用 $[\bar{A}_1,\cdots,\bar{A}_{i-1},\bar{f}_i]$ 替换 $[A_1,\cdots,A_{i-1},f_i]$ 即可.

上面是针对每种可能导致不正则的情况来单独处理的. 对每个新的系统都应该继续讨论其正则性, 必要的话再使用上述办法继续分解. 这样, 我们最终可以将任何基本 TSA 分解为有限个标准 TSA, 并保持解集不变. 如同RSD算法一样, 如果原来的升列是正常升列, 新系统的方程个数与原系统的方程个数相同.

2.6 一般的半代数系统

我们讨论如何将一个形如 (2.5.1) 的 SAS $\mathbb{S}:[P,G_1,G_2,H]$ 分解为正则的 TSA.

第一步, 很自然地是把方程组三角化. 当然可以选择各种三角化的方法, 比如吴方法、聚筛法等. 在算法实现上可供选择的程序就更多了, 比如王东明的 charsets [115]、王定康的 wsolve [51,112]、符红光的 wrsolve [162]、刘忠的 GAS [80] 等. 不同的选择会导致后续步骤的不同, 因此, 为叙述简单和明确起见, 我们在讲述算法时使用吴方法. 实际上, 在我们开发的程序中, 三角化部分使用的就是王定康编写的实现吴方法零点分解 (见 (1.4.3)) 的程序 wsolve.

把 P 中的多项式都视为 $\mathbf{Q}(u)[x_1,\cdots,x_n]$ 上的多项式做吴方法意义下的零点分解 (见 (1.4.3) 式), 即把 $P=[p_1,\cdots,p_s]$ 分解为特征列之集 $\mathcal{T}=\{T_1,\cdots,T_e\}$ 满足

$$\mathrm{Zero}(P)=\bigcup_{i=1}^{e}\mathrm{Zero}(T_i/J_i),$$

其中 $\mathrm{Zero}(T_i/J_i)=\mathrm{Zero}(T_i)\setminus\mathrm{Zero}(J_i)$, 而 J_i 是 T_i 的各项初式的乘积.

$\mathcal{T}$ 可能有三种情况: (A) 每个 T_i $(1\leqslant i\leqslant e)$ 的方程个数和变元个数相同; (B) 某些 T_i 的方程个数少于变元个数; (C) $\mathcal{T}=\varnothing$.

粗糙地说, 第二种情况下系统可能有正维数的解 (实际上, 只要那些 T_i 有解, 原系统就一定有正维数的解); 第三种情况下系统在参数取一般值 (generic value) 时没有解, 只对特别的参数值可能有解. 这两种情况会在后面的章节中详细讨论, 本节只讨论第一种情况.

如果每个 T_i $(1 \leqslant i \leqslant e)$ 的方程个数和变元个数相同, 那么 P 以致 $\mathbb{S}$ 最多有有限个解. 我们进行第二步：用RSD算法把每个三角列分解为正常升列. 为记号简单起见, 仍用 T_i 记这些正常升列.

第三步, 用上节介绍的方法把每个 TSA : $[T_i, G_1, G_2, H]$ 分解为正则 TSA. 同样, 为记号简单起见, 不妨仍用 $[T_i, G_1, G_2, H]$ 表示分解之后的正则 TSA.

第四步, 讨论任意两个正则 TSA 中的正常升列 T_i 和 T_j 的相关性. 应用第 2.4 节的算法TSD可以使得任意两个正常升列彼此单纯, 抹去整相关中解集较小的正常升列对应的系统.

最终, 我们得到如下结论.

定理 2.6.1 在情形 (A) 下, 任意 SAS $\mathbb{S}: [P, G_1, G_2, H]$ 可分解成有限个正则 TSA $\mathbb{T}_i: [T_i, G_{i1}, G_{i2}, H_i]$, 满足

$$\mathrm{Zero}(\mathbb{S}) = \bigcup_i \mathrm{Zero}(\mathbb{T}_i),$$

并且任意 T_i, T_j $(i \neq j)$ 是互素的.

对情形 (A) 下的常系数半代数系统 $\mathbb{S}$ 而言, 上述结果是清楚的. 对情形 (A) 下的参系数半代数系统 $\mathbb{S}$ 而言, 如果我们考虑参数的特殊取值, 那么还需要进一步讨论. 基本思想是定义系统 $\mathbb{S}$ 的边界多项式来记录那些可能使得上述定理不成立的参数值.

首先, 在做吴方法意义下的零点分解时, 有可能会得到一些矛盾升列 (仅含参数的非零多项式), 使这些多项式为零的参数值可能改变原系统的零点数目. 譬如考虑

$$\mathbb{P}: \ [u(xy + x - y), x^2 - y^2, y(x-2)].$$

在 $\mathbf{Q}(u)[x, y]$ 上对 $\mathbb{P}$ 做零点分解时, 实际上得到了三个升列

$$[u], \ [x, y], \ [x-2, y+2].$$

因为 $[u]$ 在 $\mathbf{Q}(u)[x, y]$ 上是矛盾升列, 我们只需要考虑后两个升列, 也就是说, 对参数的一般取值而言, $\mathbb{P}$ 只有两个互异实解 $(0,0)$ 和 $(2,-2)$. 但当 $u = 0$ 时 $\mathbb{P}$ 有三个互异实解 $(0,0), (2,-2), (2,2)$. 所以, 矛盾升列应该是 $\mathbb{S}$ 的边界多项式的因子. 我们用 BP_w 记第一步做零点分解时的所有矛盾升列的乘积.

其次, 记每个 $\mathbb{T}_i$ 的边界多项式为 BP_i, 那么满足 $\mathrm{BP}_i = 0$ 的参数值使得 $\mathbb{T}_i$ 不再是正则的; 设 $T_i: [f_1, \cdots, f_s]$ 和 $T_j: [g_1, \cdots, g_s]$ 是正常升列, 记

$$\mathrm{BP}_{i,j} = \mathrm{BP}_{T_i, T_j} = \prod_{k=1}^{s} \mathrm{res}(f_k; g_k, \cdots, g_1) \cdot \mathrm{res}(g_k; f_k, \cdots, f_1),$$

那么满足 $\mathrm{BP}_{i,j}=0\ (i\neq j)$ 的参数值可能使得 $T_i, T_j\ (i\neq j)$ 不互素. 因此, BP_i 和 $\mathrm{BP}_{i,j}$ 也应该是 $\mathbb{S}$ 的边界多项式的因子.

定义 2.6.1 记号同上. 对情形 (A) 下的参系数半代数系统 $\mathbb{S}$, 命

$$\mathrm{BP}(\mathbb{S})=\mathrm{BP}_w\cdot\prod_i \mathrm{BP}_i\cdot\prod_{i<j}\mathrm{BP}_{i,j}, \tag{2.6.1}$$

我们称 $\mathrm{BP}(\mathbb{S})$ 为半代数系统 $\mathbb{S}$ 的 *边界多项式*.

实际上, 在做定理 2.6.1 中的分解时, 我们可以同时得到原半代数系统的边界多项式.

如果参数值使得 $\mathrm{BP}(\mathbb{S})=0$, 我们可以把它作为一个新的方程加入原系统 $\mathbb{S}$ 得到一个新系统 $\mathbb{S}'$. 把某个参数视为变元, 对 $\mathbb{S}'$ 重复我们对 $\mathbb{S}$ 的类似计算可以把 $\mathbb{S}'$ 分解为正则 TSA 的并集同时得到新的边界多项式 BP'. 如此下去, 我们最终会得到原系统的彻底分解 (把多项式都视为 $\mathbf{Q}[u,x_1,\cdots,x_n]$ 中多项式考虑系统在 $\mathbf{R}^{n+d}$ 中的解). 容易看出, 最终可能会得到很多的 TSA.

在参数空间 $\mathbf{R}^d$ 中, 使得 $\mathrm{BP}(\mathbb{S})\neq 0$ 的参数是一个 d 维的开集, 而使得 $\mathrm{BP}(\mathbb{S})=0$ 的是一个低维闭集. 因此, 在许多实际问题中我们通常是逐步考虑系统的分解及参数的取值情况 (参考第 5 章): 首先考虑满足 $\mathrm{BP}(\mathbb{S})\neq 0$ 的参数值和此时的系统分解; 其次在必要时考虑低一维的情况, 即 $\mathrm{BP}(\mathbb{S})=0$ 的参数和此时的系统分解; 如此继续, 每当必要时才进行下一步计算. 这样, 每一步都可能得到相应结果, 如果一开始就做彻底的分解可能因为计算量太大而不能得到任何结果.

第 3 章　多项式的实根

不等式的机器证明与自动发现依赖于计算实代数和计算实代数几何的方法与工具. 从本章起, 我们开始讨论与多项式、多项式方程系统以及半代数系统的实解相关的问题. 在回顾经典结果的基础上, 着重介绍作者及其合作者在该领域取得的近期成果.

本章我们首先仿照文献 [47] 的方式从柯西指标开始陈述经典结果, 然后将介绍一个新工具, 称作多项式的完全判别系统. 它是一个简洁、实用的算法, 可以显式地判定多项式的实根和虚根的个数及重数. 我们还将讨论多项式的实根隔离算法, 这是实代数中众多算法的基础.

3.1 经典结果

我们的讨论从 *柯西指标*[47] 开始.

定义 3.1.1　实有理函数 $R(x)$ 在区间 (a,b) 上的*柯西指标*是指当 x 从 a 变到 b 时, $R(x)$ 从 $-\infty$ 跳到 $+\infty$ 的断点数与从 $+\infty$ 跳到 $-\infty$ 的断点数的差, 记作 $I_a^bR(x)$. 这里, a,b 可以分别是 $-\infty$ 和 $+\infty$.

设有理函数 $R(x)=\displaystyle\sum_{i=1}^{k}\frac{c_i}{x-\alpha_i}+S(x)$, 其中 $\alpha_i,c_i\in\mathbf{R}$, $S(x)$ 是一个有理函数而任何实数都不是 $S(x)$ 的无穷间断点 (*极点*). 如果区间 (a,b) 恰含有一个 α_i, 那么 $I_a^bR(x)=\mathrm{sgn}(c_i)$. 这里 sgn 是通常的符号函数, 视 c_i 取正、负、零而分别取 $1,-1,0$. 于是, $I_{-\infty}^{+\infty}R(x)=\displaystyle\sum_{i=1}^{k}\mathrm{sgn}(c_i)$.

定理 3.1.1　(a) 非零实多项式 f 在 (a,b) 上的不同实根个数等于 $I_a^b\dfrac{f'(x)}{f(x)}$;

(b) 任给两个非实零多项式 $f(x)$ 和 $g(x)$, $I_a^b\dfrac{f'(x)g(x)}{f(x)}=f_{g+}-f_{g-}$, 其中

$$f_{g_+}=\mathrm{card}(\{\alpha\in(a,b)|f(\alpha)=0,g(\alpha)>0\}),$$

$$f_{g_-}=\mathrm{card}(\{\alpha\in(a,b)|f(\alpha)=0,g(\alpha)<0\}).$$

证明　(a) 设实多项式 $f(x)=f_1(x)\displaystyle\prod_{i=1}^{m}(x-\alpha_i)^{j_i}$, 其中 $\alpha_i\in\mathbf{R}$, 而 $f_1(x)$, 没有

实根, 那么

$$\frac{f'(x)}{f(x)}=\sum_{i=1}^{m}\frac{j_i}{x-\alpha_i}+\frac{f_1'}{f_1}.$$

不妨设 f 在 (a,b) 上的根恰为前 k 个, 于是

$$I_a^b\frac{f'(x)}{f(x)}=\sum_{i=1}^{k}\operatorname{sgn}(j_i)=k$$

是 $f(x)$ 在 (a,b) 上的不同实根个数.

(b) 另给一个实多项式 $g(x)$, 那么

$$\frac{f'(x)g(x)}{f(x)}=\sum_{i=1}^{m}\frac{j_ig(x)}{x-\alpha_i}+H(x),$$

这里 $H(x)=f_1'g/f_1$ 是一个没有实极点的有理函数. 不妨设在 (a,b) 上满足 $g(\alpha_i)\neq0$ 的是 $f(x)$ 的前 n $(0\leqslant n\leqslant m)$ 个实根, 易见

$$I_a^b\frac{f'(x)g(x)}{f(x)}=\sum_{i=1}^{n}\operatorname{sgn}(g(\alpha_i))=f_{g+}-f_{g-}.$$ □

设 $r(x)$ 是 $f'(x)g(x)$ 除以 $f(x)$ 的余式, 则显然有

$$I_a^b\frac{f'(x)g(x)}{f(x)}=I_a^b\frac{r(x)}{f(x)}.$$

下面我们来建立柯西指标的计算方法, 从而得到计算多项式互异实根数的算法. 设 $a_1,\cdots,a_l$ 是非零实数的序列, 它的 *变号数* 定义为集合 $\{a_ia_{i+1}\mid 1\leqslant i\leqslant l-1\}$ 中的负数个数, 即

$$\sum_{i=1}^{l-1}\frac{1-\operatorname{sgn}(a_ia_{i+1})}{2}.$$

定义 3.1.2 如果非零实系数多项式的序列

$$F_0(x),F_1(x),\cdots,F_s(x)\tag{3.1.1}$$

在区间 (a,b) 上满足下列条件:

(1) F_s 在 (a,b) 上没有实根;

(2) 如果存在 $c\in(a,b)$, 且存在 i $(0<i<s)$, 使得 $F_i(c)=0$, 那么 $F_{i-1}(c)F_{i+1}(c)<0$;

则称序列 (3.1.1) 为 (a,b) 上的一个 (以 F_0,F_1 开始的)*Sturm 序列*. 可以不妨假设 $F_i(a)F_i(b)\neq0$ $(0\leqslant i\leqslant s)$ (否则我们可以取一个充分小的 ε, 在 $(a+\varepsilon,b-\varepsilon)$ 上讨论). 显然, 序列中任意两个相邻的多项式在 (a,b) 上没有公共实根.

用一个非零多项式 (同样可以不妨假设 a, b 不是该多项式的根) 遍乘序列 (3.1.1) 的各项所得的序列称作 *广义的 Sturm 序列*.

对 $G_0(x), G_1(x) \in \mathbf{R}[x]$, 我们可以用辗转相除法构造 (广义的)Sturm 序列：用 G_0 除以 G_1, 并将余式反号, 记为 $G_2(x)$; 一般地, 如果 $G_k(x)$ 和 $G_{k-1}(x)$ 已求得, 则用 $-G_{k+1}(x)$ 记 $G_{k-1}(x)$ 除以 $G_k(x)$ 的余式; 如此下去, 直到某个多项式为零, 即

$$\begin{aligned}
G_2(x) &= -\mathrm{rem}(G_0(x), G_1(x)), \\
&\cdots\cdots\cdots\cdots \\
G_{k+1}(x) &= -\mathrm{rem}(G_{k-1}(x), G_k(x)), \\
&\cdots\cdots\cdots\cdots \\
G_s(x) &= -\mathrm{rem}(G_{s-2}(x), G_{s-1}(x)) \neq 0, \\
G_{s+1}(x) &= -\mathrm{rem}(G_{s-1}(x), G_s(x)) = 0.
\end{aligned}$$

显然, $G_s(x)$ 是 $G_0(x), G_1(x)$ 的最大公因子. 如果 $G_s(x)$ 在区间 $[a, b]$ 上没有根, 则 $G_0, G_1, \cdots, G_s$ 是一 Sturm 序列; 否则, 以 G_s 除序列的各项就是一个 Sturm 序列, 而 $G_0, G_1, \cdots, G_s$ 是一广义的 Sturm 序列.

(广义) Sturm 序列 $F_0(x), F_1(x), \cdots, F_s(x)$ 在 $x=r$ 时的 *变号数*, 记作 $V(F_0, F_1; r)$ 或 $V(r)$, 是指从实数列 $F_0(r), F_1(r), \cdots, F_s(r)$ 中删除 0 后余下的实数列的变号数.

定理 3.1.2　设 $F_0(x), F_1(x), \cdots, F_s(x)$ 是区间 (a, b) 上的 Sturm 序列, 那么

$$I_a^b \frac{F_1(x)}{F_0(x)} = V(a) - V(b).$$

证明　设 $x_1, x_2 \in (a, b)$, 且 $x_1 < x_2$. 若 $[x_1, x_2]$ 中没有任何 F_i $(0 \leqslant i \leqslant s)$ 的根, 则 $V(x_1) - V(x_2) = 0$.

设 $a < c < b$ 且 $F_i(c) = 0$ $(1 \leqslant i < s)$, 则由 Sturm 序列的条件 (2) 可知, 当 $x \in (c - \varepsilon, c + \varepsilon)$ 时, $F_{i-1}(x)F_{i+1}(x) < 0$. 于是 $V(c - \varepsilon) - V(c + \varepsilon) = 0$.

设 $a < c < b$ 且 $F_0(c) = 0$, 那么 $F_1(c) \neq 0$. 若 $F_0(c-\varepsilon)F_1(c) < 0, F_0(c+\varepsilon)F_1(c) > 0$, 则

$$I_{c-\varepsilon}^{c+\varepsilon} \frac{F_1(x)}{F_0(x)} = 1 = V(c - \varepsilon) - V(c + \varepsilon);$$

若 $F_0(c - \varepsilon)F_1(c) > 0, F_0(c + \varepsilon)F_1(c) < 0$, 则

$$I_{c-\varepsilon}^{c+\varepsilon} \frac{F_1(x)}{F_0(x)} = -1 = V(c - \varepsilon) - V(c + \varepsilon);$$

若 $F_0(c - \varepsilon)F_0(c + \varepsilon) > 0$, 则

$$I_{c-\varepsilon}^{c+\varepsilon} \frac{F_1(x)}{F_0(x)} = 0 = V(c - \varepsilon) - V(c + \varepsilon).$$

□

以 $g(x)$ 乘 Sturm 序列 $F_0(x), F_1(x), \cdots, F_s(x)$ 的各项得广义的 Sturm 序列 $G_0(x), G_1(x), \cdots, G_s(x)$. 显然

$$\begin{aligned} I_a^b \frac{G_1(x)}{G_0(x)} &= I_a^b \frac{F_1(x)}{F_0(x)} \\ &= V(F_0, F_1; a) - V(F_0, F_1; b) \\ &= V(G_0, G_1; a) - V(G_0, G_1; b). \end{aligned}$$

最后一个等式成立是因为我们总可以假设 a, b 不是 $g(x)$ 的根, 而以一个非零常数乘一个序列并不改变序列的变号数. 所以上述定理对广义的 Sturm 序列仍然成立.

据定理 3.1.1 和定理 3.1.2, 我们得到如下两个重要结果.

推论 3.1.1 (Sturm 定理) 设 $f(x) \in \mathbf{R}[x]$, $f(a)f(b) \neq 0$, 则 $f(x)$ 在 (a, b) 上的互异实根个数等于

$$V(f, f'; a) - V(f, f'; b).$$

特别地, $f(x)$ 的互异实根个数等于 $V(f, f'; -\infty) - V(f, f'; +\infty)$.

推论 3.1.2 (Sturm-Tarski 定理) 设 $f(x), g(x) \in \mathbf{R}[x]$, $f(a)f(b) \neq 0$, 并记 $r = \mathrm{rem}(f'g, f, x)$, 则

$$V(f, f'g; a) - V(f, f'g; b) = V(f, r; a) - V(f, r; b) = f_{g_+} - f_{g_-},$$

这里

$$\begin{aligned} f_{g_+} &= \mathrm{card}(\{\alpha \in (a, b) | f(\alpha) = 0, g(\alpha) > 0\}), \\ f_{g_-} &= \mathrm{card}(\{\alpha \in (a, b) | f(\alpha) = 0, g(\alpha) < 0\}). \end{aligned}$$

很明显, Sturm 定理给出了一个计算多项式 f 互异实根个数 (或在指定区间上实根个数) 的算法：先用上面介绍的 (余式反号的) 辗转相除法构造以 f, f' 开始的 (广义)Sturm 序列; 然后计算这个序列在 $-\infty$ 和 $+\infty$(或相应区间端点) 的变号数的差. 这是一个所谓的 "在线" 算法, 用于常系数多项式时特别有效, 而用于参系数多项式时效率则通常很低, 因为它不是 "显式判定".

下面我们介绍另外两个经典定理 (Budan-Fourier 定理和 Descartes 符号法则), 虽然一般情况下它们不能给出实根的准确数目, 但算法简明, 实用性强.

设 $F(x) \in \mathbf{R}[x]$ 为 m 次实系数多项式, 并考虑它的逐次导数

$$F(x), F'(x), F''(x), \cdots, F^{(m-1)}(x), F^{(m)}(x). \tag{3.1.2}$$

序列中最后一项显然是 $m! \cdot \mathrm{lc}(F(x), x)$, 因此符号是确定的. 当讨论 $F(x)$ 在 $[a, b]$ 上的实根数时, 我们通常都假设 $F(a)F(b) \neq 0$. 如果 a (或 b) 是某阶导数 $F^{(i)}(x)$ $(1 \leqslant i < m)$ 的根, 那么可以取充分小的正数 ε, 使得区间 $[a, a + \varepsilon)$ 和 $(b - \varepsilon, b]$ 不含序列

(3.1.2) 中任何多项式除 a,b 外的任何根. 于是, 我们可以等价地在 $[a+\varepsilon,b-\varepsilon]$ 上讨论 $F(x)$ 的实根数. 基于这种考虑, 下面讨论 $F(x)$ 在 $[a,b]$ 上的实根数时, 总假设 a,b 不是序列 (3.1.2) 中任何多项式的根.

定理 3.1.3 (Budan-Fourier 定理)　如果两个实数 $a<b$ 都不是实系数多项式 $F(x)\in\mathbf{R}[x]$ 的根, 那么 $F(x)$ 在 $[a,b]$ 上根的个数 (重根按重数计) 等于 $V(a)-V(b)$ 或比这个差少一个正偶数. 这里, $V(x)$ 表示序列 (3.1.2) 的变号数.

证明　很明显, $[a,b]$ 的任何子区间只要不含序列 (3.1.2) 中任何多项式的根, 那么 $V(x)$ 在这个子区间上就是常值.

设 x 从左至右经过 $F(x)$ 的一个 k 重零点 c, 我们来研究序列 (3.1.2) 中的一段

$$F^{(0)}(x),F^{(1)}(x),\cdots,F^{(k)}(x)$$

的变号数的变化. 显然有 $F^{(k)}(c)\neq 0$, 且根据 Taylor 展开, 在 x 充分接近 c (但 $x\neq c$) 时

$$F^{(i)}(x)\approx\frac{1}{(k-i)!}(x-c)^{k-i}F^{(k)}(c),\quad 0\leqslant i\leqslant k.$$

那么, 在 $x\in(c-\varepsilon,c)$ 时, 上一段序列有 k 个变号; 而在 $x\in(c,c+\varepsilon)$ 时上一段序列没有变号. 于是, 在这一段上变号数减少 k.

现设 x 从左至右经过 $F^{(i)}(x)$ 的一个 k 重零点 c, 这里 $i\geqslant 1$, 且

$$F^{(i-1)}(c)\neq 0.$$

我们研究序列 (3.1.2) 中的一段

$$F^{(i-1)}(x),F^{(i)}(x),\cdots,F^{(i+k)}(x)$$

的变号数的变化. 用 Taylor 展开的办法同样可知, x 经过 c 点后, 序列

$$F^{(i)}(x),\cdots,F^{(i+k)}(x)$$

的变号数减少 k. 如果 k 是偶数, 那么 $F^{(i)}(x)$ 在 x 左右不变号, 从而序列

$$F^{(i-1)}(x),F^{(i)}(x),\cdots,F^{(i+k)}(x)$$

的变号数也减少 k (因为 $F^{(i-1)}(x)$ 在 c 点左右同号); 如果 k 是奇数, 那么 $F^{(i)}(x)$ 在 x 左右变号, 从而序列

$$F^{(i-1)}(x),F^{(i)}(x),\cdots,F^{(i+k)}(x)$$

的变号数减少 $k-1$ 或 $k+1$. 总之, 变号数的减少是一个偶数.

这样我们就证明了: x 经过 F 的一个 k 重零点后, $V(x)$ 减少 $k+2k_1$; x 经过 $F^{(i)}$ $(i \geqslant 1)$ 的一个零点后, $V(x)$ 减少 $2k_2$. 这里 k_1, k_2 是自然数. 定理获证. □

将 Budan-Fourier 定理用于 $(0, +\infty)$ 可得下面的符号法则.

定理 3.1.4 (Descartes 符号法则) 实系数多项式 $F(x) \in \mathbf{R}[x]$ 的正根个数 (重根按重数计) 等于它的系数列的变号数, 或是这个数减去一个正偶数.

注意, 在 Budan-Fourier 定理和 Descartes 符号法则中, 只有当两个变号数的差等于 1 或 0 时, 结论才是确定的. 另外, 假定我们知道 $F(x)$ 的根都是实的, 还有下面的精确判定.

定理 3.1.5 如果实系数多项式 $F(x) \in \mathbf{R}[x]$ 的根都是实根, 那么它的正根个数 (重根按重数计) 等于它的系数列的变号数.

一个 t 项的多项式的系数列最多有 $t-1$ 个变号数. 根据 Descartes 符号法则, 该多项式最多有 $2t-2$ 个实根 (不计算零根, 重根按重数计). 这说明多项式的实根个数的上界可以由其项数决定, 这一点与复根很不一样.

根据定理 3.1.5, 容易得到如下命题.

命题 3.1.1 假如实系数多项式 $g(y) = y^k + b_{k-1}y^{k-1} + \cdots + b_0$ 的根都是实的, 则它的所有根都是非负的充要条件是

$$(-1)^{i+k} b_i \geqslant 0, \quad i = 0, \cdots, k-1.$$

证明 必要性由根与系数关系的韦达定理推知.

充分性. 设 0 是 g 的 s $(\geqslant 0)$ 重根, 而 g 的系数的变号数是 t. 那么, 据定理 3.1.5, $g(y)$ 的正根数 (按重数计) 恰是 t. 另一方面, 据题设 $g(-y)$ 的系数的变号数是 0. 所以, $n = t + s$. 这意味着 g 的实根都是非负的. □

完全类似地, 我们还可以证明

命题 3.1.2 假如实系数多项式 $g(y) = y^k + b_{k-1}y^{k-1} + \cdots + b_0$ 的根都是实的, 则它的所有根都为正的充要条件是

$$(-1)^{i+k} b_i > 0, \quad i = 0, \cdots, k-1.$$

3.2 多项式的判别系统

众所周知, 五次以上的多项式没有求根公式. 另一方面, 二次多项式 $F(x) = ax^2 + bx + c$ 的判别式

$$\Delta = b^2 - 4ac$$

的符号完全确定了 $F(x)$ 的根的分类 (即由系数给出的条件以决定实根、虚根的个数和重数). 对于三次多项式, 它的判别式加上另一个由其系数构成的多项式的符号也可以完全确定该三次多项式的根的分类. 一个自然的问题是: 对任意次多项式的根的分类是否也有类似的 "显式判定", 即由多项式系数的函数构成的判定? 答案是肯定的. 以下介绍由本书的第一作者与侯晓荣、曾振柄合作于 1996 年给出的一个显式判定准则[150, 162].

给定实参系数多项式

$$F(x) = a_0x^m + a_1x^{m-1} + \cdots + a_m, \quad a_0 \neq 0 \tag{3.2.1}$$

和另一非零多项式 $G(x)$. 记

$$R(x) = \mathrm{rem}(F'G, F) = b_1x^{m-1} + \cdots + b_m. \tag{3.2.2}$$

称 $2m$ 阶方阵

$$\begin{pmatrix} a_0 & a_1 & a_2 & \cdots & a_m & & & & \\ 0 & b_1 & b_2 & \cdots & b_m & & & & \\ & a_0 & a_1 & \cdots & a_{m-1} & a_m & & & \\ & 0 & b_1 & \cdots & b_{m-1} & b_m & & & \\ & & & & \vdots & \vdots & & & \\ & & & a_0 & a_1 & a_2 & \cdots & a_m \\ & & & 0 & b_1 & b_2 & \cdots & b_m \end{pmatrix}$$

为 F 关于 G 的*判别矩阵*, 记为 $\mathrm{Discr}(F, G)$. 当 $G = 1$ 时, 简记 $\mathrm{Discr}(F, 1)$ 为 $\mathrm{Discr}(F)$, 称作 F 的*判别矩阵*.

如果将 $R(x)$ 视为一个 m 次多项式

$$R(x) = 0 \cdot x^m + b_1x^{m-1} + \cdots + b_m,$$

那么上面的方阵就是 $F(x)$ 与 $R(x)$ 的 Sylvester 矩阵 (行向量排列顺序不同于通常的定义; 参见第 1 章或文献 [86, 116]).

令 $D_0 = 1$, 并用

$$D_1(F, G),\ D_2(F, G), \cdots, D_m(F, G)$$

表示 $\mathrm{Discr}(F, G)$ 的偶数阶主子式. 称

$$[D_0, D_1(F, G), \cdots, D_m(F, G)]$$

为 F 关于 G 的 *判别式序列*, 记为 $\mathrm{GDL}(F,G)$. 当 $G=1$ 时,

$$[D_0, D_1(F,1), \cdots, D_m(F,1)]$$

也记作 $\mathrm{DiscrList}\,(F)$, 称为 F 的 *判别式序列*, 即 $\mathrm{DiscrList}\,(F)=\mathrm{GDL}(F,1)$.

称

$$[\mathrm{sgn}(A_1), \cdots, \mathrm{sgn}(A_m)]$$

为给定序列 $[A_1, \cdots, A_m]$ 的 *符号表*. 给定符号表 $[s_1, s_2, \cdots, s_m]$, 其 *符号修订表* $[t_1, t_2, \cdots, t_m]$ 按如下规则构造:

• 如果 $[s_i, s_{i+1}, \cdots, s_{i+j}]$ 是所给符号表中的一段, 并且

$$s_i \neq 0, \quad s_{i+1} = \cdots = s_{i+j-1} = 0, \quad s_{i+j} \neq 0,$$

那么将此段中由 0 构成的序列

$$[s_{i+1}, \cdots, s_{i+j-1}]$$

替换为序列 $[-s_i, -s_i, s_i, s_i, -s_i, -s_i, s_i, s_i, \cdots]$ 中的前 $j-1$ 个, 也就是令

$$t_{i+r} = (-1)^{[(r+1)/2]} \cdot s_i, \quad r = 1, \cdots, j-1.$$

• 除此之外, 令 $t_k = s_k$, 即其余各项保持不变.

例如, 符号表

$$[1, 1, -1, 0, 0, 0, 0, 0, 1, 0, 0, -1, 1, 0, 0]$$

的符号修订表是

$$[1, 1, -1, 1, 1, -1, -1, 1, 1, -1, -1, -1, 1, 0, 0].$$

定理 3.2.1 (判别定理 I) 给定实多项式 $F=F(x)$ 和 $G=G(x)$, 如果 $\mathrm{GDL}(F,G)$ 的符号修订表的变号数是 ν, 并且 $D_\eta \neq 0$ 而 $D_t = 0\ (t > \eta)$, 则

$$\eta - 2\nu = F_{G_+} - F_{G_-},$$

其中

$$F_{G_+} = \mathrm{card}(\{x \in \mathbf{R} \mid F(x)=0,\, G(x)>0\}),$$

$$F_{G_-} = \mathrm{card}(\{x \in \mathbf{R} \mid F(x)=0,\, G(x)<0\}).$$

定理 3.2.2 (判别定理 II) 如果实多项式 $F(x)$ 的判别式序列的符号修订表的变号数是 ν, 那么 $F(x)$ 的互异共轭虚根对的数目就是 ν. 而且, 如果该符号修订表中非零元的个数是 $\eta+1$, 那么 $F(x)$ 的互异实根的数目是 $\eta - 2\nu$.

我们将在下节给出定理 3.2.1 的证明, 而定理 3.2.2 明显是定理 3.2.1 的推论. 依据这两个定理, F 的互异正根数 F_{x_+} 可以通过解如下简单的线性方程组得到 (不妨假设 $F(0)\neq 0$)

$$\begin{pmatrix} 1 & 1 \\ 1 & -1 \end{pmatrix}\begin{pmatrix} F_{x_+} \\ F_{x_-} \end{pmatrix}=\begin{pmatrix} k_1 \\ k_2 \end{pmatrix},$$

其中 k_1, k_2 分别由定理 3.2.2 和定理 3.2.1 给出.

注 3.2.1　因为在 $a_0\neq 0$ 时 $\mathrm{sgn}(D_1(F,1))=1$, 所以下面我们也常把 $[D_1,\cdots,D_m]$ 称作多项式 F 的判别式序列, 这从上下文中不难看出. 当然, 此时判别定理 II 中的非零元个数应该是 η.

下面这个简短的 Maple 程序可以用来计算一个多项式关于另一个多项式的判别式序列.

```
with(linalg):
discrg:=proc(poly1,poly2,var)
local f,g,tt,d,bz,i,ar,j,mm,dd;
       f:=expand(poly1);
       g:=expand(poly2*diff(f,var));
       d:=degree(f,var);
       if d<= degree(g,var) then
          g:=rem(g,f,x);
       fi;
       g:=tt*var^d+g;
       bz:=subs(tt=0,bezout(f,g,var));
       ar:=[ ];
       for i to d do
           ar:=[op(ar),row(bz,d+1-i)]
       od;
       mm:=matrix(ar);
       dd:=[1]
       for j to d do
           dd:=[op(dd),det(submatrix(mm,1..j,1..j))]
       od;
end:
```

在 Maple 下键入 discrg(F,G,x) 后, 程序的输出就是 F 关于 G 的判别式序列. 注意, 当 F 的系数是参数时, 我们需要假设其首项系数不为零.

例 3.2.1 将多项式

$$F=-2x^{16}+4x^{15}+2x^{14}-4x^{13}-2x^{12}+x^5-7x^4+9x^3+7x^2-9x-5$$

的根分类 (即求实虚根的个数和重数).

用程序 discrg$(F,1,x)$ 算出 F 的判别式序列, 其符号表是

$$[1,1,1,1,0,0,0,0,0,-1,1,1,-1,1,1,0,0],$$

其符号修订表是

$$[1,1,1,1,-1,-1,1,1,-1,-1,1,1,-1,1,1,0,0].$$

它的变号数是 6, 而非零元个数是 15. 于是由判别定理 II 可知, F 有 6 对互异的虚根和 2 个互异的实根. 进一步考虑 $\gcd(F,F')=x^2-x-1$ 可知, F 的两个实根分别都是二重的.

对任一 $n_1\times n_2$ $(n_1\leqslant n_2)$ 阶的矩阵 M, 用 $M(k,l)$ 表示由 M 的前 k 行和前 $k-1$ 列及第 $k+l$ 列构成的子矩阵. 设 $F(x)$ 如 (3.2.1), 它的判别矩阵记为 A. 定义

$$\Delta_k(F)=\Delta_k=\sum_{t=0}^{k}|A(2\,(m-k),t)|\,x^{k-t},\quad k=0,1,\cdots,m-1,$$

并称 $\Delta_0,\cdots,\Delta_{m-1}$ 为 $F(x)$ 的 *重因子序列*. 注意到 $F(x)$ 的判别矩阵的定义与通常 Sylvester 矩阵的定义的微小差别, 容易知道 $F(x)$ 和 $F'(x)$ 的*子结式链*[86, 116] (参见附录) 的每一项与它们的重因子序列的对应项相差 $\pm a_0$. 就重因子序列的性质和我们的主要目的而言, 这种差别可被忽略. 因此, 我们可将 $F(x)$ 和 $F'(x)$ 的重因子序列等同于它们的子结式链. 下面的引理是子结式理论的一个直接推论.

引理 3.2.1 设 m 次多项式 $F(x)\in\mathbf{R}[x]$ 的判别式序列的最后一个非零项为 D_k, 则

$$\gcd(F(x),F'(x))=\Delta_{m-k}.$$

这意味着 $\gcd(f,f')$ 总是含在 $f(x)$ 的重因子序列之中.

定义 3.2.1 令 U 表示

$$\{f(x)\},\ \{\Delta_k(f)\},\ \{\Delta_j(\Delta_k(f))\},\{\Delta_i(\Delta_j(\Delta_k(f)))\},\ \cdots$$

等多项式集的并, 即所有不同层次的重因子序列之并. U 中每个多项式各有一个判别式序列, 所有这些判别式序列组成 $f(x)$ 的 *完全判别系统*, 记为 CDS(f).

定义 3.2.2 为方便起见, 令 $\Delta(f)$ 表示 $\gcd(f(x),f'(x))$, 并称之为 $f(x)$ 的 *重复部分*. 又令

$$\Delta^0(f)=f,\quad \Delta^j(f)=\Delta(\Delta^{j-1}(f)),\quad j=1,2,\cdots,$$

我们将

$$\{\Delta^0(f),\ \Delta^1(f),\ \Delta^2(f),\cdots\}$$

叫做 $f(x)$ 的 *Δ 序列*.

事实上, 为了决定 $f(x)$ 的实根和虚根的数目和重数, 无需用到整个的判别系统 $\mathrm{CDS}(f)$, 只要用 $f(x)$ 的 Δ 序列中多项式的判别式序列就足够了.

引理 3.2.2 如果 $\Delta^j(f)$ 有 k 个重数为 $n_1,n_2,\cdots,n_k$ 的实根, 并且 $\Delta^{j-1}(f)$ 有 m 个不同实根, 则 $\Delta^{j-1}(f)$ 有 k 个重数为 $n_1+1,n_2+1,\cdots,n_k+1$ 的实根和 $m-k$ 个单实根. 同样的讨论也适用于虚根.

我们现在可以给出多项式根的分类的一个完备算法了. 下述这个基于 "显式判定" 的算法由 4 个步骤组成. 它告诉我们如何决定一个多项式 $f(x)$ 的实根和虚根的数目及重数.

步骤 1. 做出 $f(x)$ 的判别式序列

$$[D_1(f),\quad \cdots,\quad D_n(f)]$$

及其符号修订表; 计算后者的变号数以确定 $f(x)$ 的互异的虚根和实根的个数. 如果该符号修订表中不含 0, 算法结束.

步骤 2. 如果上述的符号修订表中含有 k 个 0. 这时由引理 3.2.1 有 $\Delta(f)=\Delta_{n-k}(f)$, 后者可以按重因子序列的定义构造出来. 然后, 对于 $\Delta(f)$ 返回步骤 1, 即对 $\Delta(f)$ 做我们曾对 $f(x)$ 所做的一切.

步骤 3. 按上一步做法逐次对 $\Delta^2(f),\Delta^3(f),\cdots$, 不断做下去, 直到某个 j 使得 $\Delta^j(f)$ 的符号修订表中不再含有 0.

步骤 4. 计算 $\Delta^j(f)$ 的不同的虚根和实根的个数 (用判别定理), 然后计算 $\Delta^{j-1}(f)$ 的实根和虚根的数目及重数 (用引理 3.2.2), 再后, 对 $\Delta^{j-2}(f)$ 做类似的计算, 等等, 这样做下去, 直到最后获得 $f(x)$ 的根的完全分类.

例 3.2.2 根据判别定理, 我们容易得到一般五次多项式

$$f=x^5+px^3+qx^2+rx+s$$

的实零点个数 (计重数) 的完整分类表.

在下表中, 第一列是系数满足的条件, 第二列表示在相应条件下实解的个数. 例如 $\{2,2,1\}$ 表示 f 有 2 个不同的 2 重实根和一个单实根.

$$
\begin{array}{ll}
(1)\ D_5>0\wedge D_4>0\wedge D_3>0\wedge D_2>0, & \{1,1,1,1,1\}\\
(2)\ D_5>0\wedge (D_4\leqslant 0\vee D_3\leqslant 0\vee D_2\leqslant 0), & \{1\}\\
(3)\ D_5<0, & \{1,1,1\}\\
(4)\ D_5=0\wedge D_4>0, & \{2,1,1,1\}\\
(5)\ D_5=0\wedge D_4<0, & \{2,1\}\\
(6)\ D_5=0\wedge D_4=0\wedge D_3>0\wedge E_2\neq 0, & \{2,2,1\}\\
(7)\ D_5=0\wedge D_4=0\wedge D_3>0\wedge E_2=0, & \{3,1,1\}\\
(8)\ D_5=0\wedge D_4=0\wedge D_3<0\wedge E_2\neq 0, & \{1\}\\
(9)\ D_5=0\wedge D_4=0\wedge D_3<0\wedge E_2=0, & \{3\}\\
(10)\ D_5=0\wedge D_4=0\wedge D_3=0\wedge D_2\neq 0\wedge F_2\neq 0, & \{3,2\}\\
(11)\ D_5=0\wedge D_4=0\wedge D_3=0\wedge D_2\neq 0\wedge F_2=0, & \{4,1\}\\
(12)\ D_5=0\wedge D_4=0\wedge D_3=0\wedge D_2=0, & \{5\}
\end{array}
$$

其中

$$
\begin{aligned}
D_2 =& -p,\\
D_3 =& 40rp-12p^3-45q^2,\\
D_4 =& -88r^2p^2+117prq^2+12p^4r-4p^3q^2-40qp^2s+125ps^2\\
&-27q^4-300qrs+160r^3,\\
D_5 =& 2000ps^2r^2-1600qsr^3-3750ps^3q+560r^2p^2sq-72p^4rsq\\
&-630prq^3s-900rs^2p^3-4p^3q^2r^2+16p^3q^3s+825q^2p^2s^2\\
&+144pq^2r^3+2250q^2rs^2+256r^5+3125s^4-128r^4p^2\\
&+16p^4r^3+108p^5s^2-27q^4r^2+108q^5s,\\
E_2 =& 160r^2p^3+900q^2r^2-48ro^5+60q^2p^2r+1500pqrs\\
&+16q^2p^4-1100qp^3s+625s^2p^2-3375q^3s,\\
F_2 =& 3q^2-8rq.
\end{aligned}
$$

上表中的情况 (2) 对应于 f 有一个单实根和两对互异的虚根; 情况 (8) 对应于 f 有一个单实根和一对二重的虚根. 单就实根分类来说, 它们没有区别.

判别定理 (和完全判别系统) 实际上给出了一个多项式零点分类的算法：对一个 n 次多项式, 我们只需要讨论一个长为 n 的符号表的所有可能取值, 根据符号修订规则和判别定理直接得到零点分类结果, 甚至不必计算判别式序列中的多项式. 其实, 当 n 较大而系数都是文字时, 计算这样的多项式通常是不必要也是不可行的. 我们在附录 D 中详细地给出了六次多项式根的分类.

1999 年, 张景中等人 [166] 将以上基于判别定理 II 的实系数多项式根的分类的显式判定推广到复系数的情况, 即建立了复系数多项式根的分类的完全判别系统; 并编制了复系数多项式根的分类的自动判定程序.

例 3.2.3 对 $(\forall x)\,[x^6+ax^2+bx+c\geqslant 0]$, 求参数 a,b,c 应该满足的条件.

命 $F(x)=x^6+ax^2+bx+c$, 则上述问题等价于求 $F(x)$ 没有实根或实根的重数是偶数的条件. $F(x)$ 的判别式序列是

$$[1,1,0,0,a^3,D_5,D_6],$$

其中 (每项都可能去掉一个正常数, 但不影响结果)

$$\begin{aligned}D_5 =&\ 256\,a^5+1728\,c^2a^2-5400\,acb^2+1875\,b^4,\\ D_6 =&\ -1024\,a^6c+256\,a^5b^2-13824\,c^3a^3+43200\,c^2a^2b^2\\ &-22500\,b^4ca+3125\,b^6-46656\,c^5.\end{aligned}$$

这样, 由符号修订规则及定理 3.2.2 可知, a,b,c 应满足的条件是下列之一:

(1) $D_6<0\wedge D_5\geqslant 0$,

(2) $D_6<0\wedge a\geqslant 0$,

(3) $D_6=0\wedge D_5>0$,

(4) $D_6=0\wedge D_5=0\wedge a>0$,

(5) $D_6=0\wedge D_5=0\wedge a<0\wedge E_2>0$,

(6) $D_6=0\wedge D_5=0\wedge a=0$,

其中 $E_2=25\,b^2-96\,ac$ 是 $\Delta_2(F)=4\,ax^2+5\,bx+6\,c$ 的判别式.

下面这个例子来自一个化学反应的模型, 这个模型在文献中多次被研究, 比如参看文献 [52]. 关于完全判别系统 (后来有学者称之为“广义 Sturm”) 在技术科学领域的应用, 可参看文献 [118~121].

例 3.2.4 给定如下系统

$$\begin{cases}f_1=k_{21}x_1-k_{12}x_1^2-k_{43}x_1x_2+k_{34}x_3=0,\\ f_2=-k_{43}x_1x_2+(k_{34}+k_{54})x_3-k_{45}x_2=0,\\ f_3=x_2+x_3-c=0,\end{cases}\tag{3.2.3}$$

其中 x_1,x_2,x_3 是变量而 $c,k_{12},k_{21},k_{34},k_{43},k_{45},k_{54}$ 是参数, 实际问题中要求这些参数都是正的. 我们希望求出该系统有 3 个正 (实) 解的条件.

把 f_1,f_2,f_3 看作 $\mathbf{Q}(c,k_{12},k_{21},k_{34},k_{43},k_{45},k_{54})[x_1,x_2,x_3]$ 上的多项式, 对系统

(3.2.3) 做吴方法意义下的零点分解可得

$$\begin{cases} g_1 = k_{12}k_{43}x_1^3 - u_2x_1^2 + u_3x_1 - ck_{34}k_{45} = 0, \\ g_2 = h_2x_2 - h_1 = 0, \\ g_3 = h_2x_3 - x_1h_3 = 0 \end{cases} \tag{3.2.4}$$

满足

$$\text{Zero}(\{f_1, f_2, f_3\}) = \text{Zero}(\{g_1, g_2, g_3\}) \setminus \text{Zero}(\{h_2\}),$$

其中

$$\begin{aligned} u_2 &= k_{43}k_{21} - k_{12}k_{45} - k_{12}k_{34} - k_{12}k_{54}, \\ u_3 &= ck_{43}k_{54} - k_{21}k_{54} - k_{21}k_{45} - k_{21}k_{34}, \\ h_1 &= -k_{12}x_1^2 + k_{21}x_1 + ck_{34}, \\ h_2 &= k_{43}x_1 + k_{34}, \\ h_3 &= k_{12}x_1 + ck_{43} - k_{21}. \end{aligned}$$

以 D 记 g_1 关于 x_1 的判别式序列的最后一项, 我们要证明如下命题.

命题 3.2.1 系统 (3.2.3) 有 3 个正解当且仅当 g_1 有 3 个正根. 而后者等价于

$$u_2 > 0 \wedge u_3 > 0 \wedge D \geqslant 0. \tag{3.2.5}$$

证明 因为当 $x_1 > 0$ 时, h_2 一定不为零, 所以, 系统 (3.2.3) 有 3 个正解当且仅当系统 (3.2.4) 有 3 个正解. 显然, 系统 (3.2.4) 有 3 个正解当且仅当 g_1 有 3 个正根并且 $h_1 > 0 \wedge h_2 > 0 \wedge h_3 > 0$ 或 $h_1 < 0 \wedge h_2 < 0 \wedge h_3 < 0$. 因为 g_1 是 3 次的, 所以据判别定理, g_1 的 3 个根都是实根当且仅当 $D \geqslant 0$. 于是, 据 Descartes 符号法则 (定理 3.1.4 及定理 3.1.5), g_1 有 3 个正根当且仅当 $u_2 > 0 \wedge u_3 > 0 \wedge D \geqslant 0$, 这就是 (3.2.5) 式.

接下来我们证明 (3.2.5) 蕴涵 $h_1 > 0, h_2 > 0, h_3 > 0$.

首先, 因为所有参数都是正的, 所以 $x_1 > 0$ 时, $h_2 = k_{43}x_1 + k_{34}$ 必然是正的. 这表明此时 $h_1 < 0 \wedge h_2 < 0 \wedge h_3 < 0$ 是不可能的. 其次, $u_3 = ck_{43}k_{54} - k_{21}k_{54} - k_{21}k_{45} - k_{21}k_{34} > 0$ 蕴涵 $ck_{43}k_{54} - k_{21}k_{54} = (ck_{43} - k_{21})k_{54} > 0$, 而后者蕴涵 $ck_{43} - k_{21} > 0$. 于是, 若 $x_1 > 0$, 则 $h_3 = k_{12}x_1 + ck_{43} - k_{21} > 0$.

最后, 我们来说明 (3.2.5) 还蕴涵 $h_1 > 0$. 第一步, 容易验证 $h_1 = -k_{12}x_1^2 + k_{21}x_1 + ck_{34}$ 有一个负根 (记为 α_1) 和一个正根 (记为 α_2). 于是当 x_1 取值于 (α_1, α_2) 上时, $h_1(x_1) > 0$. 第二步, 记 g_1 的 3 个正根为 $\beta_1, \beta_2, \beta_3$. 由根与系数的关系可得

$$\begin{aligned} \beta_1 + \beta_2 + \beta_3 &= \frac{u_2}{k_{12}k_{43}} \\ &= \frac{k_{21}}{k_{12}} - \frac{k_{45} + k_{34} + k_{54}}{k_{43}} \\ &< \frac{k_{21}}{k_{12}}. \end{aligned}$$

另一方面,

$$\frac{k_{21}}{k_{12}} = \alpha_1 + \alpha_2 < \alpha_2.$$

这就是说, $\beta_1, \beta_2, \beta_3$ 都在区间 $(0, \alpha_2)$ 中. 证毕. □

注 3.2.2 上例中的 D 是一个有 81 项, 全次数 15 次, 关于参数 $c, k_{12}, k_{21}, k_{34}, k_{43}, k_{45}, k_{54}$ 的次数分别为 3, 3, 4, 4, 4, 4, 4 的多项式. 更多类似的结果请参看文献 [53].

3.3 判别定理的证明

判别定理的第一个证明见于文献 [150]. 本节中我们通过子结式理论给出另外一个证明, 所涉及的有关子结式的概念、记号、结论等请参见附录 A.

设 F, G, R 如 (3.2.1) 和 (3.2.2) 所定义. 我们首先来建立 F 关于 G 的判别式序列与以 F, R 开始的 Sturm 序列的首项系数间的关系.

按照 Sturm 序列的构造方法, 记

$$\begin{aligned}
&T_0 = F(x),\\
&T_1 = R(x),\\
&T_2 = -\mathrm{rem}(T_0, T_1),\\
&\quad \cdots\cdots\cdots\cdots\\
&T_{k+1} = -\mathrm{rem}(T_{k-1}, T_k),\\
&\quad \cdots\cdots\cdots\cdots
\end{aligned}$$

令

$$s_{-1} = 0,\ s_i = \deg(T_i, x) - \deg(T_{i+1}, x), \quad i = 0, 1, \cdots;$$

$$q_0 = 0, \quad q_j = \sum_{i=0}^{j-1} s_i, \quad j = 1, 2, \cdots;$$

$$\overline{T}_i = \mathrm{lc}(T_i, x), \quad i = 0, 1, \cdots.$$

另一方面, 设

$$[D_0 = 1,\ D_1, \cdots, D_m]$$

是 F 关于 G 的判别式序列, 而

$$S_m = F,\ S_{m-1} = R,\ S_{m-2}, \cdots, S_0$$

是 F 和 R 的子结式链 (此时 $\mu = m-1$), $R_m = 1, R_{m-1}, \cdots, R_0$ 是相应的主子结式系数. 只需注意到 F 和 R 的判别矩阵与它们的 Sylvester 矩阵在行的排列上的联系, 就立即可得如下关系.

引理 3.3.1

$$D_0=1=R_m,\quad D_i=(-1)^{\frac{(i-1)i}{2}}a_0R_{m-i},\quad 1\leqslant i\leqslant m.$$

设 $d_1,d_2,\cdots,d_r$ 是子结式链 $S_m,\cdots,S_0$ 的块指标, 显然 $d_i=m-q_{i-1}$ $(1\leqslant i\leqslant r)$. 由主子结式系数的定义及子结式链定理马上可得

引理 3.3.2 (a) 如果 $0<i\neq q_k$ $(k=1,2,\cdots)$, 那么 $R_{m-i}=0$, 从而 $D_i=0$. 这说明 F 关于 G 的判别式序列中介于 $D_{q_{i-1}}$ 和 D_{q_i} 间的项都是 0;

(b) 如果存在 k $(k>0)$, 使得 $0<i=q_k$, 那么

$$D_i=(-1)^{\frac{(i-1)i}{2}}a_0R_{d_{k+1}}=(-1)^{\frac{(i-1)i}{2}}a_0\psi_{k+1}.$$

最后一个等式直接由附录中定理 A.3.2 得来, 其中 ψ_k 是子结式多项式余式序列 (定义 A.3.1) 中使用的量. 我们需要建立 Sturm 序列 $T_0,T_1,\cdots$ 的首项系数与判别式序列 $[D_0,D_1,\cdots,D_m]$ 之间的联系, 桥梁就是子结式多项式余式序列. 为方便起见, 特复述附录中定义 A.3.1 如下:

环 $\mathcal{R}[x]$ 中的非零多项式序列 $P_1,P_2,\cdots,P_r$ 称为 P_1 和 P_2 关于 x 的子结式多项式余式序列, 这里 $\deg(P_1,x)\geqslant\deg(P_2,x)$, 如果

$$\begin{aligned}&P_{i+2}=\mathrm{prem}(P_i,P_{i+1},x)/\beta_{i+2},\quad 1\leqslant i\leqslant r-2,\\&\mathrm{prem}(P_{r-1},P_r,x)=0,\end{aligned}$$

其中

$$\begin{aligned}&\beta_3=(-1)^{\delta_2},\ \beta_{i+1}=(-1)^{\delta_i}\psi_{i-1}^{\delta_i-1}I_{i-1}, && i=3,\cdots,r-1,\\&I_1=1,\ I_i=\mathrm{lc}(P_i,x), && i=2,\cdots,r,\\&\delta_i=\deg(P_{i-1})-\deg(P_i)+1, && i=2,\cdots,r,\\&\psi_1=1,\ \psi_2=I_2^{\delta_2-1},\ \psi_i=\psi_{i-1}\left(\frac{I_i}{\psi_{i-1}}\right)^{\delta_i-1}, && i=3,\cdots,r.\end{aligned}$$

设 $T_0,T_1,\cdots,T_{r-1}$ 是以 F 和 R 开始的 Sturm 序列, 而 $P_1=F,P_2=R,\cdots,P_r$ 是 F 和 R 的子结式多项式余式序列. 根据子结式链定理, 该子结式多项式余式序列各项的次数 $\deg(P_i)$ 恰好对应于子结式链 $S_m,\cdots,S_0$ 的块指标 d_i, 即 $\deg(P_i)=d_i$ $(1\leqslant i\leqslant r)$. 那么, $\delta_i-1=s_{i-2}$.

引理 3.3.3 沿用上面的记号. 对 $0\leqslant i<r$, 记

$$\begin{aligned}&\tau_i=(\delta_i-1)+(\delta_{i-2}-1)+\cdots+(\delta_{\lambda+1}-1),\\&u_i=(-1)^{\tau_i}\cdot\frac{I_{i-1}I_{i-3}\cdots I_\lambda}{I_iI_{i-2}\cdots I_{\lambda+1}}\cdot\frac{\psi_{i-1}\psi_{i-3}\cdots\psi_\lambda}{\psi_i\psi_{i-2}\cdots\psi_{\lambda+1}},\end{aligned}$$

这里, 当 i 是偶数时, $\lambda=1$; 否则, $\lambda=2$; 并且约定：当下标 i 小于子结式多项式余式序列定义中的范围时, $\delta_i=1, I_i=1, \psi_i=1$. 那么

$$T_i=u_iP_{i+1}. \tag{3.3.1}$$

证明　使用归纳证明. 很明显, (3.3.1) 对 $i=0,1$ 成立. 设 (3.3.1) 对 $k<i$ 成立, 据子结式多项式余式序列的定义, 有如下伪余公式

$$I_i^{\delta_i}P_{i-1}=Q_{i+1}P_i+\beta_{i+1}P_{i+1},$$

其中 Q_{i+1} 是 P_{i-1} 除以 P_i 的伪商. 根据归纳假设, 我们有

$$I_i^{\delta_i}u_{i-2}^{-1}T_{i-2}=Q_{i+1}u_{i-1}^{-1}T_{i-1}+(-1)^{\delta_i}\psi_{i-1}^{\delta_i-1}I_{i-1}P_{i+1}.$$

于是

$$T_{i-2}=Q_{i+1}I_i^{-\delta_i}u_{i-2}u_{i-1}^{-1}T_{i-1}+I_i^{-\delta_i}u_{i-2}\cdot(-1)^{\delta_i}\psi_{i-1}^{\delta_i-1}I_{i-1}P_{i+1}.$$

根据 Sturm 序列的构造方式, 只需证

$$u_i=-I_i^{-\delta_i}u_{i-2}\cdot(-1)^{\delta_i}\psi_{i-1}^{\delta_i-1}I_{i-1}.$$

计算如下

$$\begin{aligned}&-I_i^{-\delta_i}u_{i-2}\cdot(-1)^{\delta_i}\psi_{i-1}^{\delta_i-1}I_{i-1}\\&=(-1)^{\delta_i-1}\cdot\frac{I_{i-1}}{I_i}\cdot\left(\frac{\psi_{i-1}}{I_i}\right)^{\delta_i-1}\cdot u_{i-2}\\&=(-1)^{\delta_i-1}\cdot\frac{I_{i-1}}{I_i}\cdot\frac{\psi_{i-1}}{\psi_i}\cdot u_{i-2}\\&=u_i.\end{aligned}$$

如所欲证. □

引理 3.3.4　记号同上. 对 $k\geqslant 1$,

$$D_{q_{k+1}}/D_{q_k}=(-1)^{(s_k-1)s_k/2}(\overline{T}_k\overline{T}_{k+1})^{s_k}.$$

证明　据引理 3.3.3,

$$\begin{aligned}\overline{T}_k\overline{T}_{k+1}&=u_kI_{k+1}\cdot u_{k+1}I_{k+2}\\&=(-1)^{s_0+s_1+\cdots+s_{k-1}}\cdot\frac{I_{k+2}}{\psi_{k+1}}\\&=(-1)^{q_k}\cdot\frac{I_{k+2}}{\psi_{k+1}}.\end{aligned}$$

另一方面, 据引理 3.3.2,

$$\begin{aligned}\frac{D_{q_{k+1}}}{D_{q_k}}&=(-1)^{\frac{(q_k-1)q_k}{2}+\frac{(q_{k+1}-1)q_{k+1}}{2}}\frac{\psi_{k+2}}{\psi_{k+1}}\\&=(-1)^{\frac{(q_k-1)q_k}{2}+\frac{(q_{k+1}-1)q_{k+1}}{2}}\left(\frac{I_{k+2}}{\psi_{k+1}}\right)^{s_k}.\end{aligned}$$

而

$$\begin{aligned}&\frac{(q_k-1)q_k}{2}+\frac{(q_{k+1}-1)q_{k+1}}{2}\\\equiv&\frac{(q_k-1)q_k}{2}+\frac{(s_k+q_k-1)(s_k+q_k)}{2}\pmod 2\\\equiv&\, q_ks_k+\frac{(s_k-1)s_k}{2}\pmod 2.\end{aligned}$$

引理证毕. □

现在我们来完成定理 3.2.2 的证明. 根据定理 3.1.2 和 Sturm-Tarski 定理, 我们只需要证明

$$V(T_0,T_1;-\infty)-V(T_0,T_1;+\infty)=\eta-2\nu.$$

在 $-\infty$ 和 $+\infty$ 处, 序列 $T_0,T_1,\cdots$ 的符号如下

$$-\infty\colon\ (-1)^{m-q_i}\operatorname{sgn}(\overline{T}_i);\quad +\infty\colon\ \operatorname{sgn}(\overline{T}_i),\quad i=0,1,\cdots.$$

于是

$$\begin{aligned}&V(T_0,T_1;-\infty)-V(T_0,T_1;+\infty)\\=&\sum_{i=0}^{k-1}\frac{1}{2}\left[1-\operatorname{sgn}\left((-1)^{2m-q_i-q_{i+1}}\overline{T}_i\overline{T}_{i+1}\right)\right]\\&-\sum_{i=0}^{k-1}\frac{1}{2}\left[1-\operatorname{sgn}\left(\overline{T}_i\overline{T}_{i+1}\right)\right]\\=&\sum_{i=0}^{k-1}\frac{1}{2}[1-(-1)^{s_i}]\operatorname{sgn}(\overline{T}_i\overline{T}_{i+1})\\=&\sum_{i=0,\,2|s_i+1}^{k-1}\operatorname{sgn}(\overline{T}_i\overline{T}_{i+1}).\end{aligned}$$

简记 D_{q_i} 为 σ_i, 并设 F 关于 G 的判别式序列的符号修订表为 $[\varepsilon_0,\cdots,\varepsilon_m]$, 其

中

$$\varepsilon_j = 0, \quad 若\ j > \eta = q_k;$$

$$\varepsilon_{q_k} = \mathrm{sgn}(\sigma_k) = \mathrm{sgn}(D_\eta);$$

$$\varepsilon_{q_i+p_i} = (-1)^{p_i(p_i+1)/2}\,\mathrm{sgn}(\sigma_i),$$

$$p_i = 0, \cdots, s_i - 1, \quad i = 0, \cdots, k-1.$$

于是

$$\begin{aligned}
\eta - 2v &= \eta - 2\sum_{i=0}^{\eta-1}\frac{1}{2}[1 - \mathrm{sgn}(\varepsilon_i\varepsilon_{i+1})] = \sum_{i=0}^{\eta-1}\mathrm{sgn}(\varepsilon_i\varepsilon_{i+1}) \\
&= \sum_{i=0}^{k-1}\Big[\sum_{j=0,\, s_i>1}^{s_i-2}\mathrm{sgn}(\varepsilon_{q_i+j}\varepsilon_{q_i+j+1}) + \mathrm{sgn}(\varepsilon_{q_i+s_i-1}\varepsilon_{q_{i+1}})\Big] \\
&= \sum_{i=0}^{k-1}\Big[\sum_{j=0, s_i>1}^{s_i-2}(-1)^{\frac{j(j+1)}{2}+\frac{(j+1)(j+2)}{2}}\mathrm{sgn}(\sigma_i^2) \\
&\quad + (-1)^{\frac{(s_i-1)s_i}{2}}\mathrm{sgn}(\sigma_i\sigma_{i+1})\Big] \\
&= \sum_{i=0}^{k-1}\Big[\sum_{j=0,\, s_i>1}^{s_i-2}(-1)^{j+1} + (-1)^{(s_i-1)s_i}\mathrm{sgn}((\overline{T}_i\overline{T}_{i+1})^{s_i}\sigma_i^2)\Big] \\
&= \sum_{i=0}^{k-1}\Big\{\frac{1}{2}[(-1)^{s_i-1} - 1] + \mathrm{sgn}((\overline{T}_i\overline{T}_{i+1})^{s_i})\Big\} \\
&= \sum_{i=0,\, 2|s_i+1}^{k-1}\mathrm{sgn}(\overline{T}_i\overline{T}_{i+1}).
\end{aligned}$$

定理证毕. □

3.4　判别矩阵的某些性质

判别定理 II 表明, 多项式判别矩阵的偶数阶主子式 (即判别式序列) 决定了多项式的 (不同) 实根和虚根数目. 那么, 奇数阶主子式的作用是什么呢? 我们将看到, 把多项式判别矩阵的奇数阶主子式与偶数阶主子式结合可以决定多项式的负根 (或正根) 数.

命题 3.4.1　设实多项式 F, G, R 如 (3.2.1) 和 (3.2.2) 所定义.

$$[H_0, H_1, \cdots, H_m]$$

是 F 关于 G 的判别式序列, 其余记号如引理 3.3.2.

(a) 在序列 $[H_0, H_1, \cdots, H_m]$ 中, 如果对某个 $i = 1, \cdots, m-1$, 有 $H_i = 0$ 且 $H_{i-1} \cdot H_{i+1} \neq 0$, 则 $H_{i-1} \cdot H_{i+1} < 0$; 如果对某个 $i = 2, \cdots, m-2$, 有

$$H_{i-1} = H_i = H_{i+1} = 0, \quad H_{i-2} \cdot H_{i+2} \neq 0,$$

则 $H_{i-2} \cdot H_{i+2} > 0$.

(b) 用

$$h_1, h_2, \cdots, h_{2m-1}, h_{2m}$$

记 F 和 G 的判别矩阵 M 的顺序主子式序列, 当然 $H_i = h_{2i} (i = 1, \cdots, m)$. 如果对某个 n $(1 \leqslant n \leqslant m-1)$, 有 $h_{2n} = h_{2n+2} = 0$, 则 $h_{2n+1} = 0$.

证明 (a) 设 H_{i-1} 是序列 $[H_1, \cdots, H_m]$ 中第 j 个非零元, 则 $i-1 = q_j$, $i+1 = q_{j+1}$. 所以 $s_j = q_{j+1} - q_j = 2$. 据引理 3.3.2, 有

$$\frac{H_{i+1}}{H_{i-1}} = (-1)^{(s_j-1)s_j/2} (\overline{T_j T_{j+1}})^{s_j} = -(\overline{T_j T_{j+1}})^2 < 0.$$

完全类似地可以得到, 如果

$$H_{i-1} = H_i = H_{i+1} = 0, \quad H_{i-2} \cdot H_{i+2} \neq 0,$$

那么 $H_{i-2} \cdot H_{i+2} > 0$.

(b) *子结式链定理*(见附录) 的直接推论或参看文献 [136]. □

给定实参系数多项式 $F(x) = a_0 x^m + a_1 x^{m-1} + \cdots + a_m$ $(a_0 \neq 0)$, 对其判别矩阵增加一行一列得到如下矩阵

$$\begin{pmatrix}
a_0 & a_1 & a_2 & \cdots & a_m & & & & \\
0 & ma_0 & (m-1)a_1 & \cdots & a_{m-1} & & & & \\
 & a_0 & a_1 & \cdots & a_{m-1} & a_m & & & \\
 & 0 & ma_0 & \cdots & 2a_{m-2} & a_{m-1} & & & \\
 & & & \cdots & \cdots & & & & \\
 & & & \cdots & \cdots & & & & \\
 & & & a_0 & a_1 & \cdots & \cdots & a_m & \\
 & & & 0 & ma_0 & \cdots & \cdots & a_{m-1} & \\
 & & & & a_0 & a_1 & \cdots & \cdots & a_m
\end{pmatrix}.$$

为方便讨论, 称该矩阵为 $F(x)$ 的 *扩判别矩阵*, 记作 EDiscr (F). 本节中 EDiscr(F) 的主子式序列用 $\{d_1, d_2, \cdots, d_{2m+1}\}$ 表示. 相应于命题 3.4.1, 我们有

命题 3.4.2　(a) 在序列 $\{d_1, d_3, \cdots, d_{2m+1}\}$ 中, 若对某个 $i\,(1 \leqslant i \leqslant m-1)$, 有 $d_{2i+1} = 0$ 且 $d_{2i-1} \cdot d_{2i+3} \neq 0$, 则 $d_{2i-1} \cdot d_{2i+3} < 0$;

(b) 若对某个 $n\,(1 \leqslant n \leqslant m)$, 有 $d_{2n-1} = d_{2n+1} = 0$, 则 $d_{2n} = 0$.

定义 3.4.1　我们把 $[d_1 d_2, d_2 d_3, \cdots, d_{2m} d_{2m+1}]$ 称作 $F(x)$ 的*负根判别式序列*, 记作 n.r.d.(F).

用 $F_{(a,b)}$ 记 $F(x)$ 在 (a, b) 中的互异根的数目, 令

$$\tilde{h}(x) = F(x^2), \quad h(x) = F(-x^2),$$

并设 $F(0) \neq 0$, 那么显然有

$$F_{(0,\infty)} = \frac{1}{2}\tilde{h}_{(-\infty,\infty)}, \quad F_{(-\infty,0)} = \frac{1}{2}h_{(-\infty,\infty)}.$$

定理 3.4.1　记号同上. 则 $h(x)$ 的判别式序列 $[D_1(h), \cdots, D_{2m}(h)]$ 在相差一个与 a_0 符号相同因子的意义下等于 n.r.d.(F): $[d_1 d_2, \cdots, d_{2m} d_{2m+1}]$, 即

$$D_k(h) = d_k d_{k+1}, \quad k = 1, 2, \cdots, 2m.$$

证明　(1) 如果 k 是偶数, 设 $k = 2j\ (1 \leqslant j \leqslant m)$, 并记 $t_j = m - j$, 则

$$\begin{aligned}
&D_k(h)\\
&=\begin{vmatrix}
(-1)^m a_0 & 0 & (-1)^{t_1} a_1 & 0 & \cdots & 0\\
0 & (-1)^m 2m a_0 & 0 & (-1)^{t_1} 2t_1 a_1 & \cdots & (-1)^{t_{2j-1}} 2t_{2j-1} a_{2j-1}\\
 & (-1)^m a_0 & 0 & (-1)^{t_1} a_1 & \cdots & (-1)^{t_{2j-1}} a_{2j-1}\\
 & & (-1)^m 2m a_0 & 0 & \cdots & 0\\
\vdots & \vdots & \vdots & \vdots & \ddots & 0\\
0 & \cdots & (-1)^m a_0 & \cdots & \cdots & (-1)^{t_j} a_j\\
0 & \cdots & 0 & (-1)^m 2m a_0 & \cdots & 0
\end{vmatrix}_{4j \times 4j}\\
&=(-1)^m 2^k a_0\\
&\times\begin{vmatrix}
(-1)^m m a_0 & 0 & (-1)^{t_1} t_1 a_1 & 0 & \cdots & (-1)^{t_{2j-1}} t_{2j-1} a_{2j-1}\\
(-1)^m a_0 & 0 & (-1)^{t_1} a_1 & 0 & \cdots & (-1)^{t_{2j-1}} a_{2j-1}\\
0 & (-1)^m m a_0 & 0 & (-1)^{t_1} t_1 a_1 & \cdots & 0\\
0 & (-1)^m a_0 & 0 & (-1)^{t_1} a_1 & \cdots & 0\\
\vdots & \vdots & \vdots & \vdots & \ddots & \vdots\\
\cdots & \cdots & (-1)^m a_0 & \cdots & \cdots & (-1)^{t_j} a_j\\
\cdots & \cdots & 0 & (-1)^m m a_0 & \cdots & 0
\end{vmatrix}
\end{aligned}$$

在上一个行列式中, 依次将第 2, 第 4, 第 6,···, 直到第 $(4j-2)$ 列移动为前 $(2j-1)$ 列, 然后依次将第 3,4 行, 第 7,8 行,···, 直到第 $(4j-5),(4j-4)$ 行移动为前 $(2j-1)$ 行. 我们有

$$D_k(h)=(-1)^{\delta}\cdot(-1)^m\cdot 2^k\cdot a_0\cdot\begin{vmatrix} A & 0\\ 0 & B\end{vmatrix},$$

其中

$$\begin{aligned}\delta=&(2-1)+(4-2)+(6-3)+\cdots+(4j-2-2j+1)\\ &+(3-1)+(4-2)+(7-3)+(8-4)+\cdots+(4j-1-2j+1)\\ \equiv&1+2+3+\cdots+(2j-1)(\bmod\ 2)\\ \equiv&j(\bmod\ 2),\end{aligned}$$

$$A=\begin{vmatrix}(-1)^m ma_0 & (-1)^{t_1}t_1a_1 & \cdots & \cdots & (-1)^{t_{2j-2}}t_{2j-2}a_{2j-2}\\ (-1)^m a_0 & (-1)^{t_1}a_1 & \cdots & \cdots & (-1)^{t_{2j-2}}a_{2j-2}\\ & (-1)^m ma_0 & \cdots & \cdots & \vdots\\ & (-1)^m a_0 & \cdots & \cdots & \vdots\\ \vdots & \vdots & \ddots & \ddots & \vdots\\ & & (-1)^m ma_0 & \cdots & (-1)^{t_{j-1}}t_{j-1}a_{j-1}\end{vmatrix}_{(2j-1)\times(2j-1)},$$

且

$$B=\begin{vmatrix}(-1)^m ma_0 & \cdots & \cdots & (-1)^{t_{2j-1}}t_{2j-1}a_{2j-1}\\ (-1)^m a_0 & \cdots & \cdots & (-1)^{t_{2j-1}}a_{2j-1}\\ \vdots & \vdots & \ddots & \vdots\\ \cdots & (-1)^m a_0 & \cdots & (-1)^{t_j}a_j\end{vmatrix}_{2j\times 2j}.$$

如果 m 是偶数, 则用 -1 分别乘以 A,B 的第 1、第 3、第 5 等奇数列; 否则, 如果 m 是奇数, 则用 -1 分别乘以 A,B 的第 2、第 4、第 6 等偶数列. 之后, 用 -1 分别乘以 A,B 的第 1,2 行、第 5,6 行、第 9,10 等行. 于是, 我们有

$$A=(-1)^{2j}A^*=A^*,\quad B=(-1)^jB^*,\quad 若\ m\equiv 0(\bmod\ 2),$$

$$A=(-1)^{2j-1}A^*=(-1)A^*,\quad B=(-1)^jB^*,\quad 若\ m\equiv 1(\bmod\ 2),$$

其中

$$A^*=\begin{vmatrix}ma_0 & t_1a_1 & \cdots & \cdots & t_{2j-2}a_{2j-2}\\ a_0 & a_1 & \cdots & \cdots & a_{2j-2}\\ & ma_0 & \cdots & \cdots & \vdots\\ & a_0 & \cdots & \cdots & \vdots\\ \vdots & \vdots & \ddots & \ddots & \vdots\\ & & ma_0 & \cdots & t_{j-1}a_{j-1}\end{vmatrix}_{(2j-1)\times(2j-1)},$$

$$B^* = \begin{vmatrix} ma_0 & \cdots & \cdots & t_{2j-1}a_{2j-1} \\ a_0 & \cdots & \cdots & a_{2j-1} \\ \vdots & \vdots & \ddots & \vdots \\ \cdots & a_0 & \cdots & a_j \end{vmatrix}_{2j\times 2j}.$$

因此, 无论 m 是奇是偶, 都有

$$\begin{aligned} D_k(h) &= (-1)^{\delta}\cdot(-1)^m\cdot 2^k\cdot a_0\cdot A\cdot B \\ &= (-1)^j\cdot(-1)^j\cdot 2^k\cdot a_0\cdot A^*\cdot B^* \\ &= 2^k\cdot a_0\cdot A^*\cdot B^*. \end{aligned}$$

注意到

$$A^* = \frac{1}{a_0}\begin{vmatrix} a_0 & 0 \\ 0 & A^* \end{vmatrix} = \frac{1}{a_0}d_{2j}, \quad B^* = \frac{1}{a_0}\begin{vmatrix} a_0 & 0 \\ 0 & B^* \end{vmatrix} = \frac{1}{a_0}d_{2j+1},$$

我们得到

$$D_k(h) = \frac{2^k}{a_0}\cdot d_{2j}\cdot d_{2j+1}.$$

因为 $k=2j$, 于是, 在相差一个与 a_0 符号相同的因子的意义下, 我们有

$$D_k(h) = d_k\cdot d_{k+1}.$$

(2) 同理可证 k 是奇数的情况. 证毕. □

定理 3.4.2　记号同上. 则 $\tilde{h}(x)$ 的判别式序列 $[D_1(\tilde{h}),\cdots,D_{2m}(\tilde{h})]$ 的每个元在相差一个与 a_0 符号相同的因子的意义下有

$$D_k(\tilde{h}) = (-1)^{[\frac{k}{2}]}d_kd_{k+1}, \quad k=1,\cdots,2m.$$

该定理的证明与上一定理的证明类似.

定理 3.4.3　记号同上. 设多项式 $F(x)$ 满足 $a_0\neq 0, a_m\neq 0$, 且 $F(x)$ 的负根判别式序列 n.r.d.(F) 的符号修订表的变号数和非零元个数分别是 μ 和 $2l$, 则 $F(x)$ 的互异负根数等于 $l-\mu$.

这个定理是判别定理 II 和定理 3.4.1 的直接推论.

定理 3.4.4　记号同上. 如果序列 $[d_1,d_3,\cdots,d_{2m+1}]$ 的符号修订表的变号数是 v, 非零元个数是 $l+1$, 即 $d_{2l+1}\neq 0, d_{2t+1}=0\ (t>l)$, 那么

$$l-2v = F_{(-\infty,0)} - F_{(0,\infty)}.$$

证明 首先, 如果 $t_0, t_1, \cdots, t_m$ 是一个非零实数的序列, 则该序列的变号数等于

$$\sum_{i=0}^{m-1} \frac{1}{2}(1 - \operatorname{sgn}(t_i t_{i+1})).$$

设 $[H_0, H_1, \cdots, H_m]$ 是 F 关于 $G = x$ 的判别式序列, 即 $H_0 = 1$, $\{H_1, \cdots, H_m\}$ 是 $F(x)$ 关于 $G = x$ 的判别矩阵的偶数阶主子式. 设 $[\varepsilon_0, \varepsilon_1, \cdots, \varepsilon_m]$ 是序列 $[H_0, H_1, \cdots, H_m]$ 的符号修订表, 并设其变号数是 v_1 且 $\varepsilon_{l_1} \neq 0$, $\varepsilon_t = 0$ $(t > l_1)$, 则由判别定理 I 有

$$l_1 - 2v_1 = F_{(0,\infty)} - F_{(-\infty,0)}.$$

设 $[\varepsilon_0', \varepsilon_1', \cdots, \varepsilon_m']$ 是序列 $[d_1, d_3, \cdots, d_{2m+1}]$ 的符号修订表, 我们需要说明

$$l - 2v = -(l_1 - 2v_1).$$

假设 $l_1 = q_k$, 于是

$$\begin{aligned}
l_1 - 2v_1 &= l_1 - 2\sum_{i=0}^{l_1-1} \frac{1}{2}(1 - \operatorname{sgn}(\varepsilon_i \varepsilon_{i+1})) = \sum_{i=0}^{l_1-1} \operatorname{sgn}(\varepsilon_i \varepsilon_{i+1}) \\
&= \sum_{i=0}^{k-1} \left[\sum_{j=0, s_i>1}^{s_i-2} \operatorname{sgn}(\varepsilon_{q_i+j}\varepsilon_{q_i+j+1}) + \operatorname{sgn}(\varepsilon_{q_i+s_i-1}\varepsilon_{q_{i+1}}) \right] \\
&= \sum_{i=0}^{k-1} \left[\sum_{j=0, s_i>1}^{s_i-2} (-1)^{\frac{j(j+1)}{2} + \frac{(j+1)(j+2)}{2}} \cdot \operatorname{sgn}(\sigma_i^2) + (-1)^{(s_i-1)s_i/2} \right. \\
&\quad \left. \cdot \operatorname{sgn}(\sigma_i \sigma_{i+1}) \right] \\
&= \sum_{i=0}^{k-1} \left[\sum_{j=0, s_i>1}^{s_i-2} (-1)^{j+1} + (-1)^{(s_i-1)s_i} \cdot \operatorname{sgn}((\overline{r_i r_{i+1}})^{s_i} \cdot \sigma_i^2) \right] \\
&= \sum_{i=0}^{k-1} \left[\frac{1}{2}((-1)^{s_i-1} - 1) + \operatorname{sgn}((\overline{r_i r_{i+1}})^{s_i}) \right] \\
&= \sum_{i=0, s_i \text{ odd}}^{k-1} \operatorname{sgn}(\overline{r_i r_{i+1}}),
\end{aligned}$$

这里, $\overline{r_i}$ 表示 r_i 的首项系数. 由关系式

$$d_{2i+1} = (-1)^i \cdot a_0 \cdot H_i, \quad 0 \leqslant i \leqslant m$$

知 $l = q_k$ 且

$$\varepsilon'_{q_i} = (-1)^{q_i}\varepsilon_{q_i}, \quad 0 \leqslant i \leqslant k.$$

因此, 同理

$$l - 2v = \sum_{i=0}^{k-1}\left[\sum_{j=0, s_i>1}^{s_i-2} \mathrm{sgn}(\varepsilon'_{q_i+j}\varepsilon'_{q_i+j+1}) + \mathrm{sgn}(\varepsilon'_{q_i+s_i-1}\varepsilon'_{q_{i+1}})\right].$$

对每个 i $(0 \leqslant i \leqslant k-1)$, 如果

(i) q_i 是奇数,s_i 也是奇数, 则 $q_{i+1} = q_i + s_i$ 是偶数, 因此

$$\begin{aligned}&\sum_{j=0, s_i>1}^{s_i-2} \mathrm{sgn}(\varepsilon'_{q_i+j}\varepsilon'_{q_i+j+1}) + \mathrm{sgn}(\varepsilon'_{q_i+s_i-1}\varepsilon'_{q_{i+1}})\\ &= \frac{1}{2}((-1)^{s_i-1} - 1) - \mathrm{sgn}((\overline{r_i r_{i+1}})^{s_i})\\ &= -\mathrm{sgn}(\overline{r_i r_{i+1}}).\end{aligned}$$

(ii) q_i 是奇数而 s_i 是偶数, 则 $q_{i+1} = q_i + s_i$ 是奇数, 因此

$$\begin{aligned}&\sum_{j=0, s_i>1}^{s_i-2} \mathrm{sgn}(\varepsilon'_{q_i+j}\varepsilon'_{q_i+j+1}) + \mathrm{sgn}(\varepsilon'_{q_i+s_i-1}\varepsilon'_{q_{i+1}})\\ &= \frac{1}{2}((-1)^{s_i-1} - 1) + \mathrm{sgn}((\overline{r_i r_{i+1}})^{s_i})\\ &= 0.\end{aligned}$$

另外两种情形 (q_i 偶 s_i 奇和 q_i 偶 s_i 偶) 的讨论完全一样. 最终, 我们得到

$$\begin{aligned}l - 2v &= -\sum_{i=0, s_i \ \mathrm{odd}}^{k-1} \mathrm{sgn}(\overline{r_i r_{i+1}})\\ &= -(l_1 - 2v_1).\end{aligned}$$

证毕. □

定理 3.4.5　设 $[d_1, d_2, \cdots, d_{2m}, d_{2m+1}]$ 是多项式

$$F(x) = a_0x^m + a_1x^{m-1} + \cdots + a_m, \quad a_0 \neq 0,\ a_m \neq 0$$

的扩判别矩阵 EDiscr (F) 的主子式序列. 若 l_1, v_1; l_2, v_2; l, v 分别是序列

$$[d_2, d_4, \cdots, d_{2m}], \quad [d_1, d_3, \cdots, d_{2m+1}]$$

与

$$[d_1d_2, d_2d_3, \cdots, d_{2m}d_{2m+1}]$$

的符号修订表的非零元个数和变号数, 则 $l = l_1 + l_2 - 1$, $v = v_1 + v_2$.

证明 由定理 3.4.3 我们知道, $F(x)$ 的互异负根数等于 $l/2-v$. 另一方面, 由判别定理 II 和定理 3.4.4 我们知道, 这个数目也等于 $(l_1+l_2-1)/2-(v_1+v_2)$. 因此, 如果 $l=l_1+l_2-1$, 则 $v=v_1+v_2$. 由命题 3.4.1(b) 及命题 3.4.2(b), 有 $|2l_1-(2l_2-1)|=1$. 显然, l 一定是偶数, 因此, $l=2l_1$, 且 $2l_1<(2l_2-1)$, 所以

$$2l_2-1-2l_1=1,\quad l_2=l_1+1.$$

最终, 我们得到 $l=2l_1=l_1+l_2-1$. 证毕. □

注 3.4.1 本节的负根判别式序列方法可以用来给出多项式在区间上实根个数的显式判定. 设 $F(a)F(b)\neq 0$; 显然 m 次多项式 $F(x)$ 在区间 (a,b), $(-\infty,a)$ 或 $(b,+\infty)$ 上根的数目分别等于如下多项式

$$(x^2+1)^mF\Big(\frac{ax^2+b}{x^2+1}\Big),\quad F(a-x^2),\quad F(x^2+b)$$

的非零实根个数的一半. 于是我们可以将判别定理 II用于这些多项式而得到各种情形下实根数目的显式判定. 但这些复合多项式的判别式序列的计算复杂性可能比原来高很多, 所以当 $F(x)$ 的次数较高时, 上述方法并不实用.

注意到 $F(x)$ 在 $(-\infty,a)$ 或 $(b,+\infty)$ 上实根数的判定可以通过平移归结为正根数的判定, 而在 (a,b) 上根的数目可通过实根总数减 $(-\infty,a)$ 和 $(b,+\infty)$ 上的实根数得到. 因此, 问题归结为显式判定 $F(x)$ 的正根数. 尽管结合两个判别定理可以给出正根数的显式判定, 但本节的负根判别式序列方法也不失为一个简洁、实用的判别方法.

我们用一个例子来演示本节讨论的判别矩阵性质的应用.

命题 3.4.3[153] 给定一个实系数四次多项式

$$Q(\lambda)=\lambda^4+p\,\lambda^3+q\,\lambda^2+r\lambda+s,$$

其中 $s\neq 0$, 那么

$$(\forall\lambda>0)\ Q(\lambda)>0$$

等价于

$$\begin{aligned}
s>0\ \wedge\ (&(p\geqslant 0\wedge q\geqslant 0\wedge r\geqslant 0)\\
&\vee\ (d_8>0\wedge(d_6\leqslant 0\vee d_4\leqslant 0))\\
&\vee\ (d_8<0\wedge d_7\geqslant 0\wedge(p\geqslant 0\vee d_5<0))\\
&\vee\ (d_8<0\wedge d_7<0\wedge p>0\wedge d_5>0)\\
&\vee\ (d_8=0\wedge d_6<0\wedge d_7>0\wedge(p\geqslant 0\vee d_5<0))\\
&\vee\ (d_8=0\wedge d_6=0\wedge d_4<0)),
\end{aligned}\tag{3.4.1}$$

这里

$$\begin{aligned}
d_4 &= -8\,q + 3\,p^2,\\
d_5 &= 3\,r\,p + q\,p^2 - 4\,q^2,\\
d_6 &= 14\,q\,r\,p - 4\,q^3 + 16\,s\,q - 3\,p^3\,r + p^2\,q^2 - 6\,p^2\,s - 18\,r^2,\\
d_7 &= 7\,r\,p^2\,s - 18\,q\,p\,r^2 - 3\,q\,p^3\,s - q^2\,p^2\,r + 16\,s^2\,p + 4\,r^2\,p^3 + 12\,q^2\,p\,s\\
&\quad + 4\,r\,q^3 - 48\,r\,s\,q + 27\,r^3,\\
d_8 &= p^2\,q^2\,r^2 + 144\,q\,s\,r^2 - 192\,r\,s^2\,p + 144\,q\,s^2\,p^2 - 4\,p^2\,q^3\,s + 18\,q\,r^3\,p\\
&\quad - 6\,p^2\,s\,r^2 - 80\,r\,p\,s\,q^2 + 18\,p^3\,r\,s\,q - 4\,q^3\,r^2 + 16\,q^4\,s - 128\,s^2\,q^2\\
&\quad - 4\,p^3\,r^3 - 27\,p^4\,s^2 - 27\,r^4 + 256\,s^3.
\end{aligned}$$

证明　我们需要给出 $Q(\lambda)$ 没有实根的充要条件. 首先, 据 Descartes 符号规则有以下结果:

(1) $s>0$ 必须成立, 否则序列 $[1,p,q,r,s]$ 就有奇数次变号, 这意味着 $Q(\lambda)$ 至少有一个正根;

(2) 如果 $Q(\lambda)$ 的根都是实的, 那么 $Q(\lambda)$ 没有正根当且仅当 $s>0$ 而且 p,q,r 都非负.

所以, 下面的讨论中我们总假设 $s>0$, 而且不考虑 $Q(\lambda)$ 有 4 个实根 (计重数) 的情况.

命 $P(\lambda)=Q(-\lambda)$, 我们转而讨论 $P(\lambda)$ 没有负根的条件. 计算 Discr(P) 的主子式 d_i $(1\leqslant i\leqslant 9)$, 并考虑如下两个序列

$$L_1=[1,d_4,d_6,d_8] \text{ 和 } L_2=[1,d_3,d_5,d_7,d_9],$$

其中 $d_3=-p$, $d_9=sd_8$, 其余 d_i $(4\leqslant i\leqslant 8)$ 如命题中所示. 记 L_i 的符号修订表的非零元个数和变号数分别为 l_i 和 v_i $(i=1,2)$.

情形 I. $d_8>0$. 此时, 据定理 3.2.2, $P(\lambda)$ 要么有 4 个虚根要么有 4 个实根. 又 $P(\lambda)$ 有 4 个虚根当且仅当 $d_6\leqslant 0 \vee d_4\leqslant 0$. 如上所述, 我们不需考虑 $P(\lambda)$ 有 4 个实根的情况. 所以, 在情形 I 下

$$d_8>0 \ \wedge\ (d_6\leqslant 0 \ \vee\ d_4\leqslant 0).$$

情形 II. $d_8<0$. 此时, L_1 可以写成 $[1,d_4,d_6,-1]$ 并且 $l_1=4, v_1=1$. 据定理 3.2.2, $P(\lambda)$ 有 2 个虚根和 2 个互异实根.

若 $d_7>0$, 则 L_2 可写成 $[1,-p,d_5,1,-1]$. 据定理 3.4.5, v_2 应该是 3, 这等价于说 $p\geqslant 0 \ \vee\ d_5\leqslant 0$.

若 $d_7 = 0$, 则 L_2 是 $[1, -p, d_5, 0, -1]$. 据定理 3.4.5, v_2 应该是 3, 这等价于 $p \geqslant 0 \ \vee \ d_5 < 0$.

为了合并上面的两个条件, 我们做 d_7, d_5 关于 r 的伪除, 得

$$27p^3 d_7 = F d_5 + 12G^2, \tag{3.4.2}$$

其中 F, G 是 p, q, r, s 的多项式. 易见, 若 $d_7 > 0$ 且 $d_5 = 0$, 则 p 非负. 所以, 上面的两个条件可以合并为

$$d_7 \geqslant 0 \ \wedge \ (p \geqslant 0 \ \vee \ d_5 < 0).$$

若 $d_7 < 0$, 则 L_2 是 $[1, -p, d_5, -1, -1]$. 据 (3.4.2) 式可知 $p = 0 \ \wedge \ d_5 > 0$ 和 $p > 0 \ \wedge \ d_5 = 0$ 都是不可能成立的. 所以, $v_2 = 3$ 当且仅当 $p > 0 \ \wedge \ d_5 > 0$.

综上, 在情形 II 下, 我们得到

$$d_8 < 0 \wedge \ [(d_7 \geqslant 0 \wedge (p \geqslant 0 \vee d_5 < 0)) \vee (d_7 < 0 \wedge p > 0 \wedge d_5 > 0)].$$

情形 III. $d_8 = 0$. 如果 $d_6 > 0$, 那么 $P(\lambda)$ 有 4 个实解 (计重数), 而这种情况已讨论了.

若 $d_6 < 0$, 则 $l_1 = 3$ 且 $v_1 = 1$. 据定理 3.4.5, 我们需要讨论使得 $l_2/2 = v_2$ 的条件. 显然, l_2 必须是偶数. 我们来讨论 d_7 的符号. 首先, $d_7 < 0$ 蕴涵 $l_2/2 = 2$, 而且 v_2 是奇数, 所以 $l_2/2 = v_2$ 不可能满足. 其次, 若 $d_7 = 0$, 据定理 3.4.5, 则由 $d_6 < 0$ 知 $d_5 \neq 0$. 这意味着 l_2 是奇数, 矛盾. 最后, 若 $d_7 > 0$, 则 v_2 必须是 2, 这在 $p \geqslant 0 \ \vee \ d_5 < 0$ 时成立.

若 $d_6 = 0$, 则 L_1 是 $[1, d_4, 0, 0]$. 因为 $d_4 \geqslant 0$ 蕴涵 $P(\lambda)$ 有 4 个实根, 所以无需再讨论. 若 $d_4 < 0$, 则 $P(\lambda)$ 有 4 个虚根, 那么就没有负根.

总之, 在情形 III 下, 我们得到

$$d_8 = 0 \ \wedge \ [(d_6 < 0 \wedge d_7 > 0 \wedge (p \geqslant 0 \vee d_5 < 0)) \ \vee \ (d_6 = 0 \wedge d_4 < 0)].$$

证毕. □

采用类似的讨论, 我们还可以得到

命题 3.4.4[153] 给定一个实系数四次多项式

$$Q(\lambda) = \lambda^4 + p\,\lambda^3 + q\,\lambda^2 + r\lambda + s,$$

其中 $s \neq 0$, 那么

$$(\forall \lambda \geqslant 0) \quad Q(\lambda) \geqslant 0$$

等价于

$$
\begin{aligned}
s>0\ \wedge\ ((p\geqslant 0\wedge q\geqslant 0\wedge r\geqslant 0)\\
&\vee\ (d_8>0\wedge(d_6\leqslant 0\vee d_4\leqslant 0))\\
&\vee\ (d_8<0\wedge d_7\geqslant 0\wedge(p\geqslant 0\vee d_5<0))\\
&\vee\ (d_8<0\wedge d_7<0\wedge p>0\wedge d_5>0)\\
&\vee\ (d_8=0\wedge d_6<0)\\
&\vee\ (d_8=0\wedge d_6>0\wedge d_7>0\wedge(p\geqslant 0\vee d_5<0))\\
&\vee\ (d_8=0\wedge d_6=0\wedge(d_4\leqslant 0\vee E_1=0))),
\end{aligned}
\tag{3.4.3}
$$

这里 d_i $(4\leqslant i\leqslant 8)$ 如上一命题中所定义, 而

$$E_1=8r-4pq+p^3.$$

上面的两个命题为许多问题的解答提供了方便. 不妨以命题 3.4.3 在程序终止性验证中的应用为例说明.

在 *程序形式化验证* 中, *终止性分析* 扮演着重要的角色[35]. 众所周知, 一般的程序终止性问题是不可判定的. 对特定的一类程序而言, 人们希望能证明其终止性问题是可判定的并建立一个可计算的条件, 使得对给定的任何一个特定的属于该类的程序, 我们可以据此条件判定其终止性.

线性程序 是一类被广泛研究的程序[12, 36, 61], 大量的*反应系统* (reactive systems) 都能用线性程序来精确或近似描述[63]. 不幸的是, 一般而言, 线性系统的终止性问题是不可判定的[106]. 但是, Tiwari证明了[106]具有如下形式的一类线性循环系统的终止性是可判定的:

$$\mathrm{P}_1:\ \text{while}\ \ Bx>b\ \{x:=Ax+c\},$$

这里, x 是 N 个程序变量的向量而 b 和 c 是实数构成的向量; A 和 B 分别是 $N\times N$ 和 $M\times N$ 的实矩阵; $Bx>b$ 表示 M 个线性不等式的合取; $x:=Ax+c$ 表示对变量的线性赋值.

定理 3.4.6[106] 非齐次线性程序 P_1 的终止性问题是可判定的.

b 和 c 都取 0 是程序 P_1 的*齐次情形*, 记作

$$\mathrm{P}_2:\ \text{while}\ \ (Bx>0)\ \{x:=Ax\}.$$

定理 3.4.7[106] 如果程序 P_2 不终止, 那么 A 有一个对应于正特征值的特征向量 v, 使得 $Bv\geqslant 0$.

定义 3.4.2 如果矩阵 A 没有正特征值, 那么 P_2 中的赋值 $x := Ax$ 称作*终止赋值*.

显然, 如果 P_2 中的赋值 $x := Ax$ 是终止赋值, 那么对任何矩阵 B, 程序 P_2 终止. 于是, 作为命题 3.4.3 的推论, 我们有如下定理[157].

定理 3.4.8 设 A 是一个 4×4 矩阵

$$A=\begin{bmatrix} a_{11} & a_{12} & a_{13} & a_{14}\\ a_{21} & a_{22} & a_{23} & a_{24}\\ a_{31} & a_{32} & a_{33} & a_{34}\\ a_{41} & a_{42} & a_{43} & a_{44}\end{bmatrix}.$$

$x := Ax$ 是终止赋值当且仅当条件 (3.4.1) 满足, 其中

$$\begin{aligned}
p=&-a_{11}-a_{22}-a_{33}-a_{44},\\
q=&\,a_{33}a_{44}+a_{11}a_{22}-a_{41}a_{14}-a_{31}a_{13}-a_{32}a_{23}-a_{34}a_{43}+a_{22}a_{44}+a_{22}a_{33}\\
&-a_{21}a_{12}-a_{42}a_{24}+a_{11}a_{44}+a_{11}a_{33},\\
r=&-a_{32}a_{24}a_{43}+a_{11}a_{34}a_{43}-a_{11}a_{33}a_{44}-a_{21}a_{42}a_{14}+a_{11}a_{32}a_{23}+a_{21}a_{12}a_{33}\\
&+a_{42}a_{24}a_{33}+a_{11}a_{42}a_{24}-a_{31}a_{12}a_{23}+a_{22}a_{34}a_{43}-a_{11}a_{22}a_{33}+a_{31}a_{13}a_{44}\\
&-a_{11}a_{22}a_{44}-a_{42}a_{23}a_{34}-a_{22}a_{33}a_{44}-a_{41}a_{12}a_{24}+a_{32}a_{23}a_{44}-a_{41}a_{13}a_{34}\\
&+a_{41}a_{14}a_{33}+a_{21}a_{12}a_{44}+a_{41}a_{22}a_{14}-a_{31}a_{14}a_{43}+a_{31}a_{22}a_{13}-a_{21}a_{32}a_{13},\\
s=&-a_{11}a_{22}a_{34}a_{43}-a_{21}a_{32}a_{14}a_{43}-a_{21}a_{42}a_{13}a_{34}+a_{11}a_{32}a_{24}a_{43}\\
&+a_{21}a_{42}a_{14}a_{33}+a_{41}a_{12}a_{24}a_{33}+a_{31}a_{12}a_{23}a_{44}-a_{31}a_{12}a_{24}a_{43}\\
&+a_{11}a_{22}a_{33}a_{44}-a_{21}a_{12}a_{33}a_{44}+a_{21}a_{12}a_{34}a_{43}-a_{31}a_{22}a_{13}a_{44}\\
&-a_{41}a_{12}a_{23}a_{34}+a_{31}a_{22}a_{14}a_{43}-a_{31}a_{42}a_{14}a_{23}-a_{11}a_{32}a_{23}a_{44}\\
&+a_{41}a_{22}a_{13}a_{34}+a_{11}a_{42}a_{23}a_{34}-a_{11}a_{42}a_{24}a_{33}+a_{41}a_{32}a_{14}a_{23}\\
&+a_{21}a_{32}a_{13}a_{44}-a_{41}a_{22}a_{14}a_{33}-a_{41}a_{32}a_{13}a_{24}+a_{31}a_{42}a_{13}a_{24}.
\end{aligned}$$

证明 只需要注意 A 的特征多项式是 $\lambda^4+p\lambda^3+q\lambda^2+r\lambda+s$, 其中 p,q,r,s 如上定义. 再由终止赋值的定义和命题 3.4.3 直接可得结论. □

3.5 多项式的实根隔离

所谓多项式的*实根隔离*就是求实数轴上一列互不相交的区间, 使其包含该多项式的所有实根, 而其中的每个区间恰含有一个 (互异) 根. 显然, 区间的长度是可

以任意缩小的. 从某种意义上讲, 我们可以认为这就 "求得" 了多项式的全部 (互异) 实根, 因为我们可以用 "在某个区间上的那个 (唯一) 根" 来指代那个代数数并进行各种运算.

实根隔离算法是实代数的基本算法之一, 从后面的章节中读者可以体会到这一点. 众多学者讨论了基于不同原理的算法 [34,70,99], 通常说来, 这些算法分别基于 Sturm 定理、Budan-Fourier 定理和 Descartes 符号法则. 本质上, 这些算法都是二分法. 而基于 Descartes 符号法则的算法是目前已知的理论复杂性最好的算法. 下面我们介绍的 Uspensky 算法是 Uspensky 提出并经 Collins 等改进的版本 [34], 基于 Descartes 符号法则. 目前众多的计算机代数系统 (如 Maple) 使用的就是这个方法.

本节所论之多项式皆为无平方因子的整系数多项式. 因为容易检验 0 是否为 $F(x)$ 的根, 而 $F(x)$ 的负根等同于 $F(-x)$ 的正根, 所以下面的算法中只隔离正根.

算法 `Uspensky`: L :=`Uspensky`(F). 任给 m 次无平方因子的整系数多项式 $F=F(x)\in\mathbf{Z}[x]$, 本算法计算 F 的正根隔离区间 L.

U1. 计算 F 根的界 B.

U2. 命 $G:=F(Bx)$ [这里 F 在 $(0,+\infty)$ 上的根被变为 G 在 $(0,1)$ 上的根].

U3. 用下面的子算法`SubUspensky`求出 G 在 $(0,1)$ 上的实根隔离区间

$$\{(a_1,b_1),\cdots,(a_k,b_k)\},$$

并输出 $L:=\{(Ba_1,Bb_1),\cdots,(Ba_k,Bb_k)\}$.

算法 `SubUspensky`: L :=`SubUspensky`(G). 任给 m 次无平方因子的整系数多项式 $G=G(x)\in\mathbf{Z}[x]$, 其正根全在 $(0,1)$ 上, 本算法计算 G 在 $(0,1)$ 上的实根隔离区间 L.

Y1. 命 $G^*:=(x+1)^mG(1/(x+1))$ [这里 G 在 $(0,1)$ 上的根变为 G^* 在 $(0,+\infty)$ 上的根], 而 $L:=\varnothing$.

Y2. 将 G^* 系数的变号数记为 v. 若 $v=0$, 则算法终止; 若 $v=1$, 则命 $L:=L\bigcup\{(0,1)\}$, 且算法终止. 否则执行下列步骤:

Y2.1. 若 $G(1/2)=0$, 则命

$$L:=L\bigcup\left\{\left[\frac{1}{2},\frac{1}{2}\right]\right\},\quad G:=\frac{G}{x-1/2}.$$

Y2.2. 命 $G_1:=2^mG(x/2)$ (这里 G 在 $(0,1/2)$ 上的根变为 G_1 在 $(0,1)$ 上的根), 并对 G_1 调用本算法. 设所得的结果为 $\{(a_1,b_1),\cdots,(a_i,b_i)\}$, 则命

$$L:=L\bigcup\left\{\left(\frac{a_1}{2},\frac{b_1}{2}\right),\cdots,\left(\frac{a_i}{2},\frac{b_i}{2}\right)\right\}.$$

Y2.3. 命 $G_2 := 2^m G((x+1)/2)$ (这里 G 在 $(1/2,1)$ 上的根变为 G_2 在 $(0,1)$ 上的根), 并对 G_2 调用本算法. 设所得的结果为 $\{(c_1,d_1),\cdots,(c_j,d_j)\}$, 则命

$$L := L \bigcup \left\{ \left(\frac{c_1+1}{2}, \frac{d_1+1}{2}\right), \cdots, \left(\frac{c_j+1}{2}, \frac{d_j+1}{2}\right) \right\}.$$

该算法终止性和正确性的证明参见文献 [34].

Maple 中的函数 realroot 实现了算法`Uspensky`. 例如, 对

$$P = \prod_{i=1}^{20}(x+i) - 10^{-9}x^{19}$$

调用 realroot(P) 得到的输出是

$$\left[\frac{-3}{2},-1\right], \left[-2,\frac{-3}{2}\right], \left[\frac{-7}{2},-3\right], \left[-4,\frac{-7}{2}\right], \left[\frac{-11}{2},-5\right], \left[-6,\frac{-11}{2}\right],$$

$$\left[\frac{-15}{2},-7\right], \left[-8,\frac{-15}{2}\right], \left[\frac{-19}{2},-9\right], \left[-10,\frac{-19}{2}\right], \left[\frac{-23}{2},-11\right],$$

$$\left[-12,\frac{-23}{2}\right], \left[\frac{-39}{2},-19\right], \left[-20,\frac{-39}{2}\right].$$

上述算法的优点是明显的：只使用系数从而提高计算速度. 它的缺点也同样明显：对高次稀疏的多项式, 变元替换后多项式变得稠密, 计算量大幅增加.

将数值求根的方法引入符号计算用于实根隔离是一个值得研究的课题. 本书的第二作者与张琙合作曾将区间牛顿法和区间算术用于实根隔离[137, 171], 对高次稀疏的多项式效率明显优于别的方法; 对一般的多项式, 我们的算法效率也基本上与目前最好的程序相当. 下面我们来简单介绍这种方法.

设 $f(x)$ 是一个整系数一元多项式, 如果我们有一个有效的规则 $\mathcal{M}$, 当 $f(x)$ 在某个区间上没有实根或只有一个实根时, 只要计算足够精确, 规则 $\mathcal{M}$ 就能判定出实根个数是 0 或 1; 那么, 我们就可以不断地二分区间 $(-B,B)$ (或 $(0,B)$, B 是 $f(x)$ 的根的界), 每次运用规则 $\mathcal{M}$ 排除那些不含实根的区间, 直到实根全部隔离. 我们可以把这样的规则称作 *根数规则*, Sturm 定理即为一例. Descartes 符号法则严格说来并不是这样的根数规则, 因为当 $f(x)$ 没有正根或只有一个正根时, 系数列的变号数却不一定是 0 或 1. 但在施行一些适当的变换之后 (比如`Uspensky`算法中的变元替换), 就能保证当二分区间足够细时 Descartes 符号法则成为这样的根数规则.

众所周知, 目前二分策略的隔离实根方法中基于 Descartes 法则的方法是效率最高的[34, 69, 100]. 文献 [100] 在一个统一的框架下描述了目前已知的所有基于

Descartes 法则和二分策略的实根隔离方法, 并且给出了一个名为REL 的算法及其实现, 证明了算法的复杂性并演示了它的高效性.

文献 [3] 提出的 CF方法基于 Vincent 定理, 不采用二分策略, 技巧性很强. 文献 [4] 中通过计算一些特别的或随机产生的多项式, 对 REL和CF两种方法的特点进行了对比.

仔细分析两类算法不难发现：花销最大的计算是所谓 *泰勒平移*(Taylor shift), 即计算形如 $g(x) = f(x+a)$ $(a \in \mathbf{Z})$ 的各项系数. 当多项式方次很高时, 计算泰勒平移的代价是很高的. 所以在 REL和 CF 的实现中, 都尽可能减少这种计算的次数并同时采用高效的计算泰勒平移的算法[109].

我们的新方法使用*区间牛顿法*作为根数规则, 并特别注意使用各种方法减少计算泰勒平移的次数.

记所有实数区间的集合为 $\mathrm{I}(\mathbf{R})$. 设 f 是 $\mathbf{R}[x_1,\cdots,x_n]$ 上某个多项式的一种代数表示. 我们把 f 的每个元素换成区间同时把四则运算换成区间的四则运算 (参见第 4 章), 这样就定义了一个新的映射

$$F : \mathrm{I}(\mathbf{R})^n \to \mathrm{I}(\mathbf{R}),$$

称作 f 的 *区间估值*.

定义 3.5.1[5]　设 $f(x) \in \mathbf{R}[x]$ 而 X 是一个区间, *区间牛顿算子* 定义为

$$N(X) = m(X) - \frac{f(m(X))}{F'(X)},$$

其中 F' 是 f 的导数 f' 的区间估值而 $m(X)$ 是 X 的中点.

区间牛顿算子满足下列性质[5, 84]:

(1) 若 $x^* \in X$ 是 $f(x)$ 的根, 则 $x^* \in N(X)$;

(2) 若 $X \bigcap N(X) = \varnothing$, 则 $f(x)$ 在 X 中无根;

(3) 若 $N(X) \subset X$, 则 $f(x)$ 在 X 中有根;

(4) 若 $N(X)$ 含在 X 的内部, 则 $f(x)$ 在 X 中有唯一根.

给定初始区间 $X = X_0$, 命 $X \leftarrow N(X) \bigcap X$, 对得到的每个非空 X 重复这样的*区间牛顿迭代*, 每一步我们都会得到一个包含 $f(x)$ 在 X_0 上所有零点的区间集合. 只要稍加处理, 这就是一个隔离实根的算法. 注意, 这里的区间算术要求精确计算, 即区间的端点是有理数.

但是这种简单算法的效率是很低的. 其主要原因是 $f(x)$ 在区间 X 上的估值 $F(X)$ 通常比 $f(X)$ 要大很多. 这导致我们不能很快地排除那些不含根的区间, 因而做了大量多余的迭代. 我们发现一个提高效率的重要技巧：一个多项式 $g(x)$ 在 $(0,1)$ 的区间估值既容易计算通常又与 $g((0,1))$ 差别极小! 为此, 我们修改了区间牛顿迭代并与二分法结合, 结果效率得到了巨大的提升.

下面是我们算法的梗概. 和别的方法一样, 我们只需要考虑正根.

算法 TRealroot: L :=TRealroot($f(x)$). 任给一个无平方的整系数多项式 $f(x)$, 本算法计算 $f(x)$ 的正根隔离区间集 L.

T1. 设 $B \geqslant 1$ 是 $f(x)$ 的正根界. 令 $g(x) = f(Bx)$.

T2. 用下面描述的子算法计算 $g(x)$ 在 $(0,1)$ 上的隔离区间集 L'.

T3. 把 L' 中的每个区间 (a_i, b_i) 替换为 (Ba_i, Bb_i), 新的集合记作 L. 输出 L.

在子算法Kiteflying的描述中, 我们使用一个数据结构: $[h, u, v, r, s, k]$, 其中 h 是一个多项式,u, v, r, s, k 是整数. $h(x)$ 在 (u, v) 上的根一一对应着算法TRealroot中多项式 $g(x)$ 在 $(r/2^k, s/2^k)$ 的根. 在下面的算法中 $(u, v) = (0, 1)$ 而 $s = r + 1$.

算法 Kiteflying: out$L$:=Kiteflying($g(x)$). 任给一个无平方的整系数多项式 $g(x)$, 其正根全在 $(0,1)$ 上并且 $g(0)g(1) \neq 0$. 本算法计算 $g(x)$ 的正根隔离区间集 out$L$.

K1. 令 out$L \leftarrow [\ ]; L \leftarrow [\ [g, 0, 1, 0, 1, 0]\ ]$. 重复下面步骤直到 L 是空集.

K2. 取 L 中的第一个元, 比如 $[h, u, v, r, s, k]$, 并从 L 中删除它.

K3. 若 $h((u+v)/2) = 0$, 则把 $[(r+s)/2^{k+1}, (r+s)/2^{k+1}]$ 加入 out$L$, 并令

$$h(x) \leftarrow h(x)/(x - (u+v)/2).$$

把

$$[2^m h(x/2), 2u, u+v, 2r, r+s, k+1] \text{ 和 } [2^m h(x/2), u+v, 2v, r+s, 2s, k+1]$$

加入 L 作为前两个元. 这里, m 是 $h(x)$ 关于 x 的次数. 返回 K2.

K4. 若 $H'((u,v))$ ($h'(x)$ 在 (u,v) 上的区间估值) 不含 0, 则检查 $h(u)$ 和 $h(v)$ 的符号. 若 $h(u)h(v) < 0$, 把 $(r/2^k, s/2^k)$ 加入 out$L$.

K5. 若 $H'((u,v))$ 含 0, 则对 h 和 (u,v) 运用区间牛顿算子, 即令

$$N(h, u, v) \leftarrow (u+v)/2 - \frac{h((u+v)/2)}{H'((u,v))}.$$

K5.1. 若 $N(h,u,v) \bigcap ((u+v)/2, v)$ 不空, 令

$$h_2(x) \leftarrow 2^m h((x+v)/2),$$

其中 m 是 h 的次数, 并把 $[h_2, u, v, r+s, 2s, k+1]$ 加入 L 作为第一个元.

K5.2. 若 $N(h,u,v) \bigcap (u, (u+v)/2)$ 不空, 令

$$h_1(x) \leftarrow 2^m h((x+u)/2),$$

其中 m 是 h 的次数, 并把 $[h_1, u, v, 2r, r+s, k+1]$ 加入 L 作为第一个元.

我们没有分析算法的复杂性, 因此难以从理论上与别的方法比较. 我们的算法已经在 Maple 下实现为程序, 所以我们对大量的出现在文献中的例子进行了测试, 希望表 3.1 ~ 表 3.3 的实验数据能从一个侧面反映我们算法的特性.

表 3.1　随机产生的多项式

系数 (数位)	项数	次数	计时	循环次数	平移次数	平均根数
10	10	100	0.184	17.40	3.8	3.40
10	10	500	0.513	32.80	0.6	2.40
10	10	1000	0.187	49.20	0	3.60
10	10	2000	0.279	34.40	0	2.20
10	100	100	0.785	27.40	7.8	3.60
10	500	500	4.281	52.40	1.4	3.60
10	1000	1000	11.380	61.80	0	4.80
10	2000	2000	47.718	77.40	0	6.00
1000	10	100	0.191	23.80	2.4	2.60
1000	10	500	0.153	24.00	0.2	2.80
1000	10	1000	0.166	39.40	0	3.20
1000	10	2000	0.350	46.80	0	3.20
1000	100	100	0.837	26.80	7.4	2.60
1000	500	500	4.713	52.00	1	3.60
1000	1000	1000	13.316	65.80	0	4.80
1000	2000	2000	54.697	80.20	0	5.20

表 3.2　随机产生的首一多项式

系数 (数位)	项数	次数	计时	循环次数	平移次数	平均根数
10	10	100	0.240	22.40	4.2	4.00
10	10	500	0.094	30.20	0	2.80
10	10	1000	0.159	35.80	0	3.00
10	10	2000	0.431	60.80	0	4.80
10	100	100	0.719	24.80	7.8	4.00
10	500	500	5.288	60.40	2.2	5.20
10	1000	1000	9.734	59.40	0	4.40
10	2000	2000	46.646	82.60	0	7.60
1000	10	100	0.372	25.80	4.2	3.00
1000	10	500	1.528	39.40	2.4	4.20
1000	10	1000	3.516	48.80	0.8	3.20
1000	10	2000	0.378	42.00	0	3.40
1000	100	100	0.822	31.00	8.2	5.20
1000	200	200	2.250	37.80	7.2	3.60
1000	500	500	5.594	58.20	1.4	5.60
1000	1000	1000	15.343	73.80	0	6.00

三个表中以 “循环次数” 标记的列记录了程序执行的二分的次数, 而以 “平移

次数”标记的列表示泰勒平移的次数. 我们认为这两个数据对这类算法是最关键的. 标记“平均根数”的列是多个例子的根的数目的平均值.

所有例子都是在一台 PC 机上计算的 (Pentium IV/3.0GHz CPU, 1G 内存, Windows XP, Maple 10), 计算时间是用 Maple 的函数 time 统计的. 对随机产生的多项式, 计算时间是在 5 个多项式上的平均计算时间 (为了与别的方法比较, 我们如文献中一样只计算了 5 个随机产生的多项式). 对 ChebyShev 多项式(分别用 Maple 中的函数 ChebyShevT 和 ChebyShevU 产生), 如文献中一样只隔离正根. 对第三个表中的 Mignotte 多项式 ($x^n-2(ax-1)^2$), 我们取 $a=5$.

表 3.3 一些特殊的多项式

多项式类型	次数	计时	循环次数	平移次数	平均根数
ChebyShevT	100	1.656	154	60	50
ChebyShevT	500	149.299	977	249	250
ChebyShevT	1000	1467.589	2365	437	500
ChebyShevT	1200	3082.505	3189	534	600
ChebyShevU	100	1.578	148	59	50
ChebyShevU	500	140.171	920	240	250
ChebyShevU	1000	1461.933	2272	446	500
ChebyShevU	1200	2902.301	3270	508	600
Laguerre	100	2.891	223	104	100
Laguerre	500	417.743	1258	493	500
Laguerre	900	4281.166	2768	874	900
Laguerre	1000	6652.326	3071	958	1000
Mignotte	100	0.25	242	1	4
Mignotte	300	2.921	708	0	4
Mignotte	400	8.204	940	0	4
Mignotte	600	37.811	1405	0	4
Wilkinson	100	2.407	205	96	100
Wilkinson	500	402.113	1266	468	500
Wilkinson	800	2636.266	2289	761	800
Wilkinson	900	4378.753	2763	853	900
Wilkinson	1000	7130.022	3158	946	1000

我们尝试把我们的计算时间与 REL [100] 和 CF [4] 方法的计算时间做比较. 但这样的比较是不太合适的, 因为三种方法是用不同的语言实现的, 计算又是在不同的机器上执行的 (REL用的是 AMD Athlon 1GHz CPU, 1.5GB 内存; CF用的是 AMD Athlon 850MHz CPU, 256M 内存). 表 3.4 给出了在某些特殊多项式上三种方法的计算时间对比.

可以看到, 在 Wilkinson 多项式 上TRealroot的表现较 CF 和 REL 差很多; 在另几类特殊多项式上互有胜负. 一般说来, Trealroot对于根特别多的多项式计算效率低一些, 这是算法本身所决定的, 是我们算法的特性之一.

表 3.4　三种方法的对比

多项式类型	次数	CF	REL	TRealroot
ChebyShev	1000	2172	1183	1467
Laguerre	900	3790	2116	4281
Laguerre	1000	6210	3055	6652
Wilkinson	1000	256	840	7130
Mignotte	300	0.12	33	3
Mignotte	400	0.22	122	8
Mignotte	600	0.54	428	38

对随机产生的多项式, 我们的方法明显优于 CF 方法, 而我们没有 REL 方法在随机多项式上的数据. `TRealroot`的计算时间随着多项式次数的增长而平稳的增长, 这是我们方法的一个重要特点. 一般而言, 目前实现`TRealroot`的程序对低次多项式效率略低于 CF 和 REL, 但对高次多项式则相反, 方次越高差别越大. 尤其明显的是`TRealroot`对高次稀疏多项式的惊人表现. 例如, 我们的程序只用了 113 秒就隔离了下面多项式的 3 个实根, 而别的方法根本不能完成计算.

$$\begin{aligned}f(x) = &-10x^{93925} + 62x^{82660} - 82x^{76886} + 80x^{69549} - 44x^{68273} + 71x^{55578}\\&-17x^{53739} - 75x^{30731} - 10x^{22679} - 7.\end{aligned}$$

注 3.5.1　算法`Kiteflying`比简单的牛顿迭代效率高很多. 但正如我们前面指出的, 第 K5.1 和 K5.2 步的泰勒平移是代价很大的. 因此, 我们引进了很多策略来尽可能地减少泰勒平移的次数. 比如, 我们可以估算 $H'((u,v))$ 和 $h'((u,v))$ 的差的上界. 如果这个界小于我们事先确定的一个经验值, 那么在第 K5.1 和 K5.2 步就不做泰勒平移, 而是把 $[2^m h(x/2), u+v, 2v, r+s, 2s, k+1]$ (或 $[2^m h(x/2), 2u, u+v, 2r, r+s, k+1]$) 加入 L 作为第一个元. 另外, 我们还可以利用 Descartes 规则来加速算法.

第 4 章　常系数半代数系统的实解隔离

从理论上讲, 多项式实根隔离的自然推广是多项式方程组的实解隔离, 进而是常系数半代数系统的实解隔离. 另一方面, 众多的理论和应用问题的求解都可以归结为常系数半代数系统的求解, 比如, 微分系统奇点及其稳定性的研究; 来源于计算机视觉的 "P3P" 问题; 不等式型定理的自动发现和机器证明等. 另外, 许多计算实代数几何的算法都与常系数半代数系统的实解隔离密切相关. 比如, 在使用*柱形代数分解算法*(见附录) 计算所谓 "边界样本点" 时, 本质上就是隔离一个多项式方程组的实解. 又如, 目前解参系数半代数系统的算法 (参见下一章) 都依赖于常系数半代数系统的实解隔离. 因此, 常系数半代数系统的实解隔离是一个值得单独讨论和深入研究的问题.

本章主要介绍本书作者及其合作者在常系数半代数系统的实解隔离算法方面的工作. 通过本章的讨论我们可以看到, 在算法上, 常系数半代数系统实解隔离的效率不仅严重依赖于多项式实根隔离算法的效率, 而且也同样依赖于类似第 1 和第 2 章讨论的分解半代数系统的算法效率.

既然要隔离实解, 实解的个数必须是有限的. 为讨论方便, 本章中我们总使用如下更强的假设：所论系统仅有有限多个复解. 这个假设看似太强, 实际上却是我们通常要处理的最基本的情形. 对于有无穷多复解但只有有限个实解的系统, 我们将在下一章讨论.

4.1　单调性与第一算法

隔离常系数半代数系统实解的一个自然的想法是：把方程组三角化, 然后依次隔离每个方程的实解, 最后判断不等式在这些实解上是否成立. 为此, 我们需要对系统进行预处理.

依据第 2 章的算法, 一个 SAS 可以转化为一个或多个标准 TSA(正则的基本 TSA). 因为是常系数系统, 所以如果两个 TSA 对应的正常升列有公共解的话, 我们总可以通过第 2 章的方法作进一步的分解使其互素. 于是, 可以不妨假设任何两个 TSA 对应的正常升列没有公共解. 这样, 我们只需对一个标准 TSA 讨论实解隔离. 为明确起见, 设本节讨论的标准 TSA 是

$$\begin{cases} f_1(x_1)=0, \\ f_2(x_1,x_2)=0, \\ \cdots\cdots\cdots\cdots \\ f_s(x_1,x_2,\cdots,x_s)=0, \\ g_1(x_1,x_2,\cdots,x_s)>0,\cdots,g_t(x_1,x_2,\cdots,x_s)>0. \end{cases} \tag{4.1.1}$$

设给定一个如 (4.1.1) 定义的标准 TSA T. 从 T 中删除 f_1 的系统记为 T_1. 在 T_1 中视 x_1 为参数, 按定义 (2.5.1) 计算边界多项式, 记作 CP. 具体地说, CP 按如下方式定义：命

$$\mathrm{CP}_{f_2}=\mathrm{dis}(f_2,x_2);$$

对每个 f_i $(i>2)$, 命

$$\mathrm{CP}_{f_i}=\mathrm{res}\left(\mathrm{dis}(f_i,x_i);f_{i-1},f_{i-2},\cdots,f_2\right);$$

对每个 g_j $(1\leqslant j\leqslant t)$, 命

$$\mathrm{CP}_{g_j}=\begin{cases} \mathrm{res}\left(g_j;f_s,f_{s-1},\cdots,f_2\right), & 若\ s>1, \\ g_j, & 若\ s=1; \end{cases}$$

最后, 定义

$$\mathrm{CP}_T(x_1)=\prod_{2\leqslant i\leqslant s}\mathrm{CP}_{f_i}\cdot\prod_{1\leqslant j\leqslant t}\mathrm{CP}_{g_j}.$$

在意义清楚时, 把 $\mathrm{CP}_T(x_1)$ 简记为 $\mathrm{CP}(x_1)$ 或 CP.

因为 T 是正则的, 所以 $\mathrm{res}(f_1(x_1),\mathrm{CP}(x_1),x_1)\neq 0$.

设 $p(x)$, $q(x)$ 是两个没有公共零点的一元多项式, 即 $\mathrm{res}(p,q,x)\neq 0$, 而且 $\alpha_1<\alpha_2<\cdots<\alpha_n$ 是 $p(x)$ 的所有互异实根. 据上一章介绍的实根隔离算法可以得到一列区间 $[a_1,b_1],\cdots,[a_n,b_n]$ 满足

P1. $\alpha_i\in[a_i,b_i]$ $(i=1,\cdots,n)$,

P2. $[a_i,b_i]\bigcap[a_j,b_j]=\varnothing$ $(i\neq j)$,

P3. a_i,b_i $(1\leqslant i\leqslant n)$ 是有理数,

P4. 隔离区间的最大长度可小于事先指定的任意正实数.

又因为 $p(x)$ 和 $q(x)$ 没有公根, 所以还可以要求

P5. $q(x)$ 的任何零点都不在任何 $[a_i,b_i]$ 中.

为便于叙述, 我们把如上算法记作`nearzero`, 即对满足条件的 $p(x),q(x)$, `nearzero`(p,q,x) 或`nearzero` (p,q,x,ε) 将得到符合条件 P1~P5 的一列区间. 这里, ε 是事先指定的区间最大长度界.

定理 4.1.1 设 T 是如 (4.1.1) 定义的正则 TSA. 若 $f_1(x_1)$ 有 n 个不同实解, 则可计算得到一列区间 $[a_1,b_1],\cdots,[a_n,b_n]$ 满足：对任意 $[a_i,b_i]\,(1\leqslant i\leqslant n)$ 及任意 $\beta,\gamma\in[a_i,b_i]$,

(1) 如果 $s>1$, 那么系统

$$\begin{cases} f_2(\beta,x_2)=0,\cdots,f_s(\beta,x_2,\cdots,x_s)=0,\\ g_1(\beta,x_2,\cdots,x_s)>0,\cdots,g_t(\beta,x_2,\cdots,x_s)>0\end{cases}$$

与系统

$$\begin{cases} f_2(\gamma,x_2)=0,\cdots,f_s(\gamma,x_2,\cdots,x_s)=0,\\ g_1(\gamma,x_2,\cdots,x_s)>0,\cdots,g_t(\gamma,x_2,\cdots,x_s)>0\end{cases}$$

的互异实解数目相同;

(2) 如果 $s=1$, 那么对任意 $g_j\ (1\leqslant j\leqslant t)$, $\mathrm{sgn}(g_j(\beta))=\mathrm{sgn}(g_j(\gamma))$.

证明 因为 T 正则, 所以 $\mathrm{res}(f_1(x_1),\mathrm{CP}(x_1),x_1)\neq 0$. 于是, 通过计算`nearzero` $(f_1,\mathrm{CP}(x_1),x_1)$ 可得一列区间 $[a_1,b_1],\cdots,[a_n,b_n]$ 满足条件 P1~P5. 从而可由定理 2.5.2 直接得到结论. □

设 $[a,b]$ 是由 `nearzero`$(f_1(x_1),\mathrm{CP}(x_1),x_1)$ 得到的 $f_1(x_1)$ 的一个隔离区间, 而 $x^{(0)}$ 是 $f_1(x_1)$ 在 $[a,b]$ 上的唯一零点. 视 $f_2(x_1,x_2)$ 为 $\mathbf{R}^2$ 中的一条曲线, 那么由定理 4.1.1 知, 对任意 $\alpha_1,\alpha_2\in[a,b]$, $x_1=\alpha_1$ 与 $f_2(x_1,x_2)$ 的交点数和 $x_1=\alpha_2$ 与 $f_2(x_1,x_2)$ 的交点数相同. 特别地, 这个结论对 $\alpha_1=a$ 和 $\alpha_2=b$ 也成立.

将 x_2 看作是由 $f_2(x_1,x_2)=0$ 定义的 x_1 的函数, 那么

$$\frac{\partial x_2}{\partial x_1}=-\frac{\partial f_2}{\partial x_1}\bigg/\frac{\partial f_2}{\partial x_2}\,.$$

注意 (4.1.1) 是正则的, 而且

$$\mathrm{res}\Big(\frac{\partial f_2}{\partial x_2},f_2\Big)=\mathrm{res}\Big(\frac{\partial f_2}{\partial x_2},f_2,x_2\Big)=\mathrm{dis}(f_2,x_2)=\mathrm{CP}_{f_2},$$

可知, 当 x_1 在 $[a,b]$ 中而且 $f_2=0$ 时, $\dfrac{\partial f_2}{\partial x_2}\neq 0$. 此时, 如果

$$\mathrm{res}\Big(\mathrm{res}\Big(\frac{\partial f_2}{\partial x_1},f_2\Big),f_1(x_1),x_1\Big)\neq 0,$$

我们可以让 $[a,b]$ 足够小, 使得 $\mathrm{res}\Big(\dfrac{\partial f_2}{\partial x_1},f_2\Big)$ 在 $[a,b]$ 上没有零点. 也就是说, 当把 x_2 看作由 $f_2=0$ 隐含定义的 x_1 的函数时, 它在 $[a,b]$ 上是单调的只要 $[a,b]$ 足够小.

如果单调性成立, 我们就可以通过隔离 $f_2(a,x_2)$ 和 $f_2(b,x_2)$ 的实根来得到 $f_2(x^{(0)},x_2)$ 的实根隔离区间. 比如, 设 $[c_1,d_1],[c_2,d_2]$ 分别是 $f_2(a,x_2)$ 和 $f_2(b,x_2)$

的第一个实根的隔离区间, 那么, $f_2(x^{(0)},x_2)$ 的第一个实根就在区间 $[\min(c_1,c_2),\max(d_1,d_2)]$ 之中. 一般地, 我们给出如下定义和算法.

给定形如 (4.1.1) 定义的正则 TSA T, 对 $2\leqslant i\leqslant s$, $1\leqslant j<i$, 定义

$$U_{ij}=\begin{cases}\operatorname{res}\left(\dfrac{\partial f_i}{\partial x_j};f_i,f_{i-1},\cdots,f_{j+1}\right), & 若\ \dfrac{\partial f_i}{\partial x_j}\not\equiv 0,\\ 1, & 若\ \dfrac{\partial f_i}{\partial x_j}\equiv 0,\end{cases}$$

$$\mathrm{MP}_T(x_j)=\prod\nolimits_{j\leqslant k<i\leqslant s}U_{ik},\quad 1\leqslant j\leqslant s-1.$$

算法 `RealZero`: $L:=$`RealZero`$(T^{(1)},w)$. 给定一个如 (4.1.1) 定义的正则 TSA $T^{(1)}$ 及一个可选参数 w (指定输出区间的最大宽度), 本算法计算 $T^{(1)}$ 的实解隔离区间 L 或指出算法失败 (单调性不满足).

R1. $i\leftarrow 1$;

IF $\operatorname{res}(f_i(x_i),\mathrm{MP}_{T^{(i)}}(x_i),x_i)=0$ THEN return fail

ELSE

$S^{(i)}\leftarrow$ **nearzero**$(f_i(x_i),\mathrm{CP}_{T^{(i)}}\cdot\mathrm{MP}_{T^{(i)}},x_i)$

END IF

R2. FOR I in $S^{(i)}$ DO

R2.1. 设 $I=[a^{(1)},b^{(1)}]\times\cdots\times[a^{(i)},b^{(i)}]$, 命

$$V_I=\{(v^{(1)},\cdots,v^{(i)})|\ v^{(j)}=a^{(j)}\ 或\ v^{(j)}=b^{(j)}\quad(1\leqslant j\leqslant i)\}$$

记 i 维 “区间” I 的所有顶点的集合.

R2.2. 设 $1\leqslant j\leqslant|V_I|$;

FOR $(v_j^{(1)},\cdots,v_j^{(i)})$ in V_I DO

将 $x_1=v_j^{(1)},\cdots,x_i=v_j^{(i)}$ 代入 $T^{(1)}$;

删除前 i 个方程;

仍用 $f_l\ (i+1\leqslant l\leqslant s)$ 记剩下的方程;

新的系统记为 $T_j^{(i+1)}$;

IF $\operatorname{res}(f_{i+1}(x_{i+1}),\mathrm{MP}_{T_j^{(i+1)}}(x_{i+1}),x_{i+1})=0$ THEN

return(fail)

ELSE

$R_j^{(i+1)}\leftarrow$ **nearzero**$(f_{i+1}(x_{i+1}),\mathrm{CP}_{T_j^{(i+1)}}\cdot\mathrm{MP}_{T_j^{(i+1)}},x_{i+1})$

END IF

END DO

R2.3. 设 $R_j^{(i+1)}$ 是 $\left[\alpha_{j,1}^{(i+1)},\beta_{j,1}^{(i+1)}\right],\cdots,\left[\alpha_{j,n_{i+1}}^{(i+1)},\beta_{j,n_{i+1}}^{(i+1)}\right]$, 定义

$$R^{(i+1)}:\left[\alpha_1^{(i+1)},\beta_1^{(i+1)}\right],\cdots,\left[\alpha_{n_{i+1}}^{(i+1)},\beta_{n_{i+1}}^{(i+1)}\right],$$

其中对任意 $1\leqslant k\leqslant n_{i+1}$,

$$\alpha_k^{(i+1)}=\min\left(\alpha_{1,k}^{(i+1)},\cdots,\alpha_{|V_I|,k}^{(i+1)}\right),\ \beta_k^{(i+1)}=\max\left(\beta_{1,k}^{(i+1)},\cdots,\beta_{|V_I|,k}^{(i+1)}\right);$$

IF $R^{(i+1)}$ 中有区间相交 OR 区间宽度大于给定的界 w THEN
  $I\leftarrow$ SHR(I);   # SHR 是一个缩小区间的子程序 (后详)
  返回 R2.1
ELSE
  $S_I^{(i+1)}\leftarrow I\times R^{(i+1)}$
END IF

END DO # R2

R3. $S^{(i+1)}\leftarrow\bigcup_{I\in S^{(i)}}S_I^{(i+1)},\ \ i\leftarrow i+1$; 若 $i<s$, 则返回 R2.

R4. 对 $S^{(s)}$ 中的每个 s 维的 "区间" $I=[a^{(1)},b^{(1)}]\times\cdots\times[a^{(s)},b^{(s)}]$, 将 $x_1=a^{(1)},\cdots,x_s=a^{(s)}$ 代入 g_j $(1\leqslant j\leqslant t)$ 检查是否 $g_j>0$. 输出满足每个不等式的 I.

算法 SHR: $I:=$ SHR(I_0). 输入算法RealZero某步 $S^{(k)}$ 中的一个 k 维 "区间" I_0, 本算法计算另一个 k 维 "区间" $I\subset I_0$.

S0. 设 $I_0=[a_1,b_1]\times\cdots\times[a_k,b_k]$, x_1^0 是 $f_1(x_1)$ 在 $[a_1,b_1]$ 中的那个唯一零点. 由介值定理可计算得一个区间 $[a_1',b_1']\subset[a_1,b_1]$ 满足 $x_1^0\in[a_1',b_1']$ 及 $b_1'-a_1'=(b_1-a_1)/10$.

S1. $i\leftarrow 1,\quad I\leftarrow[a_1',b_1']$.

S2. 命 V_I 记 i 维 "区间"I 的顶点集合;
FOR $(v_j^{(1)},\cdots,v_j^{(i)})$ in V_I DO
  将 $x_1=v_j^{(1)},\cdots,x_i=v_j^{(i)}$ 代入 $T^{(1)}$;
  删除前面的 i 个方程;
  记新系统为 $T_j^{(i+1)}$;
  $Q_j^{i+1}\leftarrow$ nearzero$(f_{i+1}(x_{i+1}),\mathrm{CP}_{T_j^{(i+1)}}\cdot\mathrm{MP}_{T_j^{(i+1)}},x_{i+1})$
END DO
当用nearzero 计算 Q_j^{i+1} 时, 使输出区间的最大宽度不超过在RealZero中计算 R_j^{i+1} 时的区间宽度的十分之一.

S3. 如同RealZero中构造 $R^{(i+1)}$ 一样, 把 $Q_j^{(i+1)}$ $(1\leqslant j\leqslant|V_I|)$ "粘" 成一个区间序列 $Q^{(i+1)}$. 将 $[a_{i+1},b_{i+1}]$ 对应于 $Q^{(i+1)}$ 中的那个区间记为 $[a_{i+1}',b_{i+1}']$.

S4. $I \leftarrow I \times [a'_{i+1}, b'_{i+1}]$, $i \leftarrow i+1$. 若 $i = k$, 则输出 I; 否则返回 S2.

算法RealZero的正确性和有限步终止性都可以容易地从定理 4.1.1 和算法前的讨论得到. 在RealZero中调用nearzero $(f_i(x_i), \mathrm{CP} \cdot \mathrm{MP}, x_i)$ 的目的是想得到 $f_i(x_i)$ 满足如下性质的隔离区间: (1) 定理 4.1.1 要求的条件; (2) 每个 x_j $(j > i)$, 当看作由 $f_j = 0$ 定义的 x_i 的函数时, 在每个隔离区间上是单调的. 因为系统是正则的, 第一条得以保证. 但第二条却并不是总成立, 所以算法有时会失败. 例如, 当 $f_1(x_1)$ 的某个零点正好是 x_2(看作 x_1 的函数) 的极值点时.

当单调性不成立时, 我们可以尝试变元替换以避开那些特别的点. 比如, 我们曾经用

$$x_1 = y_1, x_2 = y_1 + y_2, \cdots, x_s = y_1 + y_2 + \cdots + y_s$$

解决过一些问题. 一般的变元替换方法还有待进一步研究.

4.2 若干实例

我们先用一个详尽的例子演示算法RealZero的运行过程.

例 4.2.1 给定一个正则 TSA 如下:

$$T^{(1)}: \begin{cases} f_1 = 10x^2 - 1 = 0, \\ f_2 = -5y^2 + 5xy + 1 = 0, \\ f_3 = 30z^2 - 20(y+x)z + 10xy - 11 = 0, \\ x \geqslant 0, \; y \geqslant 0. \end{cases}$$

我们用RealZero计算其实解隔离区间.

R1. 首先, $\mathrm{MP}_{T^{(1)}}(x) = (5x^2+22)(110x^2+529)$, $\mathrm{CP}_{T^{(1)}}(x) = x(4+5x^2)(7+2x^2)$ (差一个非零常数). 因为

$$\mathrm{res}(f_1(x), \mathrm{MP}_{T^{(1)}}(x), x) \neq 0,$$

所以

$$\begin{aligned} S^{(1)} &= \mathtt{nearzero}(f_1(x), \mathrm{CP}_{T^{(1)}} \cdot \mathrm{MP}_{T^{(1)}}, x) \\ &= \left[\left[\frac{-3}{8}, \frac{-5}{16}\right], \left[\frac{5}{16}, \frac{3}{8}\right]\right]. \end{aligned}$$

显然, 第一个区间不再需要考虑. 因此, $S^{(1)} = \left[\dfrac{5}{16}, \dfrac{3}{8}\right]$.

R2. $S^{(1)}$ 只有一个区间 $I = \left[\dfrac{5}{16}, \dfrac{3}{8}\right]$.

R2.1. $V_I = \left\{v_1^{(1)} = \dfrac{5}{16},\ v_2^{(1)} = \dfrac{3}{8}\right\}$.

R2.2. 将 $x=v_1^{(1)}=\frac{5}{16}$ 代入 $T^{(1)}$ 并删除 f_1, 得

$$T_1^{(2)}:\begin{cases} f_2=1+\frac{25}{16}y-5y^2=0,\\ f_3=30z^2-\left(20y+\frac{25}{4}\right)z+\frac{25}{8}y-11=0,\\ y\geqslant 0.\end{cases}$$

现在 $\mathrm{MP}_{T_1^{(2)}}(y)=-1$, $\mathrm{CP}_{T_1^{(2)}}(y)=y\left(\frac{4349}{1280}-\frac{5}{16}y+y^2\right)$. 调用

$$\mathtt{nearzero}(f_2(y),\mathrm{CP}_{T_1^{(2)}}\cdot\mathrm{MP}_{T_1^{(2)}},y)$$

得 $R_1^{(2)}=\left[\left[\frac{-3}{8},\frac{-5}{16}\right],\left[\frac{5}{8},\frac{11}{16}\right]\right]$. 显然, 第一个区间不用再考虑. 因此, $R_1^{(2)}=\left[\frac{5}{8},\frac{11}{16}\right]$. 同样, 将 $x=v_2^{(1)}=\frac{3}{8}$ 代入 $T^{(1)}$ 得 $R_2^{(2)}=\left[\frac{5}{8},\frac{11}{16}\right]$.

R2.3. 把 $R_1^{(2)}$ 和 $R_2^{(2)}$ "粘" 成 $R^{(2)}:\left[\frac{5}{8},\frac{11}{16}\right]$. 命 $S_I^{(2)}=I\times R^{(2)}$.

R3. 因为 $S^{(1)}$ 只有一个区间, 所以

$$S^{(2)}=S_I^{(2)}=\left[\frac{5}{16},\frac{3}{8}\right]\times\left[\frac{5}{8},\frac{11}{16}\right].$$

因为 $i=2<s=3$, 所以, 对 $S^{(2)}$ 重复 R2.

R2.1. $S^{(2)}$ 只有一个元素 $I=\left[\frac{5}{16},\frac{3}{8}\right]\times\left[\frac{5}{8},\frac{11}{16}\right]$, 因此

$$\begin{aligned}V_I=&\left\{(v_1^{(1)},v_1^{(2)})=\left(\frac{5}{16},\frac{5}{8}\right),\ (v_2^{(1)},v_2^{(2)})=\left(\frac{5}{16},\frac{11}{16}\right),\right.\\ &\left.(v_3^{(1)},v_3^{(2)})=\left(\frac{3}{8},\frac{5}{8}\right),\ (v_4^{(1)},v_4^{(2)})=\left(\frac{3}{8},\frac{11}{16}\right)\right\}.\end{aligned}$$

R2.2. 将 $x=v_1^{(1)}=\frac{5}{16}$, $y=v_1^{(2)}=\frac{5}{8}$ 代入 $T^{(1)}$ 并删除 f_1,f_2 得

$$T_1^{(3)}:\{f_3=640z^2-400z-193=0\}.$$

因为这是升列中的最后一个多项式, 我们令 $\mathrm{CP}_{T_1^{(3)}}\cdot\mathrm{MP}_{T_1^{(3)}}=1$. 调用$\mathtt{nearzero}(f_3(z),1,z)$ 得 $R_1^{(3)}=[[-1,0],[0,1]]$. 同理可得 $R_2^{(3)}=R_3^{(3)}=R_4^{(3)}=[[-1,0],[0,1]]$.

R2.3. 把 $R_1^{(3)}, R_2^{(3)}, R_3^{(3)}, R_4^{(3)}$ “粘” 成 $R^{(3)}$: $[[-1,0],[0,1]]$ 并记 $S_I^{(3)} = I \times R^{(3)}$.

因为 $S^{(2)}$ 只有一个元, 所以

$$S^{(3)} = S_I^{(3)} = \left[\left[\frac{5}{16}, \frac{3}{8}\right] \times \left[\frac{5}{8}, \frac{11}{16}\right] \times [-1,0], \right.$$
$$\left. \left[\frac{5}{16}, \frac{3}{8}\right] \times \left[\frac{5}{8}, \frac{11}{16}\right] \times [0,1] \right].$$

现在 $i = 3 = s$, 因此算法结束, 输出

$$\left[\left[\left[\frac{5}{16}, \frac{3}{8}\right], \left[\frac{5}{8}, \frac{11}{16}\right], [-1,0] \right], \left[\left[\frac{5}{16}, \frac{3}{8}\right], \left[\frac{5}{8}, \frac{11}{16}\right], [0,1] \right] \right].$$

结合前面章节给出的 SAS 分解算法, 我们可进一步讨论仅有有限个实解的 SAS 的实解隔离算法: 先把 SAS 化成一个或多个正则 TSA (并保证两两没有公根), 然后用`RealZero`分别隔离每个系统的实解. 这个算法已在 Maple 下实现为程序 realzero(包含在软件包 DISCOVERER [149] 中).

对常系数的 SAS, realzero 有三种调用方式

realzero($[p_1, \cdots, p_n], [q_1, \cdots, q_r], [g_1, \cdots, g_t], [h_1, \cdots, h_m], [x_1, \cdots, x_s]$);
realzero($[p_1, \cdots, p_n], [q_1, \cdots, q_r], [g_1, \cdots, g_t], [h_1, \cdots, h_m], [x_1, \cdots, x_s]$, width);
realzero($[p_1, \cdots, p_n], [q_1, \cdots, q_r], [g_1, \cdots, g_t], [h_1, \cdots, h_m], [x_1, \cdots, x_s], [w_1, \cdots, w_s]$);

如果算法成功, realzero 会返回一列实解隔离区间; 否则, 程序会指出在哪个分支上算法失败. 程序的第 6 个输入参数是可选的, 如果输入的是一个正数, 那么这是所有输出区间宽度的上界; 也可以输入一列正数 $w_1, \cdots, w_s$ 来表示每个变元对应区间宽度的上界. 当第 6 个参数缺省时, 只要隔离区间不相交就可输出, 而不管区间的宽度. 下面的例子来源于各种问题, 我们的程序都较快地得到了结果.

例 4.2.2　(chemical reaction)

$$\begin{cases} h_1 = 2 - 7x_1 + x_1^2 x_2 - \dfrac{1}{2}(x_3 - x_1) = 0, \\ h_2 = 6x_1 - x_1^2 x_2 - 5(x_4 - x_2) = 0, \\ h_3 = 2 - 7x_3 + x_3^2 x_4 - \dfrac{1}{2}(x_1 - x_3) = 0, \\ h_4 = 6x_3 - x_3^2 x_4 + 1 + \dfrac{1}{2}(x_2 - x_4) = 0. \end{cases}$$

调用

$$\text{realzero}([h_1, h_2, h_3, h_4], [\,], [\,], [\,], [x_1, x_2, x_3, x_4]),$$

得隔离区间如下

$$\left[\left[\left[\frac{-3}{16},\frac{-11}{64}\right],\left[\frac{-32}{81},\frac{2944}{1089}\right],\left[\frac{3683}{576},\frac{923}{144}\right],\left[\frac{-50}{81},\frac{2702}{1089}\right]\right],\right.$$

$$\left[\left[\frac{47}{16},\frac{189}{64}\right],\left[\frac{694144}{321489},\frac{43168}{19881}\right],\left[\frac{1883}{576},\frac{473}{144}\right],\left[\frac{622702}{321489},\frac{38750}{19881}\right]\right],$$

$$\left[\left[\frac{409}{64},\frac{205}{32}\right],\left[\frac{72896}{75645},\frac{1454464}{1505529}\right],\left[\frac{-53}{288},\frac{-97}{576}\right],\left[\frac{56086}{75645},\frac{1119902}{1505529}\right]\right],$$

$$\left[\left[\frac{3665}{64},\frac{1833}{32}\right],\left[\frac{3177664}{30239001},\frac{508288}{4835601}\right],\left[\frac{-14705}{288},\frac{-29401}{576}\right],\right.$$

$$\left.\left.\left[\frac{-3542114}{30239001},\frac{-566290}{4835601}\right]\right]\right].$$

例 4.2.3 (neural network)

$$\begin{cases} f_1 = 1 - cx - xy^2 - xz^2 = 0, \\ f_2 = 1 - cy - yx^2 - yz^2 = 0, \\ f_3 = 1 - cz - zx^2 - zy^2 = 0, \\ f_4 = 8c^6 + 378c^3 - 27 = 0, \\ c > 0, 1 - c > 0. \end{cases}$$

调用

$$\text{realzero}\,([f_1,f_2,f_3,f_4],[\,],[c,1-c],[\,],[c,x,y,z]),$$

得隔离区间如下

$$\left[\left[\left[\left[\frac{13}{32},\frac{7}{16}\right],[0,1],[0,1],[0,1]\right],\left[\left[\frac{849}{2048},\frac{425}{1024}\right],\left[\frac{9}{32},\frac{5}{16}\right],\left[\frac{1049}{640},\frac{253}{144}\right],\left[\frac{9}{32},\frac{5}{16}\right]\right],\right.\right.$$

$$\left[\left[\frac{434849}{1048576},\frac{869699}{2097152}\right],\left[\frac{1}{4},\frac{1}{2}\right],\left[\frac{492469823809}{1936677404672},\frac{3411372355465}{5872690397184}\right],\right.$$

$$\left.\left[\frac{2800317}{2787974},\frac{3693919}{2001540}\right]\right],$$

$$\left.\left[\left[\frac{1739397}{4194304},\frac{869699}{2097152}\right],\left[\frac{3}{2},2\right],\left[\frac{357754}{1918275},\frac{9511251}{27213598}\right],\left[\frac{3836549}{16777216},\frac{6803401}{18874368}\right]\right]\right].$$

例 4.2.4 (cyclic 5)

$$\begin{cases} p_1 = a+b+c+d+e=0, \\ p_2 = ab+bc+cd+de+ea=0, \\ p_3 = abc+bcd+cde+dea+eab=0, \\ p_4 = abcd+bcde+cdea+deab+eabc=0, \\ p_5 = abcde-1=0. \end{cases}$$

调用

$$\text{realzero}\,([p_1,p_2,p_3,p_4,p_5],[\,],[\,],[\,],[a,b,c,d,e]),$$

得隔离区间如下

$$\left[\left[[1,1],[1,1],\left[\frac{-21}{8},\frac{-83}{32}\right],\left[\frac{-23}{60},\frac{-29}{76}\right],[1,1]\right],\right.$$

$$\left[[1,1],[1,\ 1],\left[\frac{-13}{32},\frac{-3}{8}\right],\left[\frac{-11}{4},\frac{-9}{4}\right],[1,1]\right],$$

$$\left[[1,1],[1,1],[1,1],\left[-3,\frac{-5}{2}\right],\left[\frac{-1}{2},0\right]\right],$$

$$\left[[1,1],[1,1],[1,1],\left[\frac{-1}{2},0\right],\left[-3,\frac{-5}{2}\right]\right],$$

$$\left[\left[\frac{-343151}{131072},\frac{-171575}{65536}\right],[1,1],[1,1],[1,1],\left[\frac{-36047189}{94372766},\frac{-18023533}{47186222}\right]\right],$$

$$\left[\left[\frac{-25033}{65536},\frac{-50065}{131072}\right],[1,1],[1,1],[1,1],\left[\frac{-1133}{302},\frac{-2389}{926}\right]\right],$$

$$\left[\left[\frac{-21447}{8192},\frac{-42893}{16384}\right],\left[\frac{-622702}{1630255},\frac{-1245370}{3260421}\right],[1,1],[1,1],[1,1]\right],$$

$$\left[\left[\frac{-6259}{16384},\frac{-3129}{8192}\right],\left[\frac{-186}{5},\frac{-110}{47}\right],[1,1],[1,1],[1,1]\right],$$

$$\left[[1,1],\left[\frac{-671}{256},\frac{-335}{128}\right],\left[\frac{-1086}{2843},\frac{-542}{1419}\right],[1,1],[1,1]\right],$$

$$\left.\left[[1,1],\left[\frac{-49}{128},\frac{-97}{256}\right],\left[\frac{-30}{11},\frac{-62}{27}\right],[1,1],[1,1]\right]\right].$$

例 4.2.5 [102]

$$\begin{cases} p_1 = 2x_1(2 - x_1 - y_1) + x_2 - x_1 = 0, \\ p_2 = 2x_2(2 - x_2 - y_2) + x_1 - x_2 = 0, \\ p_3 = 2y_1(5 - x_1 - 2y_1) + y_2 - y_1 = 0, \\ p_4 = y_2(3 - 2x_2 - 4y_2) + y_1 - y_2 = 0, \\ x_1 \geqslant 0, x_2 \geqslant 0, y_1 \geqslant 0, y_2 \geqslant 0. \end{cases}$$

调用

$$\mathrm{realzero}\,([p_1, p_2, p_3, p_4], [x_1, x_2, y_1, y_2], [\,], [\,], [x_1, x_2, y_1, y_2], 1/1000);$$

输出

$$\left[\left[\left[\frac{123699}{262144}, \frac{151}{320}\right],\right.\right.$$

$$\left[\frac{15604750193840633515355762525347641882989981}{15429603258688008185068797668747034522695597}, \frac{25646736065207290639}{25350470632055620751}\right],$$

$$\left[\frac{31940045261606640254 9}{15210282379233372450 6}, \frac{6480771405445170790944400919067165781120176 5}{3085920651737601637013759533749406904539119 4}\right],$$

$$\left.\left[\frac{11766526981955972576 8}{16304965803039035040 1}, \frac{2386788743612120084475521809759314652066228 0}{3307054016778071802309848103602576881598825 7}\right]\right],$$

$$[[0,0], [0,0], [0,0], [0,0]], \left[[0,0], [0,0], \left[\frac{77397}{32768}, \frac{38699}{16384}\right], \left[\frac{283969593}{268435456}, \frac{71012665}{67108864}\right]\right],$$

$$\left.[[2,2], [2,2], [0,0], [0,0]]\right].$$

例 4.2.6 这个问题来源于解几何约束：能构造一个三角形使得 $a = 1, R = 1$ 和 $h_a = \dfrac{1}{10}$ 吗? 这里 a 是一边长, h_a 是该边上的高, R 是外接圆半径.

文献 [88] 中声称 $R_1 = 2R - a \geqslant 0$ 同时 $R_2 = 8Rh_a - 4h_a^2 - a^2 \geqslant 0$ 是存在三角形以 a, h_a, R 为边长, 高和外接圆半径的充要条件. 这个论断有误. 我们以 $a = 1, R = 1, h_a = \dfrac{1}{10}$ 为例. 此时 $R_1 > 0, R_2 < 0$, 上述条件不满足. 利用三角形中的等量关系及三角形不等式得如下系统

$$\begin{cases} f_1 = 1/100 - 4s(s-1)(s-b)(s-c) = 0, \\ f_2 = 1/5 - bc = 0, \\ f_3 = 2s - 1 - b - c = 0, \\ b > 0, c > 0, b + c - 1 > 0, 1 + c - b > 0, 1 + b - c > 0, \end{cases}$$

其中 s 是半周长, b, c 分别是另外两边长. 调用

$$\mathrm{realzero}\,([f_1, f_2, f_3], [\,], [b, c, b + c - 1, 1 + c - b, 1 + b - c], [\,], [s, b, c]);$$

得

$$\left[\left[\left[\frac{259}{256},\frac{519}{512}\right],\left[\frac{33}{128},\frac{17}{64}\right],\left[\frac{97}{128},\frac{197}{256}\right]\right],\left[\left[\frac{259}{256},\frac{519}{512}\right],\left[\frac{97}{128},\frac{99}{128}\right],\left[\frac{1}{4},\frac{69}{256}\right]\right],\right.$$

$$\left.\left[\left[\frac{297}{256},\frac{595}{512}\right],\left[\frac{11}{64},\frac{23}{128}\right],\left[\frac{73}{64},\frac{295}{256}\right]\right],\left[\left[\frac{297}{256},\frac{595}{512}\right],\left[\frac{73}{64},\frac{37}{32}\right],\left[\frac{21}{128},\frac{47}{256}\right]\right]\right].$$

因为 b 和 c 在系统中是对称的, 这个结果表明：存在两个不同的三角形满足 $a=1, R=1, h_a=\dfrac{1}{10}$.

例 4.2.7　文献 [45] 中提出这样的公开问题：什么样的三角形可能是某个平面切一个正四面体得到的截面? 事实上, 这是计算机视觉中关于摄像机定位的 “P3P” 问题的一个特例[50, 142]. 用下一章将要介绍的参系数半代数系统实解分类的算法和相应软件 DISCOVERER[149], 我们可以给出这个问题的完全解答.

因为本章考虑的是常系数半代数系统, 所以在本例中对指定的参数值做计算. 命 $1, a, b$ 是三角形三边的长, 并无妨设 $b \geqslant a \geqslant 1$; 以 x, y, z 记从四面体那个顶点到三角形三个顶点的距离, 并假设 (a, b) 满足 $\{a^2-1+b-b^2=0, 3b^6+56b^4-122b^3+56b^2+3=0\}$. 于是, 我们需要隔离如下系统关于 b, a, x, y, z 的实解.

$$\begin{cases} h_1 = x^2+y^2-xy-1=0, \\ h_2 = y^2+z^2-yz-a^2=0, \\ h_3 = z^2+x^2-zx-b^2=0, \\ h_4 = a^2-1+b-b^2=0, \\ h_5 = 3b^6+56b^4-122b^3+56b^2+3=0, \\ x>0, y>0, z>0, a-1\geqslant 0, b-a\geqslant 0, a+1-b>0. \end{cases}$$

调用

realzero($[h_1,h_2,h_3,h_4,h_5],[b-a,a-1],[x,y,z,a+1-b],[\,],[b,a,x,y,z]$);

输出

$$\left[\left[\left[\frac{162993}{131072},\frac{81497}{65536}\right],\left[\frac{73}{64},\frac{147}{128}\right],\left[\frac{1181}{1024},\frac{2363}{2048}\right],\left[\frac{1349206836}{2188300897},\frac{348432792}{556866289}\right],\right.\right.$$

$$\left.\left.\left[\frac{3247431090114025}{2465566125550592},\frac{2029443732706641}{1540423210501120}\right]\right]\right].$$

以上都是在一台微机 (Pentium 933 MHz CPU, 128 内存) 上在 Maple 5.4 下运行的结果, 计算时间 (单位：秒) 见表 4.1.

表 4.1

例子	2	3	4	5	6	7
三角化	0.107	0.623	2.011	0.384	0.014	0.137
化正则 TSA	0.005	1.578	2.772	2.682	0.015	1.774
RealZero	0.396	15.382	2.889	3.07	0.45	33.840
总计	0.508	17.583	7.672	6.136	0.479	35.751

4.3 区间算术

上面介绍的第一算法对我们遇到的众多实例, 计算效果还是令人满意的. 虽然理论上不是一个完备方法, 但实例中算法失败的例子并不多见. 从本节起, 我们利用区间运算给出一个完备实用的算法 [137,138,170] 来隔离常系数半代数系统的实解. 文献 [82] 中通过区分多项式系数的正负, 定义极大、极小多项式的方式 (实质上是区间算术), 也给出了多项式系统实解隔离的一个算法. 但这个算法不能很好地处理不等式, 因而对半代数系统不是完备的.

区间算术是数值计算中的一种常用方法. 关于区间算术和解方程 (组) 的区间算法, 有兴趣的读者可参阅文献 [5, 11]. 这里, 我们仅简要介绍后面需要的概念和结果.

实数 $\mathbf{R}$ 的子集

$$X=[x_1,x_2]=\{x|\ x_1\leqslant x\leqslant x_2\},\quad x_1,x_2\in\mathbf{R}$$

称作一个*区间*, 区间的全体记作 $\mathrm{I}(\mathbf{R})$.

$x_1=x_2$ 时, X 称作一个*点区间*;

$$X=[-\infty,a]=\{x|\ x\leqslant a\},\quad a\in\mathbf{R}$$

和

$$X=[b,+\infty]=\{x|\ b\leqslant x\},\quad b\in\mathbf{R}$$

称作*半无穷区间*; 半无穷区间的全体记作$\mathrm{SI}(\mathbf{R})$. *区间向量*是以区间 (或半无穷区间) 为分量的向量, 有 i 个分量的向量实际上是一个 i 维 “方体”.

定义 4.3.1 对 $X=[a,b]\in\mathrm{I}(\mathbf{R})$, 我们定义其*宽度*、*中点*和*符号*分别为: $W(X)=b-a$, $m(X)=\dfrac{a+b}{2}$ 和

$$\mathrm{sign}(X)=\begin{cases}-1, & b<0,\\ 0, & a\leqslant 0\leqslant b,\\ 1, & a>0.\end{cases}$$

定义 4.3.2　对任意 $X, Y \in \mathrm{I}(\mathbf{R}) \cup \mathrm{SI}(\mathbf{R})$ 及 $\diamond \in \{+, -, \cdot\}$, 定义 $X \diamond Y = \{x \diamond y |\ x \in X,\ y \in Y\}$. 设 $X = [a, b] \in \mathrm{I}(\mathbf{R})$, 若 $\mathrm{sign}(X) \neq 0$, 则定义

$$X^{-1} = 1/X = [1/b, 1/a];$$

若 $\mathrm{sign}(X) = 0$ 且 $W(X) \neq 0$, 则定义

$$X^{-1} = 1/X = \begin{cases} [-\infty, 1/a], & b = 0, \\ [1/b, +\infty], & a = 0, \\ [-\infty, 1/a] \cup [1/b, +\infty], & a < 0 < b; \end{cases} \tag{4.3.1}$$

若 $X = [0, 0]$, 则 X^{-1} 无定义. 于是, Y/X 定义为 $Y \cdot X^{-1}$.

注意, 当 $a < 0 < b$ 时, $Y/X = Y \cdot [-\infty, 1/a] \cup Y \cdot [1/b, +\infty]$.

对 $a \in \mathbf{R},\ X \in \mathrm{I}(\mathbf{R}), \diamond \in \{+, -, \cdot, /\}$, 定义 $a \diamond X = [a, a] \diamond X$ 和 $X \diamond a = X \diamond [a, a]$.

例 4.3.1　设 $I_1 = [-1, 2],\ I_2 = [2, 3]$, 根据上面的定义, 有

$$\begin{aligned} & m(I_1) = 1/2,\ m(I_2) = 5/2,\ W(I_1) = 3,\ W(I_2) = 1, \\ & \mathrm{sign}(I_1) = 0,\ \mathrm{sign}(I_2) = 1, \\ & I_1 + I_2 = [1, 5],\ I_1 - I_2 = [-4, 0],\ I_1 \cdot I_2 = [-3, 6], \\ & I_1^{-1} = (-\infty, -1] \cup [1/2, +\infty),\ I_2/I_1 = (-\infty, -2] \cup [1, +\infty). \end{aligned}$$

定义 4.3.3 [5, 111]　设 f 是 $\mathbf{R}[x_1, \cdots, x_n]$ 中某个多项式的算术表示. 将所有的操作数换成区间, 所有的运算看作对应的区间运算, 结果记为 F. 那么, $F : \mathrm{I}(\mathbf{R})^n \to \mathrm{I}(\mathbf{R})$ 称作一个 区间估值.

设 F 是 $D \in \mathrm{I}(\mathbf{R})^n$ 上的一个区间估值. 如果对任意 $X, Y \subset D$ 都有 $X \subset Y$ 蕴涵 $F(X) \subset F(Y)$, 那么, F 称作一个 单调区间估值.

定理 4.3.1 [5, 111]　$\mathbf{R}[x_1, \cdots, x_n]$ 中任意多项式的区间估值都是单调的区间估值.

4.4 第二算法

为确切起见, 仍假定我们讨论的系统是形如 (4.1.1) 的正则 TSA.

定义 4.4.1　设 $\mathbf{Z}[x_1, \cdots, x_{i+1}]$ 中多项式 q 有如下表示

$$q = q_l(x_1, \cdots, x_i)x_{i+1}^l + \cdots + q_1(x_1, \cdots, x_i)x_{i+1} + q_0(x_1, \cdots, x_i),$$

其中 $q_l(x_1, \cdots, x_i) \neq 0$, 并设 $X = ([a_1, b_1], \cdots, [a_i, b_i]) \in \mathrm{I}(\mathbf{R})^i$. 记 $q_j\ (0 \leqslant j \leqslant l)$ 在 X 上的区间估值为 Q_j, 命

$$Q = Q_l([a_1, b_1], \cdots, [a_i, b_i])x_{i+1}^l + \cdots + Q_0([a_1, b_1], \cdots, [a_i, b_i])$$

$$=[c_l,d_l]x_{i+1}^l+\cdots+[c_0,d_0].$$

分别称

$$_{-}q=c_lx_{i+1}^l+\cdots+c_0 \text{ 和 } {}^{+}q=d_lx_{i+1}^l+\cdots+d_0 \tag{4.4.1}$$

是 q 在 X 上的 下界多项式 和 上界多项式.

以 $[q(x)]^{(n)}$ $(n\in\mathbb{N})$ 记 $q(x)$ 关于 x 的 n 阶导数, $[q(x)]^{(0)}=q(x)$.

命题 4.4.1 设 $X=([a_1,b_1],\cdots,[a_i,b_i])$ 是包含 $\{f_1=0,\cdots,f_i=0\}$ 的解 x^* 的"方体"(区间向量), 这里 $\{f_1,\cdots,f_i,f_{i+1}\}$ 是一个正常升列. 如果 $_{-}f_{i+1}$ 和 ${}^{+}f_{i+1}$ 分别是 f_{i+1} 在 X 上的下界和上界多项式, 那么, 对任意 $n\in\mathbf{N}$ 和任意 $x_{i+1}\in(0,+\infty)$, 下列关系成立

$$[{}_{-}f_{i+1}]^{(n)}\leqslant[f_{i+1}(x^*,x_{i+1})]^{(n)}\leqslant[\,{}^{+}f_{i+1}]^{(n)}. \tag{4.4.2}$$

证明 设 $_{-}f_{i+1}=c_lx_{i+1}^l+\cdots+c_0$, ${}^{+}f_{i+1}=d_lx_{i+1}^l+\cdots+d_0$, 而 $f_{i+1}(x^*,x_{i+1})=e_lx_{i+1}^l+\cdots+e_0$. 从定义 4.4.1 易见, $c_j\leqslant e_j\leqslant d_j$ 对每个 j $(0\leqslant j\leqslant l)$ 成立. 所以, 对任何 $x_{i+1}\in(0,+\infty)$ 和 $n=0$, 关系式 (4.4.2) 成立. 对 $n>0$, 只需注意求导后三个多项式的对应系数间的大小关系依然保持即可. □

上述证明表明, 关系式 (4.4.2) 中的 x^* 换成 X 中的任意点都成立.

设 T 是形如 (4.1.1) 的正则 TSA, 并且我们已经得到了前 i 个方程的实解隔离"方体"; 又假设 X 是包含 $\{f_1=0,\cdots,f_i=0\}$ 的一个实解 x^* 的隔离 "方体". 那么, 根据命题 4.4.1, 我们就有可能通过隔离 $_{-}f_{i+1}$ 和 ${}^{+}f_{i+1}$ 的实解得到 $f_{i+1}(x^*,x_{i+1})$ 的实解隔离区间, 这里 $_{-}f_{i+1}(x_{i+1})$ 和 ${}^{+}f_{i+1}(x_{i+1})$ 分别是 f_{i+1} 在 X 上的下界和上界多项式. 算法思路如下:

在命题 4.4.1 中令 $n=0$, 得

$$_{-}f_{i+1}\leqslant f_{i+1}(x^*,x_{i+1})\leqslant {}^{+}f_{i+1},\quad x_{i+1}>0.$$

于是, 我们首先将 $f_{i+1}(x^*,x_{i+1})$ 的实根平移为另一个多项式 $\overline{f_{i+1}}(x^*,x_{i+1})=f_{i+1}(x^*,x_{i+1}-|B|)$ 的正根. 这里 B 是小于 $f_{i+1}(x^*,x_{i+1})$ 的每个实根的一个实数.

为了确定 B 的值, 命

$$\widetilde{f_{i+1}}(x_1,\cdots,x_i,x_{i+1})=f_{i+1}(x_1,\cdots,x_i,-x_{i+1}).$$

那么, $f_{i+1}(x^*,x_{i+1})$ 的负根就对应于 $\widetilde{f_{i+1}}(x^*,x_{i+1})$ 的正根, 因而, $\widetilde{f_{i+1}}(x^*,x_{i+1})$ 的正根界就是 $f_{i+1}(x^*,x_{i+1})$ 的负根界.

我们可以不断地缩小 X 直到 $\mathrm{lc}({}_{-}f_{i+1})\cdot\mathrm{lc}({}^{+}f_{i+1})>0$ (因为 T 是正则的, 满足 $\mathrm{lc}(f_{i+1},x_{i+1})(x^*)\neq0$, 所以这个不等式一定能满足), 这时, $f_{i+1}(x^*)$ 的最大实根一

定小于 ${}_{-}f_{i+1}(x^*)$ 或 ${}^{+}f_{i+1}(x^*)$ 的最大实根. 同时, 记 $\widetilde{f_{i+1}}$ 在 X 上的上、下界多项式分别为 ${}^{+}\widetilde{f_{i+1}}$ 和 ${}_{-}\widetilde{f_{i+1}}$. 根据上面的讨论, ${}_{-}\widetilde{f_{i+1}}$ 和 ${}^{+}\widetilde{f_{i+1}}$ 的正根界至少有一个大于 $\widetilde{f_{i+1}}$ 的正根界. 于是, 我们可定义 B 是其中的较大者, 那么

$$\overline{f_{i+1}}(x^*, x_{i+1}) = f_{i+1}(x^*, x_{i+1} - B)$$

的实根不仅与 $f_{i+1}(x^*, x_{i+1})$ 的实根一一对应而且全是正的. 所以, 在下面的讨论中, 我们可以不失一般性地仅考虑 $f_{i+1}(x^*, x_{i+1})$ 的正根.

假设

$$S_j = [[\alpha_1^{(j)}, \beta_1^{(j)}], \cdots, [\alpha_{m_j}^{(j)}, \beta_{m_j}^{(j)}]], \quad j = 1, 2,$$

而 S_1 和 S_2 分别隔离了 ${}_{-}f_{i+1}(x_{i+1})$ 和 ${}^{+}f_{i+1}(x_{i+1})$ 的所有正根. 因为 T 是正则的, 所以 $f_{i+1}(x^*, x_{i+1}) = 0$ 没有重根. 因而据命题 4.4.1, 只要 X 足够小, 必有 $m_1 = m_2$. 这时可定义

$$S = [[\alpha_1, \beta_1], \cdots, [\alpha_{m_1}, \beta_{m_1}]], \tag{4.4.3}$$

其中, 对每个 k $(1 \leqslant k \leqslant m_1)$,

$$\alpha_k = \min(\alpha_k^{(1)}, \alpha_k^{(2)}), \quad \beta_k = \max(\beta_k^{(1)}, \beta_k^{(2)}). \tag{4.4.4}$$

显而易见, S 包含了 f_{i+1} 的全部正根. 如果 X, S_1 和 S_2 都足够小, S 的任意两个区间也必不相交. 进一步还有 ${}_{-}f_{i+1}(x_{i+1})$, ${}^{+}f_{i+1}(x_{i+1})$ 及 f_{i+1} 在每个 $[\alpha_k, \beta_k]$ 上是单调的. 当这些条件都满足时, 我们把由 (4.4.3) 和 (4.4.4) 定义的运算记作

$$S = S_1 \triangle S_2 \text{ 或 } S \leftarrow S_1 \triangle S_2.$$

更明确地说, 当我们使用记号 $S = S_1 \triangle S_2$ (或 $S \leftarrow S_1 \triangle S_2$) 时, 总意味着对给定的 S_1 和 S_2, 我们按(4.4.3) 及(4.4.4) 定义 S, 并使其满足以下三条:

(1) $m_1 = m_2$;

(2) ${}_{-}f_{i+1}(x_{i+1})$, ${}^{+}f_{i+1}(x_{i+1})$ 及 $f_{i+1}(x_{i+1})$ 在每个 (α_k, β_k) 上单调;

(3) S 的任两个区间不相交.

为满足这三条, 可能会不断地缩小 X. 注意, 第一和第三条容易检验, 而第二条可以通过计算 ${}_{-}f'_{i+1}$ 和 ${}^{+}f'_{i+1}$ 在每个 $[\alpha_k, \beta_k]$ 上的区间估值来判定 (用命题 4.4.1). 所以, 缩小 X 的次数是有限的.

一般地, 我们有如下算法. 而上面的讨论保证了算法的正确性和有限步终止性.

算法 `NRealZero`: $L := \texttt{NRealZero}(T, w)$. 给定一个形如 (4.1.1) 的正则 TSA T 及一个可选参数 w (指定输出区间的最大宽度), 本算法计算 T 的实解隔离 "方体" 集 L.

NR0. $L_1 \leftarrow \varnothing,\ L_2 \leftarrow \varnothing,\ i \leftarrow 0.$

NR1. $(i=0)$

$L_1 \leftarrow f_1$ 的正根隔离集; $i \leftarrow i+1$;

NR2. $(0<i<s)$

FOR $X=([a_1,b_1],\cdots,[a_i,b_i]) \in L_1$ DO

$L_1 \leftarrow L_1 \setminus \{X\}$;

在 X 上计算 ${}_{-}f_{i+1}$ 和 ${}^{+}f_{i+1}$;

$S_1 \leftarrow {}_{-}f_{i+1}$ 的正根隔离集;

$S_2 \leftarrow {}^{+}f_{i+1}$ 的正根隔离集;

$S \leftarrow S_1 \triangle S_2$;

$L_2 \leftarrow L_2 \cup \{([a_1,b_1],\cdots,[a_i,b_i],[c,d]) | [c,d] \in S\}$;

END DO;

若 $L_1=\varnothing$ 且 $L_2=\varnothing$, 则 return($\varnothing$);

若 $L_1=\varnothing$ 但 $L_2\neq\varnothing$, 则 $L_1 \leftarrow L_2,\ L_2 \leftarrow \varnothing,\ i \leftarrow i+1$;

NR3. $(i=s)$

对每个 $X \in L_1$, 计算 $G_j(X)$ $(1 \leqslant j \leqslant t)$, 其中 G_j 是 g_j 的一个区间估值. 如果有某个 j_0 $(1 \leqslant j_0 \leqslant t)$ 使 $\text{sign}(G_{j_0}(X))<0$, 那么, 从 L_1 中删除 X; 如果有某个 j_1 $(1 \leqslant j_1 \leqslant t)$ 使 $\text{sign}(G_{j_1}(X))=0$, 那么, 缩小 X 直到 $\text{sign}(G_{j_1}(X))<0$ 或 $\text{sign}(G_{j_1}(X))>0$. 返回 L_1 中剩余的元.

在步骤 NR3 及 NR2 的循环中 $(S \leftarrow S_1 \triangle S_2)$, 我们都需要反复缩小 X. 下面的子程序实现这个目的.

算法 NSHR: $X' :=$ NSHR(X,T). 输入从NRealZero中得到的一个区间向量 $X=([a_1,b_1],\cdots,[a_i,b_i])$ 及系统 T, 本算法计算另一个区间向量 $X' \subset X$, 满足 $x^* \in X'$, 这里, $x^*=(x_1^*,\cdots,x_i^*)$ 是 $\{f_1=0,\cdots,f_i=0\}$ 在 X 上的唯一解.

NS0. $j \leftarrow 0$.

NS1. $(j=0)$

据介值定理, 计算一个区间 $[a_1',b_1'] \subset [a_1,b_1]$, 使得 $x_1^* \in [a_1',b_1']$ 而且 $W([a_1',b_1']) \leqslant \dfrac{1}{2}W([a_1,b_1])$. 然后, 命 $j \leftarrow j+1,\ X' \leftarrow ([a_1',b_1'])$.

NS2. $(0<j<i)$

在 X' 上计算 ${}_{-}f_{j+1}$ 和 ${}^{+}f_{j+1}$;

据介值定理, 计算一个区间 $[a,b] \subset [a_{j+1},b_{j+1}]$ 满足: $[a,b]$ 包含 ${}_{-}f_{j+1}$ 在 $[a_{j+1},b_{j+1}]$ 上的零点而且 $W([a,b])=\dfrac{1}{8}W([a_{j+1},b_{j+1}])$;

同理, 计算一个区间 $[c,d] \subset [a_{j+1},b_{j+1}]$ 满足: $[c,d]$ 包含 ${}^{+}f_{j+1}$ 在 $[a_{j+1},b_{j+1}]$ 上的零点而且 $W([c,d])=\dfrac{1}{8}W([a_{j+1},b_{j+1}])$;

$a'_{j+1} \leftarrow \min(a, c),\ b'_{j+1} \leftarrow \max(b, d);$
$X' \leftarrow (X', [a'_{j+1}, b'_{j+1}]),\ j \leftarrow j+1.$

NS3. $(j = i)$ 输出 X'.

我们来证明算法NSHR的正确性. 只有第 NS2 步需要详细说明. 为讨论方便, 暂以 $_{-}f_{j+1}(X')$ 和 $^{+}f_{j+1}(X')$ 表示 f_{j+1} 在 X' 上的下界和上界多项式. 据定理 4.3.1, 多项式的区间估值是单调的. 于是, 不难从上、下界多项式的定义得: 对任意 $x_{j+1} \in (0, +\infty)$,

$$_{-}f_{j+1}(X) \leqslant {_{-}f_{j+1}(X')} \leqslant f_{j+1}(x_1^*, \cdots, x_j^*, x_{j+1}) \leqslant {^{+}f_{j+1}(X')} \leqslant {^{+}f_{j+1}(X)},$$

$$_{-}f'_{j+1}(X) \leqslant {_{-}f'_{j+1}(X')} \leqslant f'_{j+1}(x_1^*, \cdots, x_j^*, x_{j+1}) \leqslant {^{+}f'_{j+1}(X')} \leqslant {^{+}f'_{j+1}(X)}.$$

另一方面, $[a_{j+1}, b_{j+1}]$ 是算法NRealZero得到的, 因此, $_{-}f_{j+1}(X)$ 在 $[a_{j+1}, b_{j+1}]$ 上单调且仅有一个零点. $^{+}f_{j+1}(X)$ 也具有同样的性质. 那么, 从上面的关系式立即得: $_{-}f_{j+1}(X')$ 和 $^{+}f_{j+1}(X')$ 在 $[a_{j+1}, b_{j+1}]$ 上都是单调的, 而且分别都只有一个零点. 所以, NS2 步骤中用介值定理可以得到正确结果. 又因为算法的第一步得到的区间最多是原来的一半而以后每步得到的区间不会变大, 所以 $X' \subset X$. 算法NSHR的正确性至此证毕.

注 4.4.1　算法NSHR的第二步中我们使用了一个常数 1/8, 这是一个经验值. 理论上说, 这个数只要介于 0 和 1 之间就行.

算法NRealZero也已在 Maple 下实现为程序realzeros (包含在软件包 DISCOVERER 中). 与 4.2 节的 realzero 相似, 对仅有有限个实解的 SAS, realzeros 也是先化成正则 TSA; 再对每个正则 TSA 使用本节介绍的算法隔离实解. 从我们计算的实例来看, NRealZero在不少例子上的计算时间要优于 realzero. 表 4.2 说明了 realzeros 对 4.2 节中 6 个例子的计算情况 (计时单位: 秒).

表 4.2

例子	2	3	4	5	6	7
三角化	0.107	0.623	2.011	0.384	0.014	0.137
化正则 TSA	0.005	1.578	2.772	2.682	0.015	1.774
NRealZero	0.120	0.511	0.00	0.020	0.260	14.571
RealZero	0.396	15.382	2.889	3.070	0.450	33.840

4.5　讨　　论

本章介绍的两个算法思想是相似的, 即先把 SAS 中的方程组三角化, 然后逐个隔离方程的实根. 设 α 是三角化后第一方程 $f_1(x)$ 的一个根, 在隔离第二方程

$f_2(\alpha, y)$ 的实根时, 我们不去讨论代数数系数的多项式实根隔离 (有些研究者就是这样做的, 但效率并不理想), 而是使用单调性或区间算术把问题转化为两个整系数多项式实根隔离的问题. 下面我们简单讨论影响这类算法效率的几个重要因素.

(1) 很明显, 这类算法的效率严重依赖于一元多项式实根隔离算法的效率. 尽管第 3 章介绍的基于 Descartes 符号法则的实根隔离算法是一个高效的多项式时间算法 (Maple 中的程序 realroot 效率并不是最好的), 但设计更巧妙的方法来提高程序隔离实根的效率还是值得进一步研究的课题. 这方面的最新进展可参考第 3 章最后一节或文献 [4, 43, 100, 171].

(2) 三角化. 众所周知, 这一步的计算量可能会非常大. 事实上, 有不少例子正是因为不能完成三角化而无法应用上述算法. 文献 [170, 172] 曾探讨了将数值计算中的方法改造为符号算法而避开三角化, 其中给出的算法可以隔离多项式方程组在指定 "方体" 内的实解, 对许多随机产生的方程组 (这类方程组一般都难以三角化) 运行效果不错. 同时, 这个算法也具有明显的数值算法的特点：当方程组有重解时, 算法可能不终止. 在给定的初始 "方体"(区域) 较大或要求隔离全部实解时, 这个算法的效率有待提高.

(3) 不等式的处理. 我们将 SAS 化为正则 TSA 时, 对不等式作了统一处理, 即通过逐次结式计算, 要么判断 TSA 不正则 (结式为 0) 转而使用 RSD 分解; 要么得到一个一元多项式 $R(x_1)$, 进而隔离 $f_1(x_1)$ 的实根以保证每个区间皆不含 $R(x_1)$ 的根. 当不等式约束较复杂 (比如, 一个复杂多项式的 Hurwitz 行列式) 时, 这样的结式计算可能是不可行的; 即使能得到 $R(x_1)$, 也会因为它太庞大而给后面的实解隔离造成困难. 对于这样的实际问题, 一个并非完全的解决办法是：我们可以先不考虑不等式, 只隔离方程组的实解, 然后计算不等式中多项式在隔离 "方体" 上的区间估值. 当估值包含 0 时, 可以缩小原 "方体". 但这个方法并不能保证缩小 "方体" 一定可以使估值不包含 0. 尽管如此, 我们还是使用这个方法解决了一些计算量很大的实际问题[117].

(4) 重解的处理. 当 TSA 的某个 f_i 的判别式与前面三角列的结式为 0 时, 我们通过 RSD 分解来去掉重解. 从实际经验来看, 这样的计算量很大. 我们可以考虑其他的策略来做三角化或去掉重解, 比如使用高小山和周咸青提出的 *预解式*[49](resolvent). 但目前各种去掉重根的方法, 其计算复杂度都比较高, 也许这个问题固有的难度就是这样. 一个特别的思路是：我们是否可以不去掉重根的重数而直接隔离实根? 这方面的最新进展请参阅文献 [20].

第 5 章　参系数半代数系统的实解分类

本章我们讨论形如 (2.5.1) 的参系数半代数系统 SAS $\mathbb{S}:[P,G_1,G_2,H]$, 即

$$\begin{cases} p_1(u,x_1,\cdots,x_n)=0,\cdots,p_s(u,x_1,\cdots,x_n)=0,\\ g_1(u,x_1,\cdots,x_n)\geqslant 0,\cdots,g_r(u,x_1,\cdots,x_n)\geqslant 0,\\ g_{r+1}(u,x_1,\cdots,x_n)>0,\cdots,g_t(u,x_1,\cdots,x_n)>0,\\ h_1(u,x_1,\cdots,x_n)\neq 0,\cdots,h_m(u,x_1,\cdots,x_n)\neq 0,\end{cases}$$

这里, $n,s\geqslant 1$, $r,t,m\geqslant 0$, 而 p_i, g_j, h_k 皆是 $\mathbf{Q}[u,x_1,\cdots,x_n]$ 上的多项式, $u=(u_1,\cdots,u_d)$ 是参数且取值于实数.

对参系数半代数系统, 我们关心的问题是：

(1) 参数满足什么条件时系统有实解?

(2) 参数满足什么条件时系统有正维数实解? 实解的维数?

(3) 参数满足什么条件时系统有指定数目 (不计重数) 的实解?

对上述问题的解答, 即我们给出的条件, 就是原系统的 *实解分类*.

据第 2 章中的方法, 我们可以先把 P 中的多项式都视为 $\mathbf{Q}(u)[x_1,\cdots,x_n]$ 上的多项式做吴方法意义下的零点分解 (见 (1.4.3) 式), 即把 $P=[p_1,\cdots,p_s]$ 分解为特征列之集 $\mathcal{T}=\{T_1,\cdots,T_e\}$ 满足

$$\mathrm{Zero}(P)=\bigcup_{i=1}^{e}\mathrm{Zero}(T_i/J_i),$$

其中 $\mathrm{Zero}(T_i/J_i)=\mathrm{Zero}(T_i)\setminus\mathrm{Zero}(J_i)$, 而 J_i 是 T_i 中各项初式的乘积.

如前所述,$\mathcal{T}$ 可能有三种情况：(A) 每个 T_i $(1\leqslant i\leqslant e)$ 的方程个数和变元个数相同; (B) 某些 T_i 的方程个数少于变元个数; (C) $\mathcal{T}=\varnothing$. 本章我们将分别讨论三种情况下的实解分类. 情形 (A) 看似特殊, 但通过讨论会发现它其实是一种最基本的情形, 别的情形都可通过对 (A) 的讨论来解决.

5.1　边界多项式和判别多项式

本节我们讨论如第 2 章定义的所谓*基本*TSA, 即三角列中方程的个数等于变元个数. 根据第 2 章的方法, 我们可以把一个基本 TSA 转化为一些*标准*TSA. 因此在

本节中, 我们限于讨论形如 (2.5.2) 的标准 TSA. 为明确起见, 如果不加特别说明, 我们假设本节讨论的标准 TSA 皆具有如下形式

$$\begin{cases} f_1(u,x_1)=0,\cdots,f_s(u,x_1,\cdots,x_s)=0, \\ g_1(u,x_1,\cdots,x_s)>0,\cdots,g_t(u,x_1,\cdots,x_s)>0. \end{cases} \tag{5.1.1}$$

因为 $f_1(u,x_1),\cdots,f_s(u,x_1,\cdots,x_s)$ 是一个正常升列, 对参数的一般取值而言, 上面的系统最多有有限个复解, 因而也就最多有限个实解.

命 $Q^*=\{q_i(u)\in \mathbf{Z}[u_1,\cdots,u_d]|1\leqslant i\leqslant l\}$ 是非零参数多项式的非空有限集, Q 记 Q^* 中元素的乘积. 对每个 i $(1\leqslant i\leqslant l)$ 以及 $\mathbf{R}^d$ 中 $Q\neq 0$ 的每个连通子集 C, q_i 在 C 上是不变号的且不等于零. 设 $u\in C$, 称

$$[\mathrm{sgn}(q_1(u)),\cdots,\mathrm{sgn}(q_l(u))]$$

是 C(关于 Q^* 或 Q) 的 *符号*. 明显, $Q\neq 0$ 的每个连通分支具有唯一的符号, 但两个不同的连通分支可能具有相同的符号 (因此, 连通子集的*符号*通常不同于该子集的*定义公式*). 自然地, 一个分支的符号也可以看作一个由 Q^* 中多项式表达的一阶公式 (合取式). 例如, $[1,-1,1]$ 对应于 $q_1>0\wedge q_2<0\wedge q_3>0$.

定理 5.1.1 设 S 是一个参系数半代数系统, 并且参数多项式 $Q(u)$ 满足

(a) 在 $\mathbf{R}^d$ 中 $Q\neq 0$ 的参数点上 S 仅有有限个实解;

(b) 在 $\mathbf{R}^d$ 中 $Q\neq 0$ 的每个连通分支中 S 的互异实解数目不变;

(c) 如果 $\mathbf{R}^d$ 中 $Q\neq 0$ 的两个连通分支 C_1,C_2 具有相同的符号, 那么 S 在 C_1 上的互异实解数目等于 S 在 C_2 上的互异实解数目.

如果我们仅考虑参数空间中 $Q\neq 0$ 的点集, 那么 S 恰有 N 个互异实解的*充要条件*可以由 Q 的因子的符号来表达. 如果 Q 只满足条件 (a) 和 (b), 那么 Q 的因子的符号可以表达 S 恰有 N 个互异实解的*必要条件*.

证明 在 $\mathbf{R}^d$ 中 $Q\neq 0$ 的连通分支中, 把满足 S 恰有 N 个互异实解的分支记为 $C_1,\cdots,C_k$, 那么

$$\mathrm{sgn}(C_1)\vee \mathrm{sgn}(C_2)\vee\cdots\vee \mathrm{sgn}(C_k)$$

即为所求. □

定理 5.1.1 几乎是显然的, 但它却为计算 SAS 的实解分类提供了一个可行的思路, 即构造参数多项式满足定理 5.1.1 的条件.

根据定理 2.5.2, 我们立即有如下结果.

定理 5.1.2 设 T 是一个标准 TSA, 那么其边界多项式 BP_T 满足定理 5.1.1 中的条件 (a),(b).

推论 5.1.1 设 S 是一个情形 (A) 下的参系数半代数系统, 即对其方程组三角化后所得升列的多项式个数等于变元个数. BP_S 是如 (2.6.1) 定义的 S 的边界多项式, 那么 BP_S 满足定理 5.1.1 中的条件 (a),(b).

接下来我们将讨论对一个标准 TSA 如何定义一个参数多项式 DP 满足定理 5.1.1 中的三个条件.

令 $A=\{A_i|1\leqslant i\leqslant l\}$ 是一个非零多项式的非空有限集. 定义

$$\mathrm{mset}(A)=\{1\}\cup\{A_{i_1}A_{i_2}\cdots A_{i_k}|1\leqslant k\leqslant l,1\leqslant i_1<i_2<\cdots<i_k\leqslant l\}.$$

容易看到

$$\mathrm{mset}(A)=\left\{\prod_{i=1}^{l}A_i^{a_i}\mid a_i\in\{0,1\}\right\}.$$

所以 $\mathrm{mset}(A)$ 有 2^l 个多项式. 基于这种表示, 我们把 $\mathrm{mset}(A)$ 中的多项式简记为 A^a, 其中 $a=(a_1,\cdots,a_l)$.

给定一个形如 (5.1.1) 的标准 TSA T, 定义

$$\begin{aligned}&P_{s+1}=\{g_1,g_2,\cdots,g_t\};\\&P_i=\bigcup_{q\in\mathrm{mset}(P_{i+1})}\mathrm{GDL}(f_i,q),\quad i=s,\cdots,1,\end{aligned}$$

其中 P_i 是由每个 $\mathrm{GDL}(f_i,q)$ (其中 $q\in\mathrm{mset}(P_{i+1})$) 中的所有多项式构成的集合. 回忆一下, $\mathrm{GDL}(f,g)$ 表示 f 关于 g 的*判别式序列* (见第 3.2 节). 有时为了明确起见, 也用 $P_1(g_1,\cdots,g_t)$ 表示 P_1.

定义 5.1.1 记 P_1 中所有多项式的乘积为 DP_T 或 DP, 并称其为 T 的 *判别多项式*.

显然,T 的边界多项式 BP_T 是 DP_T 的因子, 所以 DP_T 也满足定理 5.1.1 的条件 (a),(b). 下面我们说明 DP_T 还满足条件 (c).

设 $Q=\{q_1(x),\cdots,q_l(x)\}$ 是非零实系数一元多项式的集合, $f(x)$ 是另一实系数多项式, 并且与 Q *中多项式皆无公根*. 根据第 3 章的判别定理 I, 对任意多项式 q, $\mathrm{GDL}(f,q)$ 的各项符号可以决定

$$n(f,q)=f_{q_+}-f_{q_-}$$

的值, 它表示 f 的满足 $q>0$ 的零点个数与满足 $q<0$ 的零点个数之差.

我们用

$$Q_\sigma,\ (\sigma\in\Sigma=\{1,-1\}^l)$$

代表 Q 中多项式的某个符号列表. 比如: $l=3$ 时, $Q_{(1,1,-1)}$ 表示 $q_1>0, q_2>0, q_3<0$. 用 f_σ 表示下面集合中元素个数

$$\{x\in\mathbf{R}\mid f(x)=0\ \wedge\ Q_\sigma\}.$$

即 $f(x)$ 的实根中满足符号条件 σ 的个数.

规定 $1\prec -1$, 在 $\Sigma=\{1,-1\}^l$ 上引入字典序, 于是

$$(1,1,\cdots,1)\prec(-1,1,\cdots,1)\prec\cdots\prec(-1,-1,\cdots,-1).$$

按照 Σ 上的字典序定义列向量

$$f_\Sigma=(f_{\sigma_1},\cdots,f_{\sigma_{2^l}})^{\mathrm{T}},$$

其中 $\sigma_1\prec\cdots\prec\sigma_{2^l}$.

同样, 在 $\mathrm{mset}(Q)$ 上规定 $q_1\prec q_2\prec\cdots\prec q_l$ 而引入字典序, 有

$$1\prec q_1\prec q_2\prec\cdots\prec\prod_{i=1}^{l}q_i,$$

或等价地写作

$$(0,0,\cdots,0)\prec(1,0,\cdots,0)\prec(0,1,0,\cdots,0)\prec\cdots\prec(1,1,\cdots,1).$$

按照这样的字典序定义列向量

$$n(f,Q)=\left(n(f,1),n(f,q_1),\cdots,n\Big(f,\prod_{i=1}^{l}q_i\Big)\right)^{\mathrm{T}}.$$

在每个符号条件 $\sigma\in\Sigma$ 下, $\mathrm{mset}(Q)$ 中每个多项式 Q^a 都有确定的符号, 记作 $\mathrm{sgn}(Q^a_\sigma)$. 在上面定义的序下, 我们构造一个 $2^l\times 2^l$ 的矩阵 $M^Q=(m_{ij})$ 如下

$$m_{ij}=\mathrm{sgn}(Q^{a_i}_{\sigma_j}).$$

例如, $l=1$ 时,

$$f_\Sigma=\begin{pmatrix}f_1\\ f_{-1}\end{pmatrix},\quad n(f,Q)=\begin{pmatrix}n(f,1)\\ n(f,q_1)\end{pmatrix},\quad M^Q=\begin{pmatrix}1&1\\1&-1\end{pmatrix}.$$

注意, 在 $l=1$ 时, 根据判别定理 I,II 直接可得 $M^Q\cdot f_\Sigma=n(f,Q)$. 实际上, 一般情形也成立.

定理 5.1.3　记号同上, 则 $M^Q \cdot f_\Sigma = n(f, Q)$.

证明　根据 $M^Q, f_\Sigma, n(f, Q)$ 的定义立即可得. □

定理 5.1.3 中的等式可看作一个线性方程组, f_Σ 通常是我们需要计算的未知量. 注意, $n(f, Q)$ 中各项可以通过计算判别式序列并应用判别定理得到. 因此, 为了计算 f_Σ 的值, 我们来证明矩阵 M^Q 是可逆的.

定义 5.1.2　设 $M = (m_{ij}), M' = (m'_{ij})$ 分别是 $n \times m$ 和 $n' \times m'$ 的矩阵, 它们的 *张量积* $M \otimes M'$ 定义为一个 $nn' \times mm'$ 的矩阵 $[m'_{ij} M]$.

命

$$M_1 = \begin{pmatrix} 1 & 1 \\ 1 & -1 \end{pmatrix},$$

那么

$$M_1 \otimes M_1 = \begin{pmatrix} M_1 & M_1 \\ M_1 & -M_1 \end{pmatrix} = \begin{pmatrix} 1 & 1 & 1 & 1 \\ 1 & -1 & 1 & -1 \\ 1 & 1 & -1 & -1 \\ 1 & -1 & -1 & 1 \end{pmatrix}.$$

沿用上面的记号, 我们递推地定义

$$M_{j+1} = M_j \otimes M_1.$$

命题 5.1.1　记号同上. $M^Q = M_l$.

证明　对 l 作归纳. 显然, 当 $l = 1$ 时, $M^Q = M_1$. 设 $l = j$ 时结论成立, 往证结论对 $l = j + 1$ 也成立.

$l = j$ 时, M^Q 是一个 $2^j \times 2^j$ 的矩阵, 它的行用 $\mathrm{mset}(Q)$ 中的元 $Q^{a_1}, \cdots, Q^{a_{2^j}}$ 顺序标记, 它的列用 Σ 中的元 $\sigma_1, \cdots, \sigma_{2^j}$ 顺序标记. 根据 $\mathrm{mset}(Q)$ 和 Σ 上定义的序, 当 $l = j + 1$ 时 (此时 M^Q 是一个 $2^{j+1} \times 2^{j+1}$ 的矩阵), M^Q 的行将用

$$Q^{a_1}, \cdots, Q^{a_{2^j}}, Q^{a_1} \cdot q_{j+1}, \cdots, Q^{a_{2^j}} \cdot q_{j+1}$$

来顺序标记, 而它的列将用

$$(\sigma_1, 1), \cdots, (\sigma_{2^j}, 1), (\sigma_1, -1), \cdots, (\sigma_{2^j}, -1)$$

来标记. 这里 $(\sigma_i, +1)$ (或 $(\sigma_i, -1)$) 表示在 σ_i 这个由 $1, -1$ 构成的向量最后增加一个分量 1 (或 -1).

另一方面

$$M_{j+1} = M_j \otimes M_1 = \begin{pmatrix} M_j & M_j \\ M_j & -M_j \end{pmatrix}. \tag{5.1.2}$$

于是, 根据 M^Q 的定义以及上面关于行列的说明立即可知, 上面的矩阵就是 M^Q. 证毕. □

命题 5.1.2 记号同上. M^Q 可逆.

证明 对 l 作归纳. 显然, 当 $l=1$ 时, $M^Q=M_1$ 可逆. 据 (5.1.2) 式, 只要 M_j 可逆, M_{j+1} 就可逆. 证毕. □

推论 5.1.2 任意 $\sigma\in\Sigma$, f_σ 的值可以由 $\mathrm{GDL}(f,q)$ 的各项符号来决定, 这里 $q\in\mathrm{mset}(Q)$.

现在我们可以证明如下定理了.

定理 5.1.4 设 T 是形如 (5.1.1) 的标准 TSA, 那么其判别多项式 DP_T 满足定理 5.1.1 中的三个条件.

证明 首先, BP_T 是 DP_T 的因子, 所以前两个条件自然满足. 把 f_s 和每个 g_i 看作 x_s 的多项式, 从推论 5.1.2 知道, 满足 $f_s=0$ 而且 $\{g_i>0|1\leqslant i\leqslant t\}$ 的互异实解数目可以被 P_s 中多项式的符号决定. 进一步, 把 f_{s-1} 和 P_s 中多项式都看作 x_{s-1} 的多项式, 再由推论 5.1.2 知道, 在 $f_{s-1}=0$ 的条件下, P_s 中多项式的符号可以由 P_{s-1} 中多项式的符号决定. 换句话说, 使得 $\{f_s=0,f_{s-1}=0\}$ 而且 $\{g_i>0|1\leqslant i\leqslant t\}$ 的互异实解数目可以由 P_{s-1} 中多项式的符号决定. 依此类推, 我们得到: T 的互异实解数目由 P_1 中多项式的符号决定. 证毕. □

注 5.1.1 定理 5.1.4 最早出现在文献 [132, 149]. 本节的证明步骤由肖溶和本书第二作者讨论给出. 我们证明中使用的方法最早见于 Ben-Or 等人的文章[11], 类似的方法也见于 Basu 等的专著[9]. 在文献 [11] 中, Ben-Or 等人还讨论了如何降低 M^Q 的阶数和计算复杂性等问题.

在本节的最后, 我们对定理 5.1.1 再作一些补充说明. 从实解分类的角度来看, 定理 5.1.1 中的条件具有普适性: 我们可以把满足前两个条件的多项式定义为边界多项式; 同时满足三个条件的多项式定义为判别多项式. 那么, 本节中我们相当于证明了以前定义的 BP 和 DP 分别是这两种多项式, 并且我们给出了计算它们的算法. 但同样可能存在别的边界多项式和判别多项式, 这些多项式的规模显然越小越好. 因此, 还可以讨论极小的边界多项式和判别多项式等问题.

5.2 基本算法

对一个给定的参系数标准 TSA, 我们想计算它具有指定数目实解时参数应该满足的充要条件. 从定理 5.1.2 和 5.1.4 我们自然会想到一种逐步加细的算法: 先从边界多项式 BP 开始计算, 如果 (系统有指定数目实解的) 充要条件已经可以被 BP 的因子的符号表达则终止; 否则添加一些 DP 的因子重新判断, 直到得到充要条件为止. 我们把具体的算法描述如下.

算法`tofind`$[\Phi, \mathrm{BP}]$:=`tofind`$(\mathbb{T}, N)$ 输入一个参系数标准 TSA $\mathbb{T}$ 和一个非负整数 N, 输出系统 $\mathbb{T}$ 在 $\mathrm{BP} \neq 0$ 的前提下恰有 N 个互异实解的充要条件 Φ.

to1. $\mathrm{poly} \leftarrow \mathrm{BP}$, $i \leftarrow 1$. 这里边界多项式 BP 按定义 2.5.1 计算.

to2. 在 $\mathbf{R}^d$ 空间中 $\mathrm{poly} \neq 0$ 的每个连通子集中至少找到一个样本点. 这一步可以通过柱形代数分解算法 (见附录) 实现.

to3. 把每个连通分支 c 及其上的样本点 s_c 分别代入 $\mathbb{T}$, 并记作 $T(s_c)$. 此时 $T(s_c)$ 是一个常系数系统, 我们可以用上一章的算法计算其互异实解数 (甚至隔离其实解). 同时, 计算每个连通分支 c 关于 poly 的符号 Φ_c. 命

$$\mathrm{set}_1 = \{\Phi_c | \ T\text{在 } c \text{ 上恰有}N\text{个互异实解}\},$$

$$\mathrm{set}_0 = \{\Phi_c | \ T\text{在 } c \text{ 上不是恰有}N\text{个互异实解}\}.$$

to4. 如果 $\mathrm{set}_1 \cap \mathrm{set}_0 = \varnothing$, 转到 to5 步; 如果 $\mathrm{set}_1 \cap \mathrm{set}_0 \neq \varnothing$, 那么令

$$\mathrm{poly} \leftarrow \mathrm{poly} \cdot P_1(g_1, \cdots, g_i), \ \ i \leftarrow i+1,$$

并转到 to2 步.

to5. 设 $\mathrm{set}_1 = \{\Phi_{c_1}, \cdots, \Phi_{c_m}\}$, 则令 $\Phi \leftarrow \Phi_{c_1} \vee \cdots \vee \Phi_{c_m}$. 输出 Φ 和 BP.

注 5.2.1 算法的正确性和终止性由定理 5.1.2 和 5.1.4 保证.

在许多情形下, 算法`tofind`得到的条件已经足够了, 因为我们只是不知道参数在 BP=0(一个低维闭集) 上的结果. 下面的补充算法可以进一步判定参数在“边界”(BP=0) 上的情况.

给定一个参系数标准 TSA $\mathbb{T}$, 设 $R = R(u_1, \cdots, u_d)$ 是其边界多项式 BP 的一个不可约因子. 我们要计算当 $R = 0$ 时 $\mathbb{T}$ 恰有 N 个互异实解的充要条件.

算法`Tofind`$[\Psi, \mathrm{BP}^*]$:=`Tofind`$(\mathbb{T}, R(u), N)$. 输入一个参系数标准 TSA $\mathbb{T}$, 一个参数多项式 $R(u)$ 和一个非负整数 N, 输出系统 $\mathbb{T}$ 在 $R(u) = 0$ 且 $\mathrm{BP}^* \neq 0$ 的条件下恰有 N 个互异实解的充要条件 Ψ.

To1. 在 $\mathbb{T}$ 中加入方程 $R = 0$, 并记这个新系统为 TR. 无妨设 R 中含有参数 u_1, 把 (u_1, x) 看作变元而把 $(u_2, \cdots, u_d)$ 看作参数, 其中 $x = (x_1, \cdots, x_s)$. 那么, TR 与 $\mathbb{T}$ 具有相同的形式. 如果必要的话, 把 TR 分解为正则系统. 因此, 不失一般性, 我们可以认为 TR 就是一个标准 TSA.

To2. 命 $\mathrm{poly} \leftarrow \mathrm{BP}_{TR}$, $i \leftarrow 1$.

To3. 在 $\mathbf{R}^{d-1}$ 空间中 $\mathrm{poly} \neq 0$ 的每个连通子集中求一个样本点.

To4. 令 $S' \leftarrow \varnothing$. 把每个样本点 s_c 代入 $R = 0$. 设 $R(s_c) = 0$ 的实解是 $a_1 < \cdots < a_{k_c}$, 把每个 (a_i, s_c) $(1 \leqslant i \leqslant k_c)$ 加入 S'.

To5. 把 S' 中的每个元 (a_j, s_c) 代入 $\mathbb{T}$ 记作 $T(a_j, s_c)$. 计算常系数系统 $T(a_j, s_c)$ 的互异实解数. 计算连通分支 c 关于 poly 的符号 Ψ_c. 相应于每个 (a_j, s_c), 把 Ψ_c 替换为 (Ψ_c, j). 命

$$\mathrm{set}_1 = \{(\Psi_c, j)|\ T\text{在}(a_j, s_c)\text{上恰有指定数目的实解}\},$$

$$\mathrm{set}_0 = \{(\Psi_c, j)|\ T\text{在}(a_j, s_c)\text{上没有指定数目的实解}\}.$$

To6. 如果 $\mathrm{set}_1 \cap \mathrm{set}_0 = \varnothing$, 转到 To7 步; 否则, 令

$$\mathrm{poly} \leftarrow \mathrm{poly} \cdot P_1(g_1, \cdots, g_i),\ i \leftarrow i + 1,$$

转到 To3 步. 这里的 $P_1(g_1, \cdots, g_i)$ 是关于 TR 定义的.

To7. 如果 $\mathrm{set}_1 = \{(\Psi_{c_1}, j_1), \cdots, (\Psi_{c_m}, j_m)\}$, 那么令 $\Psi \leftarrow (\Psi_{c_1}, j_1) \vee \cdots \vee (\Psi_{c_m}, j_m)$. 其中 (Ψ_{c_i}, j_i) 表示参数 $(u_2, \cdots, u_d)$ 满足 Ψ_{c_i} 而且当 $(u_2, \cdots, u_d)$ 指定时,u_1 是 $R = 0$ 的第 j_i 个实解. 输出 $[\Psi, \mathrm{BP}_{TR}]$.

注 5.2.2 对系统 TR 和 BP^*_{TR} 的一个因子 S, 我们可以同样调用算法`Tofind`, 从而得到原系统 $\mathbb{T}$ 在参数满足 $R = 0, S = 0$ 而且 $\mathrm{BP}^*_{TRS} \neq 0$ 的条件下有指定数目实解的充要条件. 很明显, 我们可以重复这个过程直到得到原系统 $\mathbb{T}$ 在 $R = 0$ 时的完整实解分类. 需要注意的是, 当添加的参数方程足够多使得满足方程的参数仅是 $\mathbf{R}^d$ 空间中的有限个点时, 我们需要上一章的实解隔离算法来隔离实解.

注 5.2.3 结合算法`tofind`和`Tofind`, 我们可以逐步加细地得到系统 $\mathbb{T}$ 的完整的实解分类. 当考虑 $\mathrm{BP} \neq 0$ 的参数点时, 我们得到的公式由一些参数多项式的符号表达; 当考虑 $\mathrm{BP} = 0$ 的所谓 "边界" 点时, 最后的条件还需要某些多项式的实根来表达.

注 5.2.4 算法`tofind`和`Tofind`得到的公式在输出前都需要化简. 使用柱形代数分解算法得到的样本点 (胞腔) 数通常会远多于实际的连通分支数, 所以化简时我们应该考虑胞腔的合并等问题. 关于这些技术性的细节, 我们就不再进一步展开了.

我们用下面这个简单的例子演示`tofind`和`Tofind`解问题的主要步骤, 更多的例子参看后面几节.

例 5.2.1[15] 本例是 Brown 等人研究过的一个量词消去问题.

$$(\exists x)(\exists y)[f = g = 0 \wedge y \neq 0 \wedge xy - 1 < 0], \tag{5.2.1}$$

其中 $f = x^3 - 3xy^2 + ax + b, g = 3x^2 - y^2 + a$.

这相当于求 a, b 满足的条件使得系统有实解. 在 $\mathbf{Q}(a, b)[x, y]$ 上, 方程组 $f = 0, g = 0$ 被三角化为

$$f_1 = 8x^3 + 2ax - b = 0, \quad f_2 = -y^2 + 3x^2 + a = 0.$$

显然这是一个正常升列, 而且系统是一个正则的基本 TSA.

于是我们计算边界多项式

$$R_1 = \mathrm{dis}(f_1) = 4a^3 + 27b^2, \quad R_2 = \mathrm{res}(\mathrm{dis}(f_2), f_1, x) = R_1,$$

又

$$\begin{aligned} Q_1 &= \mathrm{res}(y; f_2, f_1) = R_1, \\ Q_2 &= \mathrm{res}(1 - xy; f_2, f_1) \\ &= -4a^3b^2 - 27b^4 + 16a^4 + 512a^2 + 4096. \end{aligned}$$

所以, BP $= R_1Q_2$ (只需要无平方因子). 根据算法`tofind`, 在 Maple 10 下使用程序DISCOVERER(见第 5.4 节) 在一台微机 (Windows XP, Pentium IV/3.0G CPU, 1G 内存) 上仅用 0.64 秒得到如下结果：只要 $R_1 \neq 0$ 而且 $Q_2 \neq 0$, 系统有实解的充要条件是 $R_1 > 0$.

我们利用`Tofind`继续分别讨论 a, b 满足 $R_1 = 0$ 或 $Q_2 = 0$ 时的情形. 把 $R_1 = 0$ 加入原系统, 调用`Tofind`发现：在 $b \neq 0$ 的前提下系统没有实解; 再把 $b = 0, R_1 = 0$(此时实际上是 $a = b = 0$) 加入原系统, 仍调用`Tofind`发现：系统无实解. 总之, 在 $R_1 = 0$ 时系统没有实解. $Q_2 = 0$ 的情形完全类似地讨论. 讨论这两个边界总共耗时 0.64 秒, 我们最后得到：系统有实解的充要条件是 (或 (5.2.1) 等价于)

$$(Q_2 = 0) \vee (Q_2 \neq 0 \wedge R_1 > 0).$$

对本例而言, 我们还可以容易地验证 (用DISCOVERER不超过 0.05 秒): $Q_2 = 0$ 蕴涵 $R_1 > 0$. 因此, 最终的条件可简化为 $R_1 > 0$.

根据 DP 的定义, 它通常含有大量因子. 因此, 在上述两个算法中添加 “边界” 时 (步骤 to4 和 To6), 我们其实可以有多种选择. 根据我们的经验, 在实际的算法实现上我们采用如下策略.

令 $A = \{A_i | 1 \leqslant i \leqslant l\}$ 是非零多项式的有限非空集. 定义 $A^{(0)} = \{1\}$, 而且

$$A^{(k)} = A^{(k-1)} \cup \{A_{i_1}A_{i_2}\cdots A_{i_k} | 1 \leqslant i_1 < i_2 < \cdots < i_k \leqslant l\}, \quad 1 \leqslant k \leqslant l.$$

显然, $\mathrm{mset}(A) = A^{(l)}$. 另外约定：$k > l$ 时, $A^{(k)} = A^{(l)}$.

给定一个标准 TSA $\mathbb{T}$ 及正整数 M, 定义

$$\begin{aligned} P_{s+1} &= \{g_1, g_2, \cdots, g_t\}; \\ P_i^{(M)} &= \bigcup_{q \in P_{i+1}^{(M)}} \mathrm{GDL}(f_i, q), \quad i = s, \cdots, 1, \end{aligned}$$

这里 $P_i^{(M)}$ 是 $\mathrm{GDL}(f_i, q)$ 中多项式的集合, 其中 $q \in P_{i+1}^{(M)}$. 容易看到, BP $\subset P_1^{(1)}$, 并且当 M 充分大时 $P_1^{(M)} = P_1$.

这样, 我们也可以在上述算法中首先令 poly $=\mathrm{BP}_T$, 然后 (必要时) 逐步乘以 $P_1^{(1)},P_1^{(2)},\cdots$ 中的因子. 从我们的计算经验来看, 许多实际的 TSA 使用 BP 就足以表达充要条件; 我们遇到的绝大多数实例都可以通过添加 $P_1^{(1)}$ 中多项式得到解决. 所以, 如何进一步细分 $P_1^{(1)}$ 以提高效率就是一个值得研究的问题, 毕竟, 表达充要条件可能仅需要其中很少部分因子.

5.3 正维数与超定情形

我们首先来讨论参数一般取值下, 系统可能出现正维数实解的情形, 即情形 (B): 某些三角化的系统中方程的个数少于变元个数.

我们可以定义一个三角列的 维数 是它的变元数和多项式个数之差. 但这个维数一般并不是视三角列为方程组时 (复) 解的维数. 例如

$$\mathbb{T}=[x(x-1),x(y+z)]$$

作为三角列的维数是 $3-2=1$. 但作为多项式组 (或方程组), 它的解明显是 $[x]$ 和 $[x-1,y+z]$ 的解集之并, 因此是 2 维的. 这种情况下, 我们可以尝试对三角列做所谓等维分解[48,114]. 但正如我们在前面阐述过的一样, 我们希望逐步实现对三角列的彻底分解. 因此, 鉴于正常升列的代数簇是等维的, 所以我们先用RSD算法把这些三角列化为正常升列. 下面, 我们对维数最大的正常升列进行讨论.

设正常升列 $\mathbb{T}$ 有 s 个多项式, 其维数 $k=n-s>0$. 对参数的一般取值而言, $\mathbb{T}$ 的复解维数也是 k. 但实解的情况比较复杂, 例如, $x^2+y^2+z^2$ 的复解是 2 维的但实解只有一个点. 我们采用如下策略: 把 $\mathbb{T}$ 的多项式分别看作 s 个主变元的多项式, 而把另外的 k 个变元 (无妨设为 $x_1,\cdots,x_k$) 看作参数. 这样, 系统就变成了情形 (A) 下的基本 TSA. 于是我们可以运用算法`tofind`(结合`Tofind`) 计算系统有 (无) 实解的充要条件.

这里需要说明的是: 因为情形 (B) 下我们关心的只是维数, 所以使用算法`tofind` (结合`Tofind`) 时, 我们关心的是 (某些变元看作参数后) 新系统有 (无) 实解的条件, 而不是系统有指定数目实解的条件. 如果把系统 $\mathbb{T}$ 看作一些逻辑公式的合取式, 那么我们相当于考虑这样的实量词消去问题

$$(\exists x_1)\cdots(\exists x_n)(\mathbb{T}) \quad \text{或} \quad (\forall x_1)\cdots(\forall x_n)(\neg\mathbb{T}),$$

其中 $\neg\mathbb{T}$ 表示系统 $\mathbb{T}$ 无实解.

两者类似, 为叙述简便起见, 我们讨论第一个问题. 设把 $x_1,\cdots,x_k$ 看作参数后, 用算法`tofind`得到的结果是 $\varPhi$ 和 BP. 这相当于我们在 $\mathrm{BP}\neq 0$ 的条件下, 消去了

$(\exists x_1)\cdots(\exists x_n)(\mathbb{T})$ 的后 $n-k$ 个量词得到

$$(\exists x_1)\cdots(\exists x_k)\varPhi. \tag{5.3.1}$$

如果 $\varPhi$ 恒真, 那么对参数的一般取值而言, $\mathbb{T}$ 有 k 维实解. 如果 $\varPhi$ 恒假, 那么对参数的一般取值而言, $\mathbb{T}$ 的实解维数小于 k. 如果 $\varPhi$ 不是恒真或恒假, 那么我们需要对公式 (5.3.1) 进一步做量词消去 (参见附录 B) 以得到只关于参数的条件. 比如, 我们可以使用柱形代数分解算法. 设 $\varPsi$ 是与 (5.3.1) 等价的无量词公式, 那么 $\varPsi$ 就是 $\mathbb{T}$ 在 $BP \neq 0$ 的条件下有 k 维实解的充要条件. 为了说明这一点, 首先注意 $\varPhi$ 是由一些 $\mathbf{R}^{k+d}$ 中开胞腔的符号构成的, 也就是说, $\varPhi$ 中的原子公式都是 $R>0$ 或 $R<0$ 的形式. 所以, 如果存在 $x_1,\cdots,x_k$ 满足 $\varPhi$ 的话, 在 $\mathbf{R}^k$ 的一个开集上 $x_1,\cdots,x_k$ 也一定可以满足 $\varPhi$.

对参数取值在 “边界” 上时, 设 $\mathrm{BP}=B_1\cdots B_p$ 是 BP 的不可约分解, 我们可以把 $B_i=0$ 逐个加入 $\mathbb{T}$ 继续讨论. 如果 B_i 含有 $x_1,\cdots,x_k$ 中的某些变量, 那么新系统的复解的维数肯定小于 k. 如果上一步得到的实解 维数是 k($\varPhi$ 恒真或 $\varPsi$ 非恒假), 那么边界 $B_i=0$ 就可以不必考虑了, 因为我们关心的是什么时候维数最大. 如果上一步 $\varPhi$ 恒假或 $\varPsi$ 恒假, 那么 $B_i=0$ 还要继续考虑. 当 B_i 不含 $x_1,\cdots,x_k$ 时, 新系统可能有更高的维数. 这时可以使用`Tofind`结合上面的策略继续讨论.

为了说明上面的思路, 我们来看一个简单的例子. 考虑 $f=x^2+a^2y^2$ 的实解, 其中 x,y 是变元, a 是参数. 在 $\mathbf{Q}(a)[x,y]$ 上三角化后仍是 f, 这是情形 (B). 我们把 y 看作参数, 用`tofind`发现：在 $y\neq 0$ 和 $a\neq 0$ 的条件下,f 无解 (即 $\varPhi$ 恒假).

把边界 $y=0$ 加入, 在 $\mathbf{Q}(a)[x,y]$ 上系统变成 $x=0,y=0$(情形 (A)); 显然无论参数 a 的取值如何, 此时 f 有一个实解.

把边界 $a=0$ 加入, 在 $\mathbf{Q}[a,x,y]$ 上系统变成 $a=0,x=0$(情形 (B)). 根据上面的方法, 视 y 为参数用`Tofind`发现：$a=0$ 时, f 有一维实解.

类似于情形 (A), 可以看到对于情形 (B), 使用上面的策略, 结合`tofind`和`Tofind`可以不遗漏、无重复地讨论参数所有可能取值下系统的实解情况.

现在我们考虑情形 (C)：$\mathcal{T}=\varnothing$, 即在 $\mathbf{Q}(u)[x]$ 上用吴方法对方程组整序后得到的是*矛盾升列* ($\mathbf{Q}(u)$ 中的非零常数). 这意味着对一般的参数值 u, 系统无解. 此时, 我们可以把部分或全部参数视为变元重新整序. 当然, 选择哪些参数作为变元可以有多种方式, 而且不同的方式会影响后续计算的难易, 也可能会得到形式上不同的结果. 但另一方面, 无论如何选择, 后面的步骤是类似的, 所以, 为了叙述明确起见, 我们假设逐个将参数视为变元来对方程组整序.

例如, 首先把 u_d 视为变元, 在 $\mathbf{Q}(u_1,\cdots,u_{d-1})[u_d,x]$ 上整序; 如果结果仍然是情形 (C), 则在 $\mathbf{Q}(u_1,\cdots,u_{d-2})[u_{d-1},u_d,x]$ 上整序; 如此这般, 如果在 $\mathbf{Q}[u,x]$ 上整序还是情形 (C), 那么说明系统无解. 否则, 某步整序的结果是情形 (A) 或 (B). 这

两种情形我们已经讨论过, 但现在处理的方式稍有不同. 在新得到的升列里必然有一些只含有参数 u 的多项式, 比如, $R_1, \cdots, R_q$ (此时方程的个数通常大于变元的个数, 因此称为 *超定的*). 这表明只有参数取值在 "边界" $R_1 = 0 \wedge \cdots \wedge R_q = 0$ 上时, 系统才可能有解. 因而, 我们使用`Tofind`来做后续的计算, 即把仅含参数的方程和含变元的方程分别处理. 算法的具体细节这里从略.

例 5.3.1[37, 122] 考虑由

$$x = uv, \quad y = v, \quad z = u^2$$

定义的 $\mathbf{R}^2 \to \mathbf{R}^3$ 的映射. 所谓 Whiteney umbrella 就是包含这个映射的像的最小实代数簇. 通过 Gröbner 基计算, 容易知道这个 Whiteney umbrella 是由 $x^2 - y^2 z = 0$ 隐式定义的.

现在我们来考虑求这个映射的像, 即如下的量词消去问题

$$\exists u \exists v (x = uv \wedge y = v \wedge z = u^2).$$

记 $f_1 = x - uv, f_2 = y - v, f_3 = z - u^2$, 那么相当于求 x, y, z 满足的条件使得系统 $F : f_1 = f_2 = f_3 = 0$ 有实解.

在 $\mathbf{Q}(x, y, z)[u, v]$ 上把系统 F 三角化时, 得到空集 (情形 (C)). 因此我们把参数 z 视为变元, 在 $\mathbf{Q}(x, y)[z, u, v]$ 上做三角化得到

$$[-y^2 z + x^2, -x + yu, -y + v].$$

这说明系统 F 只有在 $-y^2 z + x^2 = 0$ 时才可能有实解. 调用算法`Tofind`可得：在 $y \neq 0$ 且 $-y^2 z + x^2 = 0$ 时, 系统 F 有实解.

把 $y = 0$ 加入原系统, 并视 y 为变元做三角化得到空集 (情形 (C)). 再把 x 也视为变元, 在 $\mathbf{Q}(z)[x, y, u, v]$ 上得到

$$[x, y, -z + u^2, v].$$

调用算法`Tofind`可得：在 $x = y = 0, z > 0$ 时, 系统有实解; 而 $z = 0$ 需要另外考虑. 再加入 $z = 0$(记住还有 $y = 0$) 后, 系统 F 在 $\mathbf{Q}[x, y, z, u, v]$ 下化为 $[x, y, z, u, v]$. 所以 $x = y = z = 0$ 时系统 F 有实解. 最终我们得到 (总时间不超过 0.1 秒)：系统 F 有实解当且仅当

$$[\, x^2 - y^2 z = 0 \wedge y \neq 0 \,] \ \vee \ [\, x = y = 0 \wedge z \geqslant 0 \,].$$

这与文献 [122] 中的结果是一致的.

5.4 DISCOVERER与例子

1996 年, 曾振柄曾开发过一个 Maple 程序INVENTOR, 用于产生半代数系统存在实解的必要条件. DISCOVERER 是本书的第二作者在此基础上开发的一个全新的 Maple 软件包 [132～134,148,149,151,152], 它实现了本书截至本章为止介绍的所有算法, 主要包括：参系数半代数系统实解分类 (三种情形); 常系数半代数系统实解隔离 (两个算法); RSD算法; PCAD算法; 多项式判别式序列; 负根判别式序列等. 为了后面讲述例子方便, 这里介绍DISCOVERER中两个最常用的指令tofind 和Tofind的调用方式. DISCOVERER 程序、使用说明、功能介绍等可通过 http://www.is.pku.edu.cn/~xbc/discoverer. html 下载.

对形如 (2.5.1) 的参系数半代数系统 S, tofind的调用方式是

$$\text{tofind}\,([p_1,\cdots,p_s],[g_1,\cdots,g_r],[g_{r+1},\cdots,g_t],[h_1,\cdots,h_m],$$
$$[x_1,\cdots,x_n],[u_1,\cdots,u_d],\alpha);$$

其中 α 可以有以下三种输入：

• 一个非负整数 b; 求系统 S 恰有 b 个互异实解的条件;

• 一个范围 $b..c$ (b,c 是非负整数且 $b<c$); 求系统 S 的互异实解数目介于 b 和 c 之间的条件;

• 一个范围 $b..w$ (b 是一个非负整数, w 是一个没有值的名称); 求系统 S 的互异实解数目不少于 b 的条件.

无论系统 S 满足情形 (A),(B) 或 (C), tofind都能自动处理.

类似地, 对系统 S 和某些 "边界" $R_1=0,\cdots,R_l=0$, 指令Tofind的调用方式是

$$\text{Tofind}\,([p_1,\cdots,p_s,R_1,\cdots,R_l],[g_1,\cdots,g_r],[g_{r+1},\cdots,g_t],$$
$$[h_1,\cdots,h_m],[x_1,\cdots,x_n],[u_1,\cdots,u_d],\alpha);$$

这里的 α 同样可以有上面三种输入; 而每个 R_i 都是参数的多项式. 无论添加了 "边界" 的新系统属于哪种情形, Tofind也都能自动处理.

例 5.4.1 [45] 用平面切一个正四面体使得一个顶点与其他三个分开. 问什么样的三角形能成为这样的截面?

这是文献 [45] 提出的一个开问题. 实际上, 这是所谓 "摄像机定位" 问题的一个特例 [50, 142]. 设 $1,a,b$ 是三角形的三个边长 (无妨假设 $b\geqslant a\geqslant 1$), 而 x,y,z 是四面体的那个顶点到三角形三个顶点的距离. 根据余弦定理和三角不等式易知, 问题

转化为：求 a,b 满足的条件使得下面的系统有实解.

$$\begin{cases} h_1 = x^2 + y^2 - xy - 1 = 0, \\ h_2 = y^2 + z^2 - yz - a^2 = 0, \\ h_3 = z^2 + x^2 - zx - b^2 = 0, \\ x > 0, y > 0, z > 0, a - 1 \geqslant 0, b - a \geqslant 0, a + 1 - b > 0. \end{cases}$$

利用DISCOVERER, 我们首先键入

$$\text{tofind}\,([h_1, h_2, h_3], [a-1, b-a], [x, y, z, a+1-b], [\ ], [x, y, z], [a, b], 1..n);$$

DISCOVERER 运行 3 秒 (Pentium IV/2.8G CPU, Maple 8) 后输出

FINAL RESULT :

The system has required real solution(s) IF AND ONLY IF

$$[0 < R_1, 0 < R_2]$$

or

$$[0 < R_1, R_2 < 0, 0 < R_3]$$

其中

$$R_1 = a^2 + a + 1 - b^2,$$

$$R_2 = a^2 - 1 + b - b^2,$$

$$\begin{aligned} R_3 = {} & 1 - \frac{8}{3}a^2 - \frac{8}{3}b^2 + \frac{16}{9}a^8 - \frac{68}{27}b^6a^2 + \frac{241}{81}b^4a^4 - \frac{68}{27}b^2a^6 \\ & - \frac{68}{27}b^4a^2 - \frac{68}{27}b^2a^4 - \frac{2}{9}b^6 + \frac{16}{9}b^8 - \frac{2}{9}a^6 + \frac{46}{9}b^2a^2 \\ & + \frac{16}{9}b^4 + \frac{16}{9}a^4 + \frac{46}{9}b^2a^8 + \frac{46}{9}b^8a^2 - \frac{68}{27}b^6a^4 - \frac{68}{27}b^4a^6 \\ & + \frac{16}{9}b^4a^8 - \frac{8}{3}b^{10}a^2 + \frac{16}{9}b^8a^4 - \frac{2}{9}b^6a^6 - \frac{8}{3}b^2a^{10} - \frac{8}{3}b^{10} \\ & + b^{12} - \frac{8}{3}a^{10} + a^{12} \end{aligned}$$

PROVIDED THAT :

$$-b + a \neq 0,$$

$$a - 1 \neq 0,$$

$$b - 1 \neq 0,$$

$$a^2 - 1 + b - b^2 \neq 0,$$

$$a^2 - 1 - b - b^2 \neq 0,$$

$$a^2 - a + 1 - b^2 \neq 0,$$
$$a^2 + a + 1 - b^2 \neq 0,$$
$$a^2 - 1 - ab + b^2 \neq 0,$$
$$a^2 - 1 + ab + b^2 \neq 0,$$
$$R_3 \neq 0.$$

Folke 给出过一个充分条件 [45]: 如果三角形有两个内角 $> 60°$, 则是一个可能的截面. 容易检验这个条件等价于 $[R_1 > 0,\ R_2 > 0]$.

下面我们利用Tofind进一步讨论参数点 (a, b) 在 "边界" 上 (即 $R_1 = 0$, $R_2 = 0$, $R_3 = 0$, $a - 1 = 0$, $b - a = 0, \cdots$) 的情况. 如果我们想知道 (a, b) 在某个边界上, 比如 $R2 = 0$ 的情况, 则键入

Tofind $([h_1, h_2, h_3, R_2], [a-1, b-a], [x, y, z, a+1-b], [\ ], [x, y, z], [a, b], 1..n)$;

DISCOVERER 会输出 (0.44 秒)

FINAL RESULT:

The system has required real solution(s) IF AND ONLY IF

$$[S_1 < 0, (2)R_2]$$

其中

$$S_1 = b^6 + \frac{56}{3}b^4 - \frac{122}{3}b^3 + \frac{56}{3}b^2 + 1,$$

PROVIDED THAT :

$$b - 1 \neq 0,$$
$$S_1 \neq 0.$$

输出中的 $[S_1 < 0, (2)R_2]$ 表示参数点 (a_0, b_0) 应该满足 $S_1 < 0$, 而且 a_0 是 $R_2(a, b_0) = 0$ 的第二个最小的根. 对新的边界我们可以类似讨论. 例如, (a, b) 在 $R_2 = 0 \wedge b - 1 = 0$ 或 $R_2 = 0 \wedge S_1 = 0$ 上时, 可以分别调用

Tofind $([h_1, h_2, h_3, R_2, b-1], [a-1, b-a], [x, y, z, a+1-b], [\ ], [x, y, z], [b, a], 1..n)$;

Tofind $([h_1, h_2, h_3, R_2, S_1], [a-1, b-a], [x, y, z, a+1-b], [\ ], [x, y, z], [b, a], 1..n)$;

因为满足条件的参数只有有限个点, Tofind调用实根隔离程序得到的结果都是系统有一个实解. 上面两个命令的运行时间分别是 1.13 和 1.44 秒.

与此同理, 我们最终得到: 系统有实解当且仅当

$$[0 < R_1, 0 < R_2, R_3 \leqslant 0, 0 < a - 1, 0 \leqslant b - a, 0 < a + 1 - b]$$

or

$$[0 < R_1, 0 \leqslant R_3, 0 \leqslant a - 1, 0 \leqslant b - a, 0 < a + 1 - b].$$

事实上, 我们的程序还可以做更细致的实解分类. 比如, 键入

$$\text{tofind}\,([h_1,h_2,h_3],[a-1,b-a],[x,y,z,a+1-b],[\,],[x,y,z],[a,b],1);$$

$$\text{tofind}\,([h_1,h_2,h_3],[a-1,b-a],[x,y,z,a+1-b],[\,],[x,y,z],[a,b],2);$$

$$\text{tofind}\,([h_1,h_2,h_3],[a-1,b-a],[x,y,z,a+1-b],[\,],[x,y,z],[a,b],3);$$

我们将得到系统恰有 1 个、2 个或 3 个互异实解的条件. 依此类推, 我们得到了这个问题的完整的实解分类, 见图 5.1. 需要指出的是: 严格的结论应该是如我们的算法或程序给出的无量词公式. 虽然这样的图示比较直观、形象, 但如果只画这样的图却不能保证结论的严格正确, 还需要验证图中曲线的拓扑. 比如在 $b>a, a>1$ 的区域内, R_1 和 R_3 实际上并没有重合在一起, 但从图 5.1 上很难看出这点.

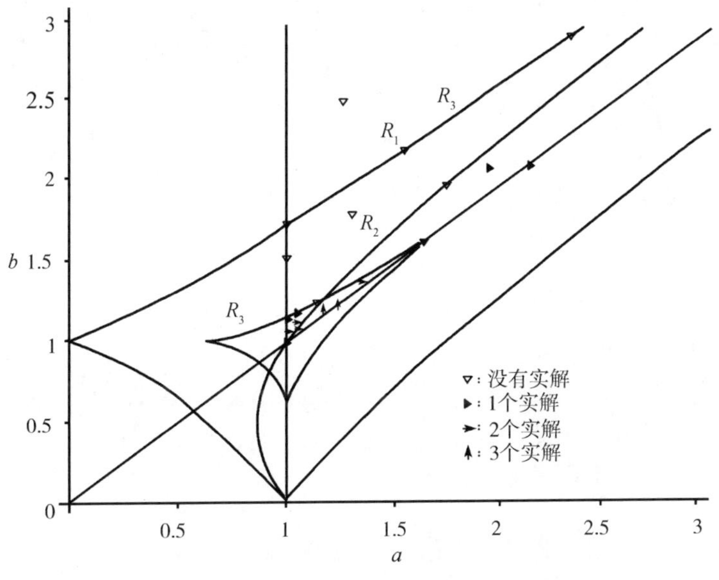

图 5.1 例 5.4.1 的完整实解分类

5.5 几何不等式的自动发现

上一节的例子属于几何不等式的自动发现, 本节我们再演示几个 DISCOVERER 用于几何不等式自动发现的例子.

例 5.5.1 众所周知, 三角形三边的中点、三高的垂足及三顶点与垂心间线段的中点九点共圆. 这个圆称作 Feuerbach 圆 或 *九点圆*, 其半径是外接圆半径的一

半. 一个三角形还有四个 三切圆(即一个内切圆和三个旁切圆). 一个有趣的问题是有多少三切圆的半径小于 Feuerbach 圆的半径?

Guergueb 等人在 ISSAC'94 的文章 [59] 里研究了这个问题. 他们得到了一个二元多项式 M, 然后作出了 $M=0$ 的草图, 在 $M\neq 0$ 的每个连通分支里选择样本点, 最后通过计算和比较在这些样本点处各半径的大小在草图上标明他们的结论. 但是, 一个理论上严谨的答案应该是一些由三角形的某些量构成的无量词公式. 另外, $M=0$ 时也应该考虑. 下面我们用 DISCOVERER对这个问题给出一个完整的解答.

给定三角形 ABC, 不妨设其顶点 $B(1,0)$ 和 $C(-1,0)$ 固定, 而另一个顶点 $A(u_1,u_2)$ 依赖两个参数 (这里, 为了与 Guergueb 等人的结果对比, 我们采用与他们相同的记号). 我们要发现 u_1,u_2 应该满足的条件使得恰有 1,2,3,4 个或没有三切圆的半径小于 Feuerbach 圆的半径. 容易得到我们要处理的系统是

$$\begin{cases} f=16x^2u_2^2-(u_1^2+2u_1+1+u_2^2)(1-2u_1+u_1^2+u_2^2)=0,\\ i=y^4u_2+(2-2u_2^2-2u_1^2)y^3+u_2(u_1^2-5+u_2^2)y^2\\ \quad +4u_2^2y-u_2^3=0,\\ x>0,\ x^2-y^2>0, \end{cases} \tag{5.5.1}$$

其中 x 是 Feuerbach 圆的半径, 而 $|y|$ 是四个三切圆的半径.

分别键入

$$\text{tofind}([f,i],[\ ],[x,x^2-y^2],[\ ],[x,y],[u_1,u_2],4);$$
$$\text{tofind}([f,i],[\ ],[x,x^2-y^2],[\ ],[x,y],[u_1,u_2],3);$$
$$\text{tofind}([f,i],[\ ],[x,x^2-y^2],[\ ],[x,y],[u_1,u_2],2);$$
$$\text{tofind}([f,i],[\ ],[x,x^2-y^2],[\ ],[x,y],[u_1,u_2],1);$$
$$\text{tofind}([f,i],[\ ],[x,x^2-y^2],[\ ],[x,y],[u_1,u_2],0);$$

我们得到如下输出 (为了简洁, 我们把五个命令的结果合并在一起)

FINAL RESULT :

The system has 3 (distinct) real solutions IF AND ONLY IF

$$[R_1<0,R_2\geqslant 0,R_3\leqslant 0];$$

The system has 2 (distinct) real solutions IF AND ONLY IF

$$[R_1>0];$$

The system has 1 (distinct) real solution IF AND ONLY IF

$$[R_1<0,R_2\leqslant 0]$$

$$\text{or}$$
$$[R_1 < 0, R_2 \geqslant 0, R_3 \geqslant 0];$$
$$\text{The system does not have 0 or 4 real solution(s);}$$
$$\text{PROVIDED THAT :}$$
$$u_1 \neq 0,$$
$$u_2 \neq 0,$$
$$(u_1+1)^2 + u_2^2 \neq 0,$$
$$(u_1-1)^2 + u_2^2 \neq 0,$$
$$\begin{aligned} L(u_1,u_2) = &\, 9 + 84u_2^6u_1^2 + 84u_2^2 - 36u_1^2 - 116u_1^2u_2^2 + 54u_1^4 \\ &+166u_2^4 - 140u_2^6 + 132u_2^4u_1^2 + 25u_2^8 + 102u_2^4u_1^4 - 36u_1^6 \\ &+9u_1^8 - 20u_1^4u_2^2 + 52u_2^2u_1^6 \neq 0, \end{aligned}$$
$$R_1 \neq 0,$$

其中

$$\begin{aligned} R_1 = &-7 + 20u_2^6u_1^2 + 20u_2^2 + 28u_1^2 - 52u_1^2u_2^2 - 42u_1^4 + 70u_2^4 \\ &-204u_2^6 + 68u_2^4u_1^2 + 9u_2^8 + 6u_2^4u_1^4 + 28u_1^6 - 7u_1^8 \\ &+44u_1^4u_2^2 - 12u_2^2u_1^6, \\ R_2 = &\, 189 + 189u_1^{12} + 720u_2^2 - 1134u_1^2 - 1977u_2^8 + 2835u_1^4 \\ &-1235u_2^4 - 3560u_2^6 - 3780u_1^6 + 2835u_1^8 - 8088u_2^6u_1^2 \\ &-1968u_1^2u_2^2 + 2332u_2^4u_1^2 + 558u_2^4u_1^4 + 672u_1^4u_2^2 + 2592u_2^2u_1^6 \\ &+984u_2^6u_1^6 - 1566u_2^8u_1^2 - 40u_2^{10}u_1^2 + 135u_2^8u_1^4 - 2776u_2^6u_1^4 \\ &-3172u_2^4u_1^6 - 2928u_1^8u_2^2 + 1517u_1^8u_2^4 + 912u_2^2u_1^{10} + 15u_2^{12} \\ &-168u_2^{10} - 1134u_1^{10}, \\ R_3 = &-63 + 225u_2^{14}u_1^2 - 63u_1^{16} + 4284u_1^{12} - 345u_2^2 - 504u_1^2 \\ &+515u_2^8 + 4284u_1^4 + 485u_2^4 + 3347u_2^6 - 11592u_1^6 + 15750u_1^8 \\ &+73991u_2^6u_1^2 - 2851u_1^2u_2^2 + 23658u_2^4u_1^2 - 29957u_2^4u_1^4 \\ &+9791u_1^4u_2^2 - 4163u_2^2u_1^6 + 69174u_2^6u_1^6 - 125788u_2^8u_1^2 \\ &-48997u_2^{10}u_1^2 + 274u_2^8u_1^4 + 89942u_2^6u_1^4 - 22516u_2^4u_1^6 \\ &-12163u_1^8u_2^2 + 36971u_1^8u_2^4 + 13567u_2^2u_1^{10} + 1031u_2^{12}u_1^4 \\ &-1974u2^{12}u_1^2 - 2245u_2^{10}u_1^4 + 1717u_2^{10}u_1^6 - 5609u_2^6u_1^8 \\ &-1052u_2^8u_1^6 + 995u_2^8u_1^8 - 7766u_2^4u_1^{10} - 875u_2^4u_1^{12} \\ &-3427u_1^{12}u_2^2 - 445u_2^6u_1^{10} - 409u_1^{14}u_2^2 + 407u_2^{12} \end{aligned}$$

$$-1643u_2^{10} - 11592u_1^{10} - 15u_2^{14} - 504u_1^{14}.$$

执行五个命令的总时间是 65.41 秒 (Pentium IV/2.4G CPU, 256M 内存, Maple 9). 这里, R_1 就是 Guergueb 等人文中的多项式 $M(u_1, u_2)$, 但 R_2 和 R_3 在他们的文中没有.

仔细的读者也许会发现, 上面的某些条件似乎彼此矛盾. 但事实并非如此, 原因是某些条件可能是空的 (即没有实解, 不可能成立). 比如 $\{R_1 < 0 \wedge R_2 > 0 \wedge R_3 = 0\}$ 和 $\{R_1 < 0 \wedge R_2 = 0 \wedge R_3 < 0\}$ 都是不可能成立的.

如前所述, 上面的条件已经足够令人满意了, 因为我们只是不知道一些 "边界" 情况或 "退化" 情况. 当然, 为了得到完整的实解分类, 我们应该用DISCOVERER继续讨论那 6 个非退化条件 (即那 6 个不等方程).

非退化条件 $u_2 \neq 0$ 必须满足, 否则三个顶点 A, B, C 在一条直线上. 所以条件 $(u_1+1)^2 + u_2^2 \neq 0$ 和 $(u_1-1)^2 + u_2^2 \neq 0$ 自然满足. 进一步, 我们容易验证 $u_1 \neq 0$ 和 $u_2 \neq 0$ 蕴涵 $L(u_1, u_2) > 0$ (也可用DISCOVERER证明). 这样, 我们仅需讨论两个非退化条件 $u_1 \neq 0$ 和 $R_1 \neq 0$.

1. $u_1 \neq 0$ 而 $R_1 = 0$

键入

$$\text{Tofind}([R_1, f, i], [\ ], [x, x^2 - y^2], [u_1, u_2], [x, y], [u_1, u_2], 4);$$

$$\cdots\cdots$$

$$\text{Tofind}([R_1, f, i], [\ ], [x, x^2 - y^2], [u_1, u_2], [x, y], [u_1, u_2], 0);$$

得到

FINAL RESULT :

The system has 1 real solutions IF AND ONLY IF

$$[0 < S_2, S_3 < 0, (3)R_1]$$

or

$$[0 < S_2, S_3 < 0, (2)R_1];$$

The system has 2 real solution IF AND ONLY IF

$$[S_1 < 0, S_2 < 0, S_3 < 0, (3)R_1]$$

or

$$[S_1 < 0, S_2 < 0, S_3 < 0, (2)R_1]$$

or

$$[0 < S_1, 0 < S_2, S_3 < 0, (4)R_1]$$

or

$$[0 < S_1, 0 < S_2, 0 < S_3, (2)R_1]$$
or
$$[0 < S_1, 0 < S_2, (1)R_1]$$
or
$$[S_1 < 0, S_3 < 0, (4)R_1]$$
or
$$[S_1 < 0, S_3 < 0, (1)R_1];$$
The system does not have 0, 3 or 4 real solution(s);

PROVIDED THAT :

$$S_1 \neq 0,\ S_2 \neq 0,\ S_3 \neq 0,$$

其中

$$S_1 = u_2^2 - 3,\ S_2 = u_2^2 - 1/3,\ S_3 = u_2^4 - 22u_2^2 - 7.$$

这五条命令的执行时间共 34.05 秒 (同样的机器). 我们解释一下输出公式的含义. 点 (a,b) 满足 $[0 < S_2, S_3 < 0, (3)R_1]$ 意味着 $S_2(b) > 0 \wedge S_3(b) < 0$, 而且 a 是 $R_1(u_1,b)$ 关于 u_1 的第三个最小的实根.

程序产生了三个新的非退化条件 ($S_1 \neq 0,\ S_2 \neq 0,\ S_3 \neq 0$). 以 $S_2 \neq 0$ 为例, 我们键入

$$\text{Tofind}([S_2, R_1, f, i], [\ ], [x, x^2 - y^2], [u_1, u_2], [x, y], [u_1, u_2]).$$

因为满足 $\{S_2 = 0, R_1 = 0\}$ 的是曲线 $R_1 = 0$ 上几个特别的点, DISCOVERER 调用我们的实根隔离程序 “realzero”(或 “realzeros”) 隔离实解. 总时间 11.27 秒后得到的结果如下:

(a) 如果点 (u_1,u_2) 满足 $u_1 \neq 0, R_1 = 0, S_1 = 0$, 那么系统在该点有 1 个互异实解;

(b) 如果点 (u_1,u_2) 满足 $u_1 \neq 0, R_1 = 0, S_2 = 0$, 那么系统在该点有 2 个互异实解;

(c) 如果点 (u_1,u_2) 满足 $u_1 \neq 0, R_1 = 0, S_3 = 0$, 那么系统在该点有 2 个互异实解.

2. $u_1 = 0$.

此时系统转化为

$$\begin{cases} g = 16u_2^2x^2 - (u_2^2+1)^2 = 0, \\ j = u_2y^4 + (2 - 2u_2^2)y^3 + (u_2^3 - 5u_2)y^2 \\ \quad\ +4u_2^2y - u_2^3 = 0, \\ x > 0,\ x^2 - y^2 > 0. \end{cases} \tag{5.5.2}$$

键入

$$\text{tofind}([g,j],[\,],[x,x^2-y^2],[u_2],[x,y],[u_2],4);$$
$$\cdots\cdots$$
$$\text{tofind}([g,j],[\,],[x,x^2-y^2],[u_2],[x,y],[u_2],0);$$

得到如下结果

The system has 2 real solutions IF AND ONLY IF

$[S_2>0,S_3>0]$

or

$[S_2<0,S_3<0]$;

The system has 1 real solution IF AND ONLY IF

$[S_2>0,S_3<0]$;

The system does not have 0, 3 or 4 real solution(s)

PROVIDED THAT :

$$S_1\neq 0,\ S_2\neq 0,\ S_3\neq 0.$$

五条指令的总运行时间是 0.84 秒. 因为 $S_2<0\wedge S_3>0$ 是不可能的, 我们可以把上面的条件分别写成 $S_2S_3>0$ 和 $S_2S_3<0$.

类似地, 对三个新的非退化条件我们分别键入

$$\text{Tofind}([S_1,g,j],[\,],[x,x^2-y^2],[u_2],[x,y],[u_2]);$$
$$\text{Tofind}([S_2,g,j],[\,],[x,x^2-y^2],[u_2],[x,y],[u_2]);$$
$$\text{Tofind}([S_3,g,j],[\,],[x,x^2-y^2],[u_2],[x,y],[u_2]);$$

DISCOVERER 隔离系统的实解 (总时间 0.78 秒), 我们得到:

(a) 如果点 $(0,u_2)$ 满足 $S_1=0$, 那么系统在该点无实解;

(b) 如果点 $(0,u_2)$ 满足 $S_2=0$, 那么系统在该点有 1 个互异实解;

(c) 如果点 $(0,u_2)$ 满足 $S_3=0$, 那么系统在该点有 1 个互异实解.

我们把上面的结果总结为如下定理.

定理 5.5.1　设 $u_2\neq 0$.

(1) 除两个点 $(0,\sqrt{3})$ 和 $(0,-\sqrt{3})$ (即 $u_1=0\wedge S_1=0$) 外, 系统 (5.5.1) 都有实解.

(2) 系统 (5.5.1) 有 1 个互异实解当且仅当下列条件之一满足:

(2.1) $u_1\neq 0\wedge R_1<0\wedge R_2\leqslant 0$,

(2.2) $u_1\neq 0\wedge R_1<0\wedge R_2\geqslant 0\wedge R_3\geqslant 0$,

(2.3) $u_1 \neq 0 \wedge R_1 = 0 \wedge S_1 = 0$,

(2.4) $u_1 \neq 0 \wedge S_1 \neq 0 \wedge S_2 > 0 \wedge S_3 < 0 \wedge (\ (2)R_1 \vee (3)R_1\ )$,

(2.5) $u_1 = 0 \wedge S_1 \neq 0 \wedge S_2 S_3 \leqslant 0$;

(3) 系统 (5.5.1) 有 2 个互异实解当且仅当下列条件之一满足:

(3.1) $u_1 \neq 0 \wedge R_1 > 0$,

(3.2) $u_1 \neq 0 \wedge R_1 = 0 \wedge S_2 S_3 = 0$,

(3.3) $u_1 \neq 0 \wedge S_1 < 0 \wedge S_2 < 0 \wedge S_3 < 0 \wedge (\ (2)R_1 \vee (3)R_1\ )$,

(3.4) $u_1 \neq 0 \wedge S_1 < 0 \wedge S_3 < 0 \wedge (\ (1)R_1 \vee (4)R_1\ )$,

(3.5) $u_1 \neq 0 \wedge S_1 > 0 \wedge S_2 > 0 \wedge (\ (1)R_1 \vee (S_3 < 0 \wedge (4)R_1) \vee (S_3 > 0 \wedge (2)R_1)\ )$,

(3.6) $u_1 = 0 \wedge S_2 S_3 > 0$;

(4) 系统 (5.5.1) 有 3 个互异实解当且仅当

$$u_1 \neq 0 \wedge R_1 < 0 \wedge R_2 \geqslant 0 \wedge R_3 \leqslant 0;$$

(5) 系统 (5.5.1) 没有 4 个互异实解.

只要 $u_2 \neq 0$, 参数空间的任意点 (u_1, u_2) 必然满足上面的 13 个条件之一, 所以我们给出了系统 (5.5.1) 完整的实解分类.

例 5.5.2[88] 给定三个正数 a, h_a, R, 问是否存在三角形分别以 a, h_a, R 为一边长, 该边上的高及外接圆半径?

利用三角形内的关系式, 容易知道我们需要求下面系统有实解的条件

$$\begin{cases} f_1 = a^2 h_a^2 - 4s(s-a)(s-b)(s-c) = 0, \\ f_2 = 2Rh_a - bc = 0, \\ f_3 = 2s - a - b - c = 0, \\ a > 0, b > 0, c > 0, a+b-c > 0, b+c-a > 0, \\ c+a-b > 0, R > 0, h_a > 0, \end{cases}$$

其中 a, b, c 分别表示边长,$s = (a+b+c)/2$ 是半周长. 与前面例子类似, 我们首先用 tofind 得到

The system has real solution(s) IF AND ONLY IF

$[\ 0 < R_1, 0 < R_3\ ]$

or

$[\ 0 < R_1, R_2 \leqslant 0, R_3 < 0\ ]$

PROVIDED THAT

$R_1 \neq 0, R_3 \neq 0$

其中

$$R_1 = 2R - a$$

$$R_2 = 4Rh_a - a^2$$

$$R_3 = -4h_a^2 + 8Rh_a - a^2.$$

然后继续用 Tofind 考察边界情况知：$R_1 = 0$ 时系统有解的充要条件是 $R - h_a \geqslant 0$; 而 $R_3 = 0$ 时系统总有实解. 于是我们最终得到系统有实解的条件如下 (总共耗时 0.61 秒)

$$(R_1 > 0 \ \wedge \ R_3 > 0) \ \vee \ (R_1 > 0 \ \wedge \ R_2 \leqslant 0 \ \wedge \ R_3 < 0)$$
$$\vee \ (R_1 = 0 \ \wedge \ R - h_a \geqslant 0) \ \vee \ R_3 = 0.$$

Mitrinović等人[88] 给出的条件是：$R_1 \geqslant 0 \wedge R_3 \geqslant 0$. 现在我们发现这只是一个充分条件.

程序DISCOVERER对例 5.5.2 这类问题效率很高. 我们用 DISCOVERER很容易发现或验证了 70 多个 (当然还可以做更多个) 类似的三角形存在问题的条件, 并发现了 Mitrinović等人的专著[88] 中的三个错误.

5.6　生物系统稳定性的代数分析

本节我们展示DISCOVERER在分析生物系统稳定性中的应用[117].

考虑可以被如下自治微分方程组刻画的生物系统

$$\begin{cases} \dot{x}_1 = F_1(u, x_1, \cdots, x_n), \\ \dot{x}_2 = F_2(u, x_1, \cdots, x_n), \\ \qquad \cdots\cdots\cdots\cdots \\ \dot{x}_n = F_n(u, x_1, \cdots, x_n), \end{cases} \tag{5.6.1}$$

其中 $F_1, \cdots, F_n$ 是关于 $u, x_1, \cdots, x_n$ 的实系数有理函数. $x_i = x_i(t)$, $\dot{x}_i = \mathrm{d}\,x_i/\mathrm{d}\,t$, u 是参数且独立于导变元 t.

这是一大类生物系统, 涵盖了许多实际的复杂系统, 如细胞和蛋白质信号传递的生物正反馈环 (biological positive-feedback loops for cell and protein signaling). 这样的例子包括著名的 Cdc2-cyclin B/Wee1 系统[90, 95] 和Mos/ MEK/p42 MAPK cascade[6, 44], 它们被生物学家们通过实验做过大量的研究. 判断这样的系统是否具有双稳定性(bistability) 或多稳定性 (multistability) 对理解系统的行为与功能具有重要意义. 有兴趣的读者请参阅文献 [6, 95]. 我们的方法有别于现有的各种方法, 完全是精确的符号计算与推理.

给定形如 (5.6.1) 的自治微分方程组. 如果系统不含参数 u, 我们的问题就是精确计算系统的实 定常状态(steady state)或称 平衡点(equilibrium)并判断其稳定性. 如果系统含参数 u, 我们的问题就是确定 u 所应该满足的条件, 使得系统具有指定数目的稳定或非稳定平衡点. 这正好对应于半代数系统的实解隔离和实解分类.

对任意取定的参数值 $\bar{u}$, 设 $\bar{\boldsymbol{x}}$ 是 (5.6.1) 的一个平衡点. 我们使用经典的 Lyapunov 线性化方法 判断 $\bar{\boldsymbol{x}}$ 的稳定性, 即考虑如下 Jacobi 矩阵

$$J=\begin{pmatrix} \dfrac{\partial F_1}{\partial x_1} & \dfrac{\partial F_1}{\partial x_2} & \cdots & \dfrac{\partial F_1}{\partial x_n} \\ \dfrac{\partial F_2}{\partial x_1} & \dfrac{\partial F_2}{\partial x_2} & \cdots & \dfrac{\partial F_2}{\partial x_n} \\ \vdots & \vdots & & \vdots \\ \dfrac{\partial F_n}{\partial x_1} & \dfrac{\partial F_n}{\partial x_2} & \cdots & \dfrac{\partial F_n}{\partial x_n} \end{pmatrix}.$$

那么系统 (5.6.1) 可写成

$$\dot{\boldsymbol{x}}^{\mathrm{T}}=J(\bar{u},\bar{\boldsymbol{x}})(\boldsymbol{x}-\bar{\boldsymbol{x}})^{\mathrm{T}}+G,$$

其中 T 表示矩阵转置, 而当 $\boldsymbol{x}\to\bar{\boldsymbol{x}}$ 时,

$$G=[F_1(\bar{u},\boldsymbol{x}),\cdots,F_n(\bar{u},\boldsymbol{x})]^{\mathrm{T}}-J(\bar{u},\bar{\boldsymbol{x}})(\boldsymbol{x}-\bar{\boldsymbol{x}})^{\mathrm{T}}$$

是 $o(|\boldsymbol{x}-\bar{\boldsymbol{x}}|)$. 下面的经典结果可以判断平衡点 $\bar{\boldsymbol{x}}$ 的稳定性.

定理 5.6.1 (a) 如果矩阵 $J(\bar{u},\ \bar{\boldsymbol{x}})$ 的所有特征值都具有负实部 (即其特征多项式是稳定的), 那么 $\bar{\boldsymbol{x}}$ 是渐近稳定的;

(b) 如果矩阵 $J(\bar{u},\bar{\boldsymbol{x}})$ 至少有一个特征值有正实部, 那么 $\bar{\boldsymbol{x}}$ 不是稳定的.

注 5.6.1 如果 $J(\bar{u},\bar{\boldsymbol{x}})$ 的特征值都具有非正实部, 但某些特征值的实部为零, 判断 $\bar{\boldsymbol{x}}$ 的稳定性将更加困难. 此时, 如果零实部的特征值是 $J(\bar{u},\bar{\boldsymbol{x}})$ 的特征多项式的单根, 那么 $\bar{\boldsymbol{x}}$ 稳定; 否则, 它可能不稳定.

判断多项式稳定性的一个标准方法是所谓 Routh-Hurwitz 判准 [85]. 令

$$P=a_0\lambda^m+b_0\lambda^{m-1}+a_1\lambda^{m-2}+b_1\lambda^{m-3}+\cdots,\quad a_0\neq 0$$

是关于 λ 的实多项式, 考虑 $m\times m$ 阶矩阵

$$P=\begin{pmatrix} b_0 & b_1 & b_2 & \cdots & b_{m-1} \\ a_0 & a_1 & a_2 & \cdots & a_{m-1} \\ 0 & b_0 & b_1 & \cdots & b_{m-2} \\ 0 & a_0 & a_1 & \cdots & a_{m-2} \\ 0 & 0 & b_0 & \cdots & b_{m-3} \\ \vdots & \vdots & \vdots & & \vdots \end{pmatrix},$$

其中当 $i>m/2$ 时 $a_i=0$, $j\geqslant m/2$ 时 $b_j=0$. P 的各阶顺序主子式 $\Gamma_1,\cdots,\Gamma_m$ 称作 P 的 Hurwitz 行列式.

定理 5.6.2 (Routh-Hurwitz 判准)　P 的根的实部都是负的当且仅当 $V(a_0,\Gamma_1,\Gamma_3,\cdots)=V(1,\Gamma_2,\Gamma_4,\cdots)=0$. 这里 $V(\cdots)$ 表示数列的变号数.

有了前面的准备, 对形如 (5.6.1) 的自治微分方程组, 我们给出如下的计算步骤:

(1) 令 (5.6.1) 右端有理函数的分子为 0 得到一个多项式方程组

$$P_1(u,\boldsymbol{x})=0,P_2(u,\boldsymbol{x})=0,\cdots,P_n(u,\boldsymbol{x})=0,$$

其中 $P_1,\cdots,P_n$ 是 u 和 $\boldsymbol{x}=(x_1,\cdots,x_n)$ 的有理系数多项式. 在实际的问题中, 可能会有附加的约束条件, 比如 (5.6.1) 右端的分母非零或某些变元为正等. 这些条件和上面的方程一起构成一个半代数系统.

(2) 计算 Jacobi 矩阵 $J(u,\boldsymbol{x})$ 及其特征多项式 $H(u,\boldsymbol{x},\lambda)$. 计算 $H(u,\boldsymbol{x},\lambda)$ 的 Hurwitz 行列式, 并根据 Routh-Hurwitz 判准得到使 $H(u,\boldsymbol{x},\lambda)$ 稳定的一组不等式. 把这些不等式加入上面的系统, 最终得到一个半代数系统 S.

(3) 如果没有参数 u, 那么隔离系统 S 的实解. 这些实解就是 (5.6.1) 的所有稳定平衡点. 否则, 做系统 S 的实解分类, 得到的条件就是 (5.6.1) 分别具有指定数目稳定平衡点时参数应该满足的充要条件.

例 5.6.1　我们研究一个称作 Cdc2-cyclin B/Wee1 系统 [6, 90, 95] 的双稳定性. 关于这个系统的生物学意义和研究背景请参阅文献 [6]. 对这个系统双稳定性研究的现有方法包括文献 [90] 中经典的相平面分析和文献 [6] 中的基于图的方法, 都是数值方法.

在一定的假设下, 刻画 Cdc2-cyclin B/Wee1 系统的微分方程组是

$$\begin{cases} \dot{x}_1=\alpha_1(1-x_1)-\dfrac{\beta_1 x_1(vy_1)^{\gamma_1}}{K_1+(vy_1)^{\gamma_1}}, \\ \dot{y}_1=\alpha_2(1-y_1)-\dfrac{\beta_2 y_1 x_1^{\gamma_2}}{K_2+x_1^{\gamma_2}}, \end{cases} \tag{5.6.2}$$

其中 $\alpha_1, \alpha_2, \beta_1, \beta_2$ 是比率常数(rate constants), K_1, K_2 是Michaelis 常数(或饱和常数), γ_1, γ_2 是Hill 系数, 而 v 是一个反映两个蛋白质之间影响强度的系数. 为了便于参考和比较, 我们取与文献 [6] 中相同的生物常数值

$$\gamma_1 = \gamma_2 = 4, \quad \alpha_1 = \alpha_2 = 1,$$
$$\beta_1 = 200, \quad \beta_2 = 10, \quad K_1 = 30, \quad K_2 = 1.$$

为简化记号, 记 $x = x_1, y = y_1$. 于是系统 (5.6.2) 化为

$$\dot{x} = \frac{P}{30 + v^4 y^4}, \quad \dot{y} = \frac{Q}{1 + x^4}, \tag{5.6.3}$$

其中

$$P = 30 - 30\,x + v^4(1 - 201\,x)\,y^4,$$
$$Q = 1 + x^4 - (1 + 11\,x^4)\,y,$$

而 $v \geqslant 0$ 是一个实参数. 我们的目的是考察系统 (5.6.3) 的稳定性, 尤其是参数 v 取何值时, 系统具有双稳定性, 即 (5.6.3) 有两个稳定的平衡点.

只考虑平衡点的数目时,DISCOVERER自动地得到如下结果. 我们用下面的方式来描述这个结果 (也许更直观). 记多项式 $R = v\bar{R}$, 其中 $\bar{R}$ 是关于 v 的 32 次,9 项的多项式, 它有 4 个实根. 把 R 的 5 个实根记为 $\bar{v}_2 < \bar{v}_1 < v_0 = 0 < v_1 < v_2$ (其中 $v_1 = -\bar{v}_1 \approx 0.8315735076$, $v_2 = -\bar{v}_2 \approx 1.796868764$), 对应的实根隔离区间是

$$\left[-2, -\frac{3}{2}\right], \ \left[-1, -\frac{1}{2}\right], \ [0, 0], \ \left[\frac{1}{2}, 1\right], \ \left[\frac{3}{2}, 2\right].$$

(1) 若 $0 < v < v_1$ 或 $v_2 < v < +\infty$, 系统 (5.6.3) 仅有一个平衡点;

(2) 若 $v_1 < v < v_2$, 系统 (5.6.3) 有三个平衡点;

(3) 若 $v = 0$, 系统 (5.6.3) 有唯一平衡点;

(4) 若 $v = v_1$ 或 $v = v_2$, 系统 (5.6.3) 有两个平衡点.

当考虑稳定平衡点数目时, 我们需要加入稳定性条件. 为此, 考虑 (5.6.3) 的 Jacobi 矩阵, 其元素是

$$F = \frac{P}{30 + v^4 y^4}, \quad G = \frac{Q}{1 + x^4}$$

关于 x 和 y 的偏导数

$$a = \frac{\partial F}{\partial x} = -\frac{3\,(10 + 67\,v^4 y^4)}{30 + v^4 y^4}, \quad b = \frac{\partial F}{\partial y} = -\frac{24000\,v^4 x y^3}{(30 + v^4 y^4)^2},$$
$$c = \frac{\partial G}{\partial x} = -\frac{40\,x^3 y}{(1 + x^4)^2}, \qquad d = \frac{\partial G}{\partial y} = -\frac{1 + 11 x^4}{1 + x^4}.$$

命

$$p=-(a+d)=\frac{2\,\bar{p}}{(30+v^4y^4)\,(1+x^4)},$$

$$q=ad-bc=\frac{3\,\bar{q}}{(30+v^4y^4)^2\,(1+x^4)^2},$$

其中

$$\begin{aligned}\bar{p}&=30+180\,x^4+101\,v^4y^4+106\,v^4x^4y^4,\\ \bar{q}&=67\,y^8\,(1+11\,x^4)\,(1+x^4)\,v^8\\ &\quad+20\,y^4\,(101-14788\,x^4+1111\,x^8)\,v^4\\ &\quad+300\,(1+11\,x^4)\,(1+x^4).\end{aligned}$$

容易看到 $a<0, d<0, p>0$总是成立. 加入的稳定条件是 $p>0, q>0$, DISCOVERER得到的输出是:

(1) 若 $0<v<v_1$ 或 $v_2<v<+\infty$, 则唯一的平衡点是稳定的;

(2) 若 $v_1<v<v_2$, 则三个平衡点有两个稳定一个不稳定;

(3) 若 $v=0$, 则唯一的平衡点是稳定的;

(4) 若 $v=v_1$ 或 $v=v_2$, 则两个平衡点之一稳定. 在另一个平衡点处 $q=0$ (即 (5.6.3) 的 Jacobi 矩阵奇异), 线性化方法不再适用. 但不难看出该平衡点不稳定.

所以我们严格证明了: 系统 (5.6.2) 表现出双稳定性当且仅当 $v_1<v<v_2$.

上面的结果是对固定的常数值 $\alpha_1,\alpha_2,\beta_1,\beta_2,K_1,K_2,\gamma_1,\gamma_2$ 而言的. 常数值的估计是很困难的: 某些值可以由实验测定; 某些值是人工选择的, 使得我们的模型能模拟我们观察到或所期望的生物系统行为. 而我们的方法可以建立某些关于参数的条件, 只要那些常数满足条件, 系统就具有所期望的行为, 如双稳定性或多稳定性.

作为例子, 我们重新考虑 Cdc2-cyclin B/Wee1 系统, 此时 Michaelis 常数 K_1,K_2 不取值, 别的取与前面相同的值. 我们想知道 K_1,K_2 和 v 取什么值时, 系统有双稳定性.

根据这些常数和变元的生物学意义, 我们有 $K_1>0$, $K_2>0$, 而且 v,x_1,y_1 非负. DISCOVERER计算得到一个多项式 R_1, 它有 81 项, 关于 v 的次数是 32, 关于 K_1 和 K_2 的次数都是 8. 在前面的条件下, $a<0, d<0, p>0, b\leqslant 0, c\leqslant 0$ 成立. 程序得到的条件如下:

(1) 若 $R_1<0$, 则系统有 3 个平衡点, 其中 2 个是稳定的, 1 个不稳定;

(2) 若 $R_1>0$, 则系统有唯一平衡点且是稳定的.

自然的结论是: 系统是双稳定的当且仅当 $R_1<0$. 这推广了文献 [6] 的结果. 进一步考虑 $R_1=0$ 时, 因计算量太大, 在一台笔记本电脑 (Pentium 1.13 G CPU,256 M

内存, Maple 9) 上运行 3 小时没有得到结果. 从 K_1, K_2 取特别值的情况来看, 我们推测 $R_1=0$ 时系统有 2 个平衡点, 一个稳定一个不稳定.

我们还可以进一步计算 K_1, K_2 的使系统具双稳定性的取值范围. 程序会计算一个 K_2 的多项式

$$\begin{aligned} R_2 = &\ 1123963607439473175421875\, K_2^4 \\ &-9244704652117591783090536\, K_2^3 \\ &-5088828365064957511326382\, K_2^2 \\ &-62301929415679096\, K_2 + 51046875. \end{aligned}$$

R_2 有 2 个正根 $k_1 \approx 0.77 \cdot 10^{-9}$ 和 $k_2 \approx 8.74$. 计算表明: 当 $K_1 > 0$ 而且 $k_1 < K_2 < k_2$ 时, 系统具双稳定性; 否则没有. 这说明只要 $k_1 < K_2 < k_2$, 无论 K_1 怎么取值, 总会有合适的 v 使得系统有双稳定性. 这个结论与文献 [6] 中的一个问题相关.

更多的例子请参阅文献 [18, 117].

5.7 混成系统的可达性

在软件形式化研究领域, 设计 *混成系统* (hybrid system)的中心问题之一是 *可达性* (reachability). 控制论领域研究混成系统着重点在*稳定性*和*可控制性*, 取得了丰硕的成果; 与之相比, 计算机科学中关于混成系统可达性的研究成果却相对不多. 最近文献 [77] 中对可由如下微分方程组定义的三类线性混成系统的可达性给出了判定性结果

$$\dot{\xi} \ = \ A\xi + Bu, \tag{5.7.1}$$

其中 $\xi(t) \in \mathbf{R}^n$ 是系统在时刻 t 的状态, $A \in \mathbf{R}^{n\times n}, B \in \mathbf{R}^{n\times m}$ 是系统矩阵, $u : \mathbf{R} \to \mathbf{R}^m$ 是一个分段连续函数, 称作*控制输入* (control input).

给定时刻 0 的初始状态 $x = \xi(0)$ 和一个控制输入 u, 上面微分方程在时刻 $t \geqslant 0$ 的解是

$$\xi(t) = \Phi(x,u,t) = \mathrm{e}^{At}x + \int_0^t \mathrm{e}^{A(t-\tau)}Bu(\tau)\mathrm{d}\tau,$$

其中 e^{At} 定义为

$$\mathrm{e}^{At} = \sum_{k=0}^{\infty} \frac{t^k}{k!}A^k.$$

状态 y 称作可由状态 x 达到, 如果存在控制输入 u 和时刻 $t \geqslant 0$, 使得 $y = \Phi(x,u,t)$. 给定 $Y \subseteq \mathbf{R}^n$, 定义 $\mathrm{pre}(Y)$ 为

$$\mathrm{pre}(Y) = \{x \in \mathbf{R}^n \ \mid \ \exists y \exists u \exists t (y \in Y \wedge u \in \mathcal{U} \wedge t \geqslant 0 \wedge \Phi(x,u,t) = y)\},$$

这里 $\mathcal{U}$ 是控制输入的一个集合. 对偶地, 定义 post(Y) 为

$$\text{post}(Y)=\{x\in\mathbf{R}^n \mid \exists y\exists u\exists t(y\in Y\wedge u\in\mathcal{U}\wedge t\geqslant 0\wedge \Phi(y,u,t)=x\}.$$

可达性计算就是对一个由一阶公式定义的集合 Y 计算 pre(Y) 或 post(Y).

文献 [77] 中给出了三类可达性可判定的系统:

(1) $A\in\mathbf{R}^{n\times n}$ 是一个幂零矩阵而 $\mathcal{U}$ 由 t 的多项式构成, 多项式系数满足某些半代数约束;

(2) $A\in\mathbf{R}^{n\times n}$ 是一个可对角化的矩阵, 特征值都是有理数, 而 $\mathcal{U}$ 是形如 $e^{\mu t}$ ($\mu\in\mathbf{Q}$, 而且μ不是特征值) 的指数函数的线性组合, 其系数满足某些半代数约束;

(3) $A\in\mathbf{R}^{2m\times 2m}$ 一个可对角化的矩阵, 特征值都是纯虚数且虚部是有理数, 而 $\mathcal{U}$ 是 $\sin(\mu t)$ 和 $\cos(\nu t)$ 的线性组合 (μ,ν 不是特征值的虚部), 其系数满足某些半代数约束.

他们的方法首先是把可达性计算问题转化为量词消去问题 (于是立即得到可判定性), 然后运用著名的软件包REDLOG [40] 和QEPCAD [32] 来求解. 但REDLOG和QEPCAD 并不能很好地处理他们文中的一些例子.

我们使用DISCOVERER替代REDLOG和QEPCAD, 发现文献 [77] 中的结果可以有较大改进 [157]. 下面的例子都是文献 [77] 中用REDLOG和 QEPCAD不能很好处理的例子. 所有例中的 B 都取单位阵.

例 5.7.1 (文献 [77] 例 3.5) 考虑这样的系统: $A\in\mathbf{Q}^{2\times 2}$ 和 $\mathcal{U}=\{u\}$ 定义如下

$$A=\begin{bmatrix}2&0\\0&-1\end{bmatrix},\quad u(t)=\begin{bmatrix}u_1(t)\\u_2(t)\end{bmatrix}=\begin{bmatrix}-ae^{\frac{1}{2}t}\\ae^{t}\end{bmatrix},\quad a\geqslant 0.$$

因此

$$\Phi(x_1,x_2,u,t)=\begin{bmatrix}x_1e^{2t}+\dfrac{2}{3}a(-e^{2t}+e^{\frac{1}{2}t})\\ x_2e^{-t}+\dfrac{1}{2}a(e^{t}-e^{-t})\end{bmatrix}.$$

设初始状态集是 $X=\{(0,0)\}$. 那么 post(X) 是

$$\begin{aligned}\{(y_1,y_2)\in\mathbf{R}^2 \mid\ & \exists a\exists t: 0\leqslant a\wedge t\geqslant 0\\ &\wedge y_1=x_1e^{2t}+\frac{2}{3}a(-e^{2t}+e^{\frac{1}{2}t})\\ &\wedge y_2=x_2e^{-t}+\frac{1}{2}a(e^{t}-e^{-t})\}.\end{aligned}$$

命 $z=e^{\frac{1}{2}t}$, 化成如下量词消去问题

$$\exists a\exists z(0\leqslant a\wedge z\geqslant 1\wedge p_1=0\wedge p_2=0), \tag{5.7.2}$$

其中

$$p_1 = y_1 - \frac{2}{3}a(-z^4 + z),$$
$$p_2 = y_2 z^2 - \frac{1}{2}a(z^4 - 1).$$

单独使用REDLOG 或QEPCAD都不能消去 (5.7.2) 中的量词, 所以文献 [77] 中先用REDLOG消去 a, 再用 QEPCAD消去 z 得到 post(X),

$$\{(y_1, y_2) \in \mathbf{R}^2 \mid (y_2 > 0 \wedge y_1 + y_2 \leqslant 0) \vee (y_2 < 0 \wedge y_1 + y_2 \geqslant 0) \vee (4y_2 + 3y_1 = 0)\}. \tag{5.7.3}$$

而我们使用DISCOVERER, 首先调用

$$\text{tofind}([p_1, p_2], [a, z-1], [\ ], [\ ], [z, a], [y_2, y_1], 1..n);$$

发现系统 (5.7.2) 有实解当且仅当

$$y_2 > 0 \wedge y_1 + y_2 < 0,$$

只要 $y_1 \neq 0, y_2 \neq 0, y_1 + y_2 \neq 0$ 及 $R \neq 0$, 其中

$$R = 192y_2^3y_1^2 - 63y_1^3y_2^2 + 112y_1y_2^4 - 6y_1^4y_2 + 3y_1^5 + 16y_2^5.$$

进一步用`Tofind` 讨论 (y_1, y_2) 在那些边界上的情况后, 我们最终得到：系统 (5.7.2) 有实解当且仅当

$$(y_2 > 0 \wedge y_1 + y_2 < 0) \vee (y_1 = y_2 = 0) \vee (y_2 > 0 \wedge (\text{当} y_2 \text{固定时} y_1 \text{是} R = 0 \text{的最小的实根})). \tag{5.7.4}$$

上面的所有计算在一台微机上 (Windows XP, Pentium IV/3.0G CPU, 1G 内存, Maple 10) 耗时不超过 6 秒.

注 5.7.1 我们还可以用DISCOVERER证明：$y_2 > 0 \wedge R = 0$ 蕴涵 $y_1 + y_2 < 0$. 这只需要调用

$$\text{tofind}([R], [y_1 + y_2], [y_2], [\ ], [y_1], [y_2], 1..n);$$

就会发现系统无解. 所以, (5.7.4) 可以进一步简化为

$$(y_2 > 0 \wedge y_1 + y_2 < 0) \vee (y_1 = y_2 = 0). \tag{5.7.5}$$

注意, 我们的结果 (5.7.5) 与文献 [77] 的结果 (5.7.3) 不一致. 我们同样可以用DISCOVERER举出反例说明他们的结果是不正确的. 例如, 令 $(y_1, y_2) = (4, -3)$, 那

么 $y_2 < 0 \wedge y_1 + y_2 \geqslant 0$ (这时 $4y_2 + 3y_1 = 0$ 也满足). 但此时方程组 $p_1 = p_2 = 0$ 转化为

$$\{a^5 + 24a^4 + 216a^3 + 1080a^2 + 2592a + 7776 = 0, 6z + a + 6 = 0\}.$$

很明显, 它不可能有满足 $a \geqslant 0, z \geqslant 1$ 的实解. 还可以用DISCOVERER举出很多别的反例, 比如, $(y_1, y_2) = (2, -1)$, $(y_1, y_2) = (1, -1)$ 等.

例 5.7.2　(文献 [77] 例 3.6) 考虑 $A \in \mathbf{Q}^{2\times 2}$ 和 $\mathcal{U} = \{u\}$ 定义如下的系统

$$A = \begin{bmatrix} 0 & 1 \\ -4 & 0 \end{bmatrix}, \quad u(t) = \begin{bmatrix} u_1(t) \\ u_2(t) \end{bmatrix} = \begin{bmatrix} \cos(t) \\ -\sin(t) \end{bmatrix}.$$

我们想判断从一个初始点 (x_1, x_2) 达到点 (y_1, y_2)(其中 $y_2 > 0$) 的条件, 即

$$\{(y_1, y_2) \mid y_2 > 0\} \cap \mathrm{post}(\{(x_1, x_2)\}) \neq \varnothing$$

的条件. 这比文献 [77] 中例 3.6 考虑的问题要一般得多, 在那里他们考虑的是 $x_1 = 1$, $x_2 = -5/3$, $y_1 = 0$ 及 $y_2 > 0$.

令 $w = \sin(t)$, $z = \cos(t)$, 我们的问题变成：求 x_1, x_2, y_1, y_2 满足的条件使得下面的系统有实解

$$\begin{cases} f_1 = w^2 + z^2 - 1 = 0, \\ f_2 = x_1(z^2 - w^2) + 1/3(3x_2 + 5)zw - 2/3w - y_1 = 0, \\ f_3 = 1/3(3x_2 + 5)(z^2 - w^2) - 4x_1 zw - 5/3z - y_2 = 0, \\ y_2 > 0. \end{cases}$$

DISCOVERER 在上述机器上运行了 2570 秒 (毕竟我们的问题非常一般!) 后输出

$$R_1 = 0 \wedge [\, S_2 \neq 0 \vee (\, S_2 = 0 \wedge x_1 = 0\,)\,],$$

其中

$$\begin{aligned} S_2 = {} & 36x_1^2 + 9x_2^2 + 30x_2 + 25, \\ R_1 = {} & (432x_2^2 + 1440x_2 + 1728x_1^2 + 1200)y_1^4 + (720y_2^2x_2 + 72y_2x_2 - 4440x_2 \\ & -3456x_1^4 - 2025 - 216x_2^4 + 216x_2^2y_2^2 - 5760x_1^2x_2 + 120y_2 + 864x_1^2y_2^2 \\ & -3732x_2^2 + 600y_2^2 - 1440x_2^3 - 1728x_1^2x_2^2 - 5328x_1^2)y_1^2 + 18x_1(72x_1^2 \\ & +45 + 18x_2^2 + 60x_2 + 2y_2^2)y_1 + 4896x_1^2x_2^2 - 810y_2x_2^2 - 1386y_2x_2 \\ & -1080x_1^2y_2 + 810x_2 - 810y_2 + 1215x_1^2 + 1062x_2^4 + 27x_2^6 + 2592x_1^4 \\ & -360x_2^3y_2^2 + 2043x_2^2 - 657y_2^2 + 4320x_1^2x_2 - 648x_1^2y_2x_2 - 432x_2^2y_2^2x_1^2 \end{aligned}$$

$$-1440x_1^2y_2^2x_2+324x_2^4x_1^2-54x_2^4y_2^2-864x_1^4y_2^2+1296x_1^4x_2^2$$
$$+2160x_1^2x_2^3+12y_2^3x_2-162x_2^3y_2-987x_2^2y_2^2+240x_1y_1^3+4320x_1^4x_2$$
$$-1548x_1^2y_2^2-1290y_2^2x_2+27y_2^4x_2^2+90y_2^4x_2+108y_2^4x_1^2+20y_2^3$$
$$+1728x_1^6+2080x_2^3+270x_2^5+75y_2^4.$$

如果我们在上面的条件中代入他们文中的值 $x_1=1, x_2=-5/3, y_1=0$, 就会得到他们的结果：$2916y_2^4-32688y_2^2+22445=0$.

例 5.7.3 (文献 [77] 例 3.7) $A\in\mathbf{Q}^{2\times 2}$ 和 $\mathcal{U}$ 定义如下

$$A=\begin{bmatrix}0&-1\\1&0\end{bmatrix},\quad u(t)=\begin{bmatrix}u_1(t)\\u_2(t)\end{bmatrix}=\begin{bmatrix}a\cos(2t)\\-a^{-1}\sin(2t)\end{bmatrix},\quad a>0.$$

考虑从初始集 $X=\{(0,0)\}$ 是否能达到 $Y=\{(-1,1)\}$. 令 $w=\sin(2t)$, $z=\cos(2t)$, 化简后得到：Y 可从 X 达到当且仅当

$$\exists w\exists z\exists a: a>0\wedge g_1=0\wedge g_2=0\wedge g_3=0, \tag{5.7.6}$$

其中

$$\begin{aligned}g_1&=w^2+z^2-1,\\g_2&=w((4a^2-2)z+2-a^2)+3a,\\g_3&=(a^2-2)(w^2-z^2+z)-3a.\end{aligned}$$

文献 [77] 中先用 REDLOG消去 w, 得到的公式太复杂以至于用REDLOG和QEPCAD都不能自动地做下一步量词消去. 然后, 他们令 $z=0$ 把问题化为

$$\begin{aligned}\exists a(\ &a>0\wedge a^2\neq 2\wedge 3a^4-9a^3-12a^2+18a+12=0\\&\wedge -a^4+13a^2-4=0).\end{aligned} \tag{5.7.7}$$

最后用QEPCAD证明了上面的公式是真的.

实际上, (5.7.6) 就是一个常系数半代数系统是否有实解的问题. 所以我们在DISCOVERER下调用 (可以调用别的指令, 这里为了求出根与文献 [77] 的结果对比)

$$\text{realzeros}([g_1,g_2,g_3],[\ ],[a],[\ ],[z,w,a]);$$

0.2 秒后得到隔离的实解

$$\left[\left[[0,0],[1,1],\left[\frac{7}{2},\frac{15}{4}\right]\right],\right.$$

$$\left[\left[\frac{-389}{512},\frac{-97}{128}\right],\left[\frac{-3085}{4096},\frac{-4357}{8192}\right],\left[\frac{1}{2},\frac{5}{8}\right]\right],$$
$$\left[\left[\frac{483}{1024},\frac{967}{2048}\right],\left[\frac{-227}{256},\frac{-225}{256}\right],\left[\frac{1649}{512},\frac{1999}{512}\right]\right]\right].$$

容易看到,$z=0$ 对应的解只是我们得到的 3 个解之一. 值得一提的是, 利用DISCOVERER 我们发现：这个系统从 $\{(0,0)\}$ 出发可以达到任何点.

第 6 章　不等式机器证明的降维算法与 BOTTEMA 程序

过去的近三十年里, 等式型定理机器证明的研究取得了长足进展, 在效率上有很大提高, 远远超出了不等式型定理证明的效率. 本书的作者及其合作者一直力图提高不等式型定理证明的效率, 缩短两种类型定理证明效率间的差距.

不等式型定理的机器证明一直被视为自动推理领域中一个困难的课题, 主要原因在于其相关算法本质上依赖实代数与实几何, 其计算复杂度会随着维数 (参数的个数) 的增加而快速增长. 譬如, 当要求成批地验证非平凡的命题时, 一个低效的算法是不能在人们所能忍受的时间内解决问题的. 关于这方面的若干新进展请参见文献 [25, 26, 41, 42, 129, 130, 148, 149] 及本书前面章节的相关内容. 本章我们介绍的不等式型定理机器证明方法的重要特点就是降维, 通过最大幅度地减少变元或参数的数目达到算法的高效率.

6.1　半代数系统的不相容性

考虑形如 (2.5.1) 的半代数系统, 这样的系统定义的点集叫做一个 *半代数集*. 设 S 是一个半代数系统, 其中的等式和不等式可以看作一些 *原子公式*, S 就是这些原子公式的合取式, 记它所表述的语句为 Φ. 如果 Φ_0是一个多项式等式或多项式不等式, 那么

$$\Phi \Rightarrow \Phi_0$$

就是一个实代数或实几何的命题. 显而易见, 这个命题是真的当且仅当如下半代数系统

$$\Phi \wedge \neg\Phi_0$$

是 *不相容的*(也就是说它没有实解). 这里 $\neg\Phi_0$ 表示 Φ_0 的否定命题.

当命题的题设部分含有多项式方程组时, 一个自然的想法是消去某些变量以降低维数. 如我们在第 2 章讨论的那样, 可以把 S 转化为有限个 TSA. 对于这些 TSA 中的三角型方程组, 如果里面的参数 $u_1, \cdots, u_d$取定了常数值, 那么 $x_1, \cdots, x_n$就可以一个个地依次解出来. 也就是说, 至少容易得到这个方程组的数值解. 否则, 一般说来, 我们无法求得该方程组在通常意义下的解. 不用说方程组了, 就是对单个的

(带文字系数的) 方程, 把解用系数表达一般也是办不到的. 所以, 对于一般情况下的实代数与实几何的定理机器证明, 虽有通用的算法和程序, 但复杂度高, 所能解决问题的规模有限. 不过, 如果这个三角型系统中的每个方程 f_i 关于其导元 x_i 都是一次或二次的, 则显然所有的约束变量 $x_1,\cdots,x_n$ 都可以解出来, 而表为 $u_1,\cdots,u_d$ 的根式函数.

碰巧的是, 所谓 *构造性几何定理* 的前提部分的方程组中, 每个方程关于其导元都是一次或二次的. 这样所有约束变量 $x_1,\cdots,x_n$都可以解为 $u_1,\cdots,u_d$的根式函数. 将解得的结果代入要证的结论中, 譬如说, 代入想证的不等式 $g(u_1,\cdots,u_d,\ x_1,\cdots,x_n)\leqslant 0$ 中, 我们得到含有根式的不等式

$$G(u_1,\cdots,u_d)\leqslant 0.$$

现在只需证明这个仅含变量 $u_1,\cdots,u_d$的不等式就行了.

对题设不等式约束条件, 即 S 中的不等式和不等方程中的变量 $x_1,\cdots,x_n$ 作同样的替换, 所有的约束条件也都变成了只含变量 $u_1,\cdots,u_d$但可能含有根式的不等式.

本书的第一作者根据这一思路提出了不等式机器证明的 "降维算法", 并编制了程序BOTTEMA. 该程序对构造性几何定理特别有效.

例 6.1.1 设给定实数 $x,y,z,u_1,u_2,u_3,u_4,u_5,u_6$ 满足下述 15 个条件

$$\begin{cases}(xy+yz+xz)^2u_1^2-x^3(y+z)(xy+xz+4\,yz)=0,\\(xy+yz+xz)^2u_2^2-y^3(x+z)(xy+yz+4\,xz)=0,\\(xy+yz+xz)^2u_3^2-z^3(x+y)(yz+xz+4\,xy)=0,\\(x+y+z)(u_4^2-x^2)-xyz=0,\\(x+y+z)(u_5^2-y^2)-xyz=0,\\(x+y+z)(u_6^2-z^2)-xyz=0,\\x>0,\ y>0,\ z>0,\\u_1>0,\ u_2>0,\ u_3>0,\ u_4>0,\ u_5>0,\ u_6>0.\end{cases}\tag{6.1.1}$$

求证 $u_1+u_2+u_3\leqslant u_4+u_5+u_6$.

若将 x,y,z 看作自由变量, 则系统 (6.1.1) 中的 6 个方程构成一个三角列, 其中第 i 个方程关于其导元 u_i 的次数为 2. 可解出 $u_1,\cdots,u_6$, 而将上述命题转换为如下含多个根式的不等式:

例 6.1.2 假定 $x>0,\ y>0,\ z>0$, 求证

$$\frac{\sqrt{x^3(y+z)(xy+xz+4\,yz)}}{xy+yz+xz}+\frac{\sqrt{y^3(x+z)(xy+yz+4\,xz)}}{xy+yz+xz}$$

$$+\frac{\sqrt{z^3(x+y)(yz+xz+4\,xy)}}{xy+yz+xz}$$
$$\leqslant \sqrt{x^2+\frac{xyz}{x+y+z}}+\sqrt{y^2+\frac{xyz}{x+y+z}}+\sqrt{z^2+\frac{xyz}{x+y+z}}. \tag{6.1.2}$$

这个不等式包含 3 个变量和 6 个根式, 而 (6.1.1) 中却含有 9 个变量.

本书第一作者提出的降维算法 [143, 154, 163] 能够有效处理含参根式, 并能最大限度地缩减维数. 根据降维算法编制的 Maple 通用程序BOTTEMA已在 PC 上成功实现. 该程序验证了包含上百个公开问题在内的上千个代数与几何的不等式. 在 Pentium IV/2.2G CPU上证明 Bottema 等人的专著[13]中的 100 个基本不等式 (其中包含一些经典不等式, 如 Euler 不等式、Finsler-Hadwiger 不等式、Gerretsen 不等式等) 总共所用的CPU时间仅 2 秒多. 从后文可见, 这个算法可以应用于非常广泛的一类不等式. 本书第一作者编写了BOTTEMA的最初版本, 夏时洪则对程序的优化和完善承担了主要任务.

6.2 基本定义

在描述所谓的降维算法之前, 我们引进并举例阐明一些定义.

定义 6.2.1 假定 $l(x,y,z,\cdots)$ 和 $r(x,y,z,\cdots)$ 是关于 $x,y,z,\cdots$ 的代数连续函数, 称

$$l(x,y,z,\cdots)\leqslant r(x,y,z,\cdots) \quad 或 \quad l(x,y,z,\cdots)<r(x,y,z,\cdots)$$

为关于 $x,y,z,\cdots$ 的 *代数不等式*, 称 $l(x,y,z,\cdots)=r(x,y,z,\cdots)$ 为 *代数等式*.

定义 6.2.2 假定Φ是关于 $x,y,z,\cdots$ 的代数不等式或等式, 如果

- $L(T)$ 是 T 的多项式, 其系数是关于 $x,y,z,\cdots$ 的有理多项式.
- Φ的左端是 $L(T)$ 的一个零点.

下面还有一项要求不是必要的, 但有助于降低计算复杂度:

- 在所有满足上述两条的多项式中, $L(T)$ 关于 T 的次数是最低的.

那么, 称 $L(T)$ 为 Φ 的一个 *左多项式*. 根据定义, 如果Φ的左端是一个零多项式, 则有 $L(T)=T$. 同样可以类似地定义Φ的 *右多项式*$R(T)$.

定义 6.2.3 假定Φ是关于 $x,y,z,\cdots$ 的代数不等式或等式, $L(T)$ 和 $R(T)$ 分别是Φ的左、右多项式. 令 $P(x,y,\cdots)$ 表示 $L(T)$ 与 $R(T)$ 关于 T 的 Sylvester 结式, 称其为Φ的 *分界多项式*, 并将由 $P(x,y,\cdots)=0$ 定义的曲面称为Φ的 *分界曲面*.

为了更有效计算分界曲面, 左、右多项式的定义是必需的. 譬如在例 6.1.2 中, 设

$$f_1=(xy+yz+xz)^2u_1^2-x^3(y+z)(xy+xz+4\,yz),$$

$$
\begin{aligned}
f_2 &= (xy+yz+xz)^2u_2^2 - y^3(x+z)(xy+yz+4\,xz),\\
f_3 &= (xy+yz+xz)^2u_3^2 - z^3(x+y)(yz+xz+4\,xy),\\
f_4 &= (x+y+z)(u_4^2-x^2) - xyz,\\
f_5 &= (x+y+z)(u_5^2-y^2) - xyz,\\
f_6 &= (x+y+z)(u_6^2-z^2) - xyz,
\end{aligned}
$$

则不等式 (6.1.2) 的左、右多项式可以通过逐次结式计算求得

$$
\begin{aligned}
&\mathrm{res}(\mathrm{res}(\mathrm{res}(u_1+u_2+u_3-T,f_1,u_1),f_2,u_2),f_3,u_3),\\
&\mathrm{res}(\mathrm{res}(\mathrm{res}(u_4+u_5+u_6-T,f_4,u_4),f_5,u_5),f_6,u_6).
\end{aligned}
$$

去掉不含 T 的因子, 有

$$
\begin{aligned}
L(T) = {}&(xy+xz+yz)^8T^8 - 4(x^4y^2+2x^4yz+x^4z^2+4x^3y^2z+4x^3yz^2\\
&+x^2y^4+4x^2y^3z+4x^2yz^3+x^2z^4+2xy^4z+4xy^3z^2+4xy^2z^3\\
&+2xyz^4+y^4z^2+y^2z^4)(xy+xz+yz)^6T^6+\cdots,
\end{aligned}
$$

$$
\begin{aligned}
R(T) = {}&(x+y+z)^4T^8 - 4(x^3+x^2y+x^2z+xy^2+3xyz+xz^2+y^3+y^2z\\
&+yz^2+z^3)(x+y+z)^3T^6+2(16xyz^4+14xy^2z^3+14xy^3z^2+16xy^4z\\
&+14x^2yz^3+14x^2y^3z+14x^3yz^2+14x^3y^2z+16x^4yz+3x^6+5x^4y^2\\
&+5x^4z^2+5x^2y^4+5x^2z^4+5y^4z^2+5y^2z^4+21x^2y^2z^2+3y^6+3z^6\\
&+6x^5y+6x^5z+4x^3y^3+4x^3z^3+6xy^5+6xz^5+6y^5z+4y^3z^3+6yz^5)\\
&\times(x+y+z)^2T^4-4(x+y+z)(x^6-x^4y^2-x^4z^2+2x^3y^2z+2x^3yz^2\\
&-x^2y^4+2x^2y^3z+7x^2y^2z^2+2x^2yz^3-x^2z^4+2xy^3z^2+2xy^2z^3\\
&+y^6-y^4z^2-y^2z^4+z^6)(x^3+3x^2y+3x^2z+3xy^2+7xyz+3xz^2\\
&+y^3+3y^2z+3yz^2+z^3)T^2+(-6xy^2z^3-6xy^3z^2-6x^2yz^3\\
&-6x^2y^3z-6x^3yz^2-6x^3y^2z+x^6-x^4y^2-x^4z^2-x^2y^4-x^2z^4\\
&-y^4z^2-y^2z^4-9x^2y^2z^2+y^6+z^6+2x^5y+2x^5z\\
&-4x^3y^3-4x^3z^3+2xy^5+2xz^5+2y^5z-4y^3z^3+2yz^5)^2.
\end{aligned}
$$

在 Pentium IV/2.2G CPU上用 Maple 8 做逐次结式计算, 求得 $L(T)$ 与 $R(T)$ 的时间分别为 0.14 秒和 0.03 秒. 另费时 38.31 秒后求得分界多项式, 去掉非零因子和重因子后, 其次数为 100, 且含有 2691 项.

当然, 我们可以通过移项将 (6.1.2) 等价变形为

$$\frac{\sqrt{x^3(y+z)(xy+xz+4\,yz)}}{xy+yz+xz}+\frac{\sqrt{y^3(x+z)(xy+yz+4\,xz)}}{xy+yz+xz}$$
$$+\frac{\sqrt{z^3(x+y)(yz+xz+4\,xy)}}{xy+yz+xz}-\sqrt{x^2+\frac{xyz}{x+y+z}}-\sqrt{y^2+\frac{xyz}{x+y+z}}$$
$$\leqslant\sqrt{z^2+\frac{xyz}{x+y+z}}. \tag{6.2.1}$$

在同一台机器上 (内存为 256Mb) 使用类似的 Maple 程序

```
f:=u1+u2+u3-u4-u5-T;
for i to 5 do f:=resultant(f,f||i,u||i) od;
```

却未能求得 (6.2.1) 的左多项式. 运行 5 小时后未出结果, 只好打断.

也可以使用下述程序不用左右多项式的概念直接计算分界多项式,

```
f:=u1+u2+u3-u4-u5-u6;
for i to 6 do f:=resultant(f,f||i,u||i) od;
```

但情况并无改善. 运行 5 小时后未出结果, 再次打断.

例 6.2.1 给定一个关于 x,y,z 的代数不等式

$$m_a+m_b+m_c\leqslant 2\,s, \tag{6.2.2}$$

其中

$$m_a=\frac{1}{2}\sqrt{2\,(x+y)^2+2\,(x+z)^2-(y+z)^2},$$
$$m_b=\frac{1}{2}\sqrt{2\,(y+z)^2+2\,(x+y)^2-(x+z)^2},$$
$$m_c=\frac{1}{2}\sqrt{2\,(x+z)^2+2\,(y+z)^2-(x+y)^2},$$
$$s=x+y+z,$$

并且 $x>0,\ y>0,\ z>0$, 计算其左多项式, 右多项式及分界多项式.

设

$$f_1=4\,m_a^2+(y+z)^2-2\,(x+y)^2-2\,(x+z)^2,$$
$$f_2=4\,m_b^2+(x+z)^2-2\,(y+z)^2-2\,(x+y)^2,$$
$$f_3=4\,m_c^2+(x+y)^2-2\,(x+z)^2-2\,(y+z)^2,$$

并作逐次结式计算

$$\mathrm{res}(\mathrm{res}(\mathrm{res}(m_a+m_b+m_c-T,f_1,m_a),f_2,m_b),f_3,m_c),$$

于是得到 (6.2.2) 的左多项式

$$
\begin{aligned}
&T^8-6\,(x^2+y^2+z^2+x\,y+y\,z+z\,x)\,T^6+9(x^4+2\,x\,y\,z^2+y^4+2\,x\,z^3\\
&+2\,x^3\,y+z^4+3\,y^2\,z^2+2\,y^2\,z\,x+2\,y^3\,z+2\,y\,z^3+3\,x^2\,z^2+2\,x^3\,z+2\,x^2\,y\,z\\
&+2\,x\,y^3+3\,x^2\,y^2)T^4-(72\,x^4\,y\,z+78\,x^3\,y\,z^2+4\,x^6+4\,y^6+4\,z^6+12\,x\,y^5\\
&-3\,x^4\,y^2-3\,x^2\,z^4-3\,x^2\,y^4-3\,y^4\,z^2-3\,y^2\,z^4-3\,x^4\,z^2-26\,x^3\,y^3-26\,x^3\,z^3\\
&-26\,y^3\,z^3+12\,x\,z^5+12\,y^5\,z+12\,y\,z^5+12\,x^5\,z+12\,x^5\,y+84\,x^2\,y^2\,z^2\\
&+72\,x\,y\,z^4+72\,x\,y^4\,z+78\,x\,y^3\,z^2+78\,x\,y^2\,z^3+78\,x^2\,y\,z^3+78\,x^3\,y^2\,z\\
&+78\,x^2\,y^3\,z)T^2+81\,x^2\,y^2\,z^2\,(x+y+z)^2.
\end{aligned}
\tag{6.2.3}
$$

由于该不等式的右端没有根式, 因此很容易求出右多项式, 即

$$
T-2\,(x+y+z). \tag{6.2.4}
$$

计算 (6.2.3) 与 (6.2.4) 关于 T 的结式, 得到

$$
\begin{aligned}
&(144\,x^5\,y+144\,x^5\,z+780\,x^4\,y^2+1056\,x^4\,y\,z+780\,x^4\,z^2+1288\,x^3\,y^3\\
&+3048\,x^3\,y^2\,z+3048\,x^3\,y\,z^2+1288\,x^3\,z^3+780\,x^2\,y^4+3048\,x^2\,y^3\,z\\
&+5073\,x^2\,y^2\,z^2+3048\,x^2\,y\,z^3+780\,x^2\,z^4+144\,x\,y^5+1056\,x\,y^4\,z\\
&+3048\,x\,y^3\,z^2+3048\,x\,y^2\,z^3+1056\,x\,y\,z^4+144\,x\,z^5+144\,y^5\,z+780\,y^4\,z^2\\
&+1288\,y^3\,z^3+780\,y^2\,z^4+144\,y\,z^5)(x+y+z)^2.
\end{aligned}
$$

去掉一个非零因子 $(x+y+z)^2$, 得到分界曲面

$$
\begin{aligned}
&144\,x^5\,y+144\,x^5\,z+780\,x^4\,y^2+1056\,x^4\,y\,z+780\,x^4\,z^2+1288\,x^3\,y^3\\
&+3048\,x^3\,y^2\,z+3048\,x^3\,y\,z^2+1288\,x^3\,z^3+780\,x^2\,y^4+3048\,x^2\,y^3\,z\\
&+5073\,x^2\,y^2\,z^2+3048\,x^2\,y\,z^3+780\,x^2\,z^4+144\,x\,y^5+1056\,x\,y^4\,z\\
&+3048\,x\,y^3\,z^2+3048\,x\,y^2\,z^3+1056\,x\,y\,z^4+144\,x\,z^5+144\,y^5\,z+780\,y^4\,z^2\\
&+1288\,y^3\,z^3+780\,y^2\,z^4+144\,y\,z^5=0.
\end{aligned}
\tag{6.2.5}
$$

6.3 降维算法

虽然降维算法对更广泛的一类不等式都适用, 但本节要处理的是具有下述形式的命题

$$
\Phi_1\wedge\Phi_2\wedge\cdots\wedge\Phi_s\Rightarrow\Phi_0,
$$

其中 $\Phi_0, \Phi_1, \cdots, \Phi_s$是关于 $x, y, z, \cdots$ 的代数不等式, 题设 $\Phi_1 \wedge \Phi_2 \wedge \cdots \wedge \Phi_s$ 要么定义一个开集 (不一定连通), 要么定义一个开集及其部分或全部边界. 对题设所定义集合的限制是因为我们将要提出的算法是在开集上讨论问题, 然后利用连续性得到边界上的结论.

例 6.1.2 可以写成 $(x>0) \wedge (y>0) \wedge (z>0) \Rightarrow (6.1.2)$, 其中题设 $(x>0) \wedge (y>0) \wedge (z>0)$ 确定了参数空间$\mathbf{R}^3$ 中的一个开集. 因此例 6.1.2 属于我们描述的这个类. 例 6.2.1 也属此类. 该类覆盖了 Bottema 等的著作 [13] 以及 Mitrinović等的著作 [88] 中的大部分不等式. 事实上, 例 6.2.1 是一个由变元 x, y, z 表述的几何不等式 [13].

当结论 Φ_0 是一个非严格的不等式 ($\leqslant$ 型) 时, 我们采用下述的步骤来处理 (如果 Φ_0 是一严格的不等式 ($<$ 型), 我们还需要验证方程 $l_0(x, y, \cdots) - r_0(x, y, \cdots) = 0$ 在题设条件下是否有实解, 其中 $l_0(x, y, \cdots)$ 及 $r_0(x, y, \cdots)$ 分别为 Φ_0 的左端和右端).

- 找出不等式 $\Phi_0, \Phi_1, \cdots, \Phi_s$ 的分界曲面.
- 分界曲面将参数空间划分为有限个胞腔, 我们从中选出所有的连通开集 $D_1, D_2, \cdots, D_k$, 而忽略低维的胞腔. 在选出的每一个连通开集中至少选取一个测试点, 记为 $(x_\nu, y_\nu, \cdots) \in D_\nu$, $\nu = 1, \cdots, k$. 这一步骤可以采用不完全的*柱形代数分解*(忽略低维胞腔). 因为是在开集中选取, 可以保证所选的每个测试点都是有理点.
- 逐个对每一个测试点 $(x_1, y_1, \cdots), \cdots, (x_k, y_k, \cdots)$ 验证命题的正确性. 命题成立当且仅当对所有的测试点命题皆成立.

下面来证明这个方法的正确性.

令 $l_\mu(x, y, \cdots)$, $r_\mu(x, y, \cdots)$ 及 $P_\mu(x, y, \cdots) = 0$ 分别表示不等式 Φ_μ 的左端, 右端及分界曲面, 并令

$$\delta_\mu(x, y, \cdots) = l_\mu(x, y, \cdots) - r_\mu(x, y, \cdots),$$

其中 $\mu = 0, \cdots, s$.

因为所有 $\delta_\mu(x, y, \cdots)$ 的零点的集合是一个闭集, 故其补集 Δ 是一个开集. 另一方面, 集合

$$D = D_1 \cup \cdots \cup D_k$$

恰好是所有 $P_\mu(x, y, \cdots)$ 的零点的集合的补集.

因为 $\delta_\mu(x, y, \cdots)$ 的零点都是 $P_\mu(x, y, \cdots)$ 的零点, 所以 $D \subset \Delta$. 令 $\Delta_1, \cdots, \Delta_t$ 表示 Δ 的所有连通支, 其中每一个都是连通开集. 每一个 Δ_λ 必然包含 D 中的一点, 因为开集不可能全部由某些 $P_\mu(x, y, \cdots)$ 的零点构成. 假定 Δ_λ 包含 D 的某个连通支 D_i 的一点, 则有 $D_i \subset \Delta_\lambda$, 因为 Δ 的两个不连通的分支不可能同时与 D_i

相交. 由上述算法的第二步知 D_i 包含一个测试点 $(x_i, y_i, \cdots)$, 因此每个 Δ_λ 至少包含一个测试点.

因此, $\delta_\mu(x, y, \cdots)$ 在整个 Δ_λ 上保持与 $\delta_\mu(x_{i_\lambda}, y_{i_\lambda}, \cdots)$ 相同的符号, 其中 $(x_{i_\lambda}, y_{i_\lambda}, \cdots)$ 是 Δ_λ 中的一个测试点, $\lambda = 1, \cdots, t$; $\mu = 0, \cdots, s$. 否则, 如果存在一点 $(x', y', \cdots) \in \Delta_\lambda$, 使得 $\delta_\mu(x', y', \cdots)$ 的符号与 $\delta_\mu(x_{i_\lambda}, y_{i_\lambda}, \cdots)$ 的符号相反, 作一连接两点 $(x', y', \cdots)$ 和 $(x_{i_\lambda}, y_{i_\lambda}, \cdots)$ 的路径 $\varGamma$, 使得 $\varGamma \subset \Delta_\lambda$, 那么必然有一点 $(\bar{x}, \bar{y}, \cdots) \in \varGamma$, 使得 $\delta_\mu(\bar{x}, \bar{y}, \cdots) = 0$, 得出了矛盾!

令 $A \cup B$ 表示题设所定义的集合, 其中 A 是由

$$(\delta_1(x, y, \cdots) < 0) \wedge \cdots \wedge (\delta_s(x, y, \cdots) < 0)$$

定义的开集, 它由 Δ 的某些连通支及 $\delta_0(x, y, \cdots)$ 的某些实零点组成, 比方说, $A = Q \cup S$, 其中 $Q = \Delta_1 \cup \cdots \cup \Delta_j$, S 是 $\delta_0(x, y, \cdots)$ 的某些实零点集合. B 是 A 的全部或部分边界, 由 $\delta_\mu(x, y, \cdots)$ 的某些实零点组成, $\mu = 1, \cdots, s$.

最后逐个对 A 中的所有测试点验证不等式 $\delta_0 < 0$ 是否成立. 如果有一个测试点使得 $\delta_0 > 0$, 则命题不成立; 否则, $\delta_0 < 0$ 在 Q 上成立. 因为 Q 的每一个连通支都含有一个测试点, 又 δ_0 在 Δ_λ 保持符号不变, 因此由连续性可知 $\delta_0 \leqslant 0$ 在 A 上成立, 同样在 $A \cup B$ 上成立, 从而命题为真.

上述步骤有时可以简化. 当结论 $\varPhi_0$ 属于所谓 "CGR" 类时, 在做第三步时, 我们只需要比较 $\varPhi_0$ 的左多项式与右多项式在测试点处的值.

定义 6.3.1 如果一个代数不等式的左端是其左多项式的最大根, 而其右端是其右多项式的最大根, 我们称这个代数不等式属于 CGR 类.

显然, 在例 6.1.2 中, 因为所有根式前的符号均为正, 所以不等式 (6.1.2) 的左右两端分别是其左多项式 $L(T)$ 右多项式 $R(T)$ 的最大根. 因而不等式 (6.1.2) 属于CGR类, 我们只需验证 $L(T)$ 的最大根是否小于或等于 $R(T)$ 的最大根. 从精确计算的角度看, 这比判断两个复杂根式的大小容易一些.

如果不等式只含有单层根式, 通过移项总是能转换为等价的属于 CGR类的不等式. 事实上, 文献 [13] 和 [88] 中的大部分不等式都属于CGR类. 详情请参见文献 [143].

6.4 关于三角形的不等式

文献 [13] 中讨论的数百个不等式绝大部分是关于三角形的. 此后, 在各类出版物中又出现了上千个三角形不等式.

在讨论关于单个三角形的几何不等式时, 通常采用几何不变量而不是笛卡儿坐

标作为全局变量. 令 a,b,c 表示三角形各边的长度, s 表示半周长, 即 $\frac{1}{2}(a+b+c)$. 又 x,y,z 分别表示 $s-a,s-b,s-c$. 此外, 令 A,B,C 表示三角形的三内角, S 表示面积, R 表示外接圆半径, r 表示内切圆半径. r_a,r_b,r_c 表示旁切圆半径. h_a,h_b,h_c 表示高, m_a,m_b,m_c 表示中线的长度, w_a,w_b,w_c 表示内角平分线的长度等.

人们常常选择 x,y,z 作为独立变量, 而将其余变量视为约束变量. 从降低多项式次数的角度来考虑, 或许存在着更好的选择.

一个代数不等式 $\Phi(x,y,z)$ 可以看成一个关于三角形的几何不等式, 如果

- $x>0,\ y>0,\ z>0$;
- Φ 的左端 $l(x,y,z)$ 和右端 $r(x,y,z)$ 都是齐次的;
- $l(x,y,z)$ 与 $r(x,y,z)$ 的次数相同.

第一条意味着三角形的两边之和大于第三边; 第二、三条意味着相似变换不改变命题的真伪. 例如, 不等式 (6.2.2) 的左端 $m_a+m_b+m_c$ 和右端 $2s$ 都是关于 $x,\ y,\ z$ 的一次齐次函数.

更进一步, 假定 $\Phi(x,y,z)$ 的左端 $l(x,y,z)$ 和右端 $r(x,y,z)$ 是关于 $x,\ y,\ z$ 的对称函数. 则将 $l(x,y,z)$ 与 $r(x,y,z)$ 中的 $x,\ y,\ z$ 替换为如下的 x',y',z' 不会改变命题的真伪：$x'=\rho x,\ y'=\rho y,\ z'=\rho z$ 且 $\rho>0$.

显然 $\Phi(x',y',z')$ 的左多项式 $L(T,\ x',y',z')$ 和右多项式 $R(T,\ x',y',z')$ 关于 x',y',z' 都是对称的, 因此它们都可以用 x',y',z' 的初等对称函数来表达, 即

$$H_l(T,\ \sigma_1,\sigma_2,\sigma_3)=L(T,\ x',y',z'),\quad H_r(T,\ \sigma_1,\sigma_2,\sigma_3)=R(T,\ x',y',z'),$$

其中 $\sigma_1=x'+y'+z',\ \sigma_2=x'y'+y'z'+z'x',\ \sigma_3=x'y'z'$.

令 $\rho=\sqrt{\dfrac{x+y+z}{x\,y\,z}}$, 有 $x'y'z'=x'+y'+z'$, 即 $\sigma_3=\sigma_1$. 进而令

$$s=\sigma_1(=\sigma_3),\qquad p=\sigma_2-9,$$

我们可以将 $L(T,\ x',y',z')$ 和 $R(T,\ x',y',z')$ 转换为 $T,\ p,\ s$ 的多项式, 记之为 $F(T,p,s)$ 与 $G(T,p,s)$. 特别地, 如果 F 和 G 均只含有 s 的偶次项, 那么它们还可以进一步转换为 $T,\ p$ 及 q 的多项式, 这里设 $q=s^2-4p-27$. 通常后者的次数与项数都比 $L(T,x,y,z)$ 和 $R(T,x,y,z)$ 中的次数与项数低. 因此我们用 $p,\ s$ 或 $p,\ q$ 表达的分界曲面来剖分 $(p,\ s)$ 平面或 $(p,\ q)$ 平面, 而不是对 $\mathbf{R}^3$ 作这种剖分. 对于很大一部分几何不等式, 这样的变换都会极大地降低计算复杂度. 如下一例选自文献 [13].

例 6.4.1 令 $w_a,\ w_b,\ w_c$ 与 s 分别表示三角形的内角平分线与半周长, 求证

$$w_bw_c+w_cw_a+w_aw_b\leqslant s^2.$$

易知

$$w_a = 2\,\frac{\sqrt{x\,(x+y)(x+z)(x+y+z)}}{2\,x+y+z},$$

$$w_b = 2\,\frac{\sqrt{y\,(x+y)(y+z)(x+y+z)}}{2\,y+x+z},$$

$$w_c = 2\,\frac{\sqrt{z\,(x+z)(y+z)(x+y+z)}}{2\,z+x+y},$$

且 $s=x+y+z$. 按照前述的连续结式计算, 我们得到一个次数为 20 的含 557 项的左多项式, 右多项式为 $T-(x+y+z)^2$, 分界多项式 $P(x,\,y,\,z)$ 的次数为 15 且含 136 项.

然而, 如果将左, 右多项式均用 p, q 来表达, 可得

$$\begin{aligned}
&(9\,p+2\,q+64)^4\,T^4\\
&-32(4\,p+q+27)\,(p+8)\,(4\,p^2+p\,q+69\,p+10\,q+288)\,(9\,p+2\,q+64)^2\,T^2\\
&-512\,(4\,p+q+27)^2\,(p+8)^2\,(9\,p+2\,q+64)^2\,T+256(4\,p+q+27)^3\\
&\times(p+8)^2\,(-1024-64\,p+39\,p^2-128\,q-12\,p\,q-4\,q^2+4\,p^3+p^2\,q)
\end{aligned}$$

及 $T-4\,p-q-27$, 分界多项式为

$$\begin{aligned}
Q(p,\,q)=\;&5600256\,p^2\,q+50331648\,p+33554432\,q+5532160\,p^3\\
&+27246592\,p^2+3604480\,q^2+22872064\,p\,q+499291\,p^4+16900\,p^5\\
&+2480\,q^4+16\,q^5+143360\,q^3+1628160\,p\,q^2+22945\,p^4\,q\\
&+591704\,p^3\,q+11944\,p^3\,q^2+2968\,p^2\,q^3+242568\,p^2\,q^2+41312\,p\,q^3\\
&+352\,p\,q^4,
\end{aligned}$$

其次数为 5 且只含 20 项.

6.5 BOTTEMA 程序及若干实例

BOTTEMA是用 Maple 实现的一个证明器, 除了实现了前面介绍的降维算法外还包含后面章节中的部分算法和多个实用程序. 本节只列举 3 个基本的功能和指令, 即 prove, xprove 和 yprove. 其他用法请参阅本书附录 C: BOTTEMA 简易使用指南. 证明过程完全自动化, 其间无需人工干预.

prove

目的：证明某个三角形中的几何不等式或与之等价的代数不等式.

输入指令：prove(ineq); 或 prove(ineq, [ineqs]);

说明：• ineq：一个待证的不等式, 它是用附录 C 列表中的几何不变量来表述的.

• ineqs：作为假设条件的一组不等式, 其中每一个都是用附录 C 列表中的几何不变量来表述的.

注意：• 待证的几何不等式必须是 $\leqslant$ 型或者 $\geqslant$ 型的, 而且作为假设条件的那组不等式定义一个开集或者一个开集加上它的全部或部分边界; ineq 和 ineqs 必须由附录 C 中所列几何不变量的根式表出.

• 指令 prove 也适用于这样的命题：其假设 ineqs 和结论 ineq 都是用 x, y, z(其中 $x>0, y>0, z>0$) 的有理函数或根式表出的齐次代数不等式, 它是 $\leqslant$ 型或者 $\geqslant$ 型的, 而且作为假设条件的那组不等式定义一个开集或者一个开集加上它的全部或部分边界. 这样的代数命题等价于一个几何不等式命题.

xprove

目的：证明某个具有非负变量的代数不等式.

输入指令：xprove(ineq); 或 xprove(ineq, [ineqs]);

说明：• ineq：一个待证的代数不等式, 它的所有变量都取非负值.

• ineqs：作为假设条件的一组代数不等式, 其所有变量都取非负值.

注意：• 待证的代数不等式必须是 $\leqslant$ 型或者 $\geqslant$ 型的, 而且作为假设条件的不等式组 ineqs 定义一个开集或者一个开集加上它的全部或部分边界.

• 其假设 ineqs 和结论 ineq 中只出现有理函数和根式.

• "所有变量非负" 在此是默认的, 不必写入假设条件中.

yprove

目的：证明某个代数不等式.

输入指令：yprove(ineq); 或 yprove(ineq, [ineqs]);

说明：• ineq：一个待证的代数不等式.

• ineqs：作为假设条件的一组代数不等式.

注意：• 待证的代数不等式必须是 $\leqslant$ 型或者 $\geqslant$ 型的, 而且作为假设条件的不等式组 ineqs 定义一个开集或者一个开集加上它的全部或部分边界.

• 其假设 ineqs 和结论 ineq 中只出现有理函数和根式.

用BOTTEMA验证不等式, 我们只需要键入证明指令, 机器就会自动证明而无需人工干预. 如果命题为真, 则输出 "The inequality holds", 反之输出 "The inequality does not hold" 并给出反例. 本节各例所用时间均为在 Pentium IV/2.2G CPU

机上使用 Maple 8 的运行数据.

著名的 Janous 不等式[68]在 1986 年作为公开问题提出, 1988 年获解.

例 6.5.1　设 m_a, m_b, m_c 和 $2s$ 分别表示三角形三边上的中线长及半周长, 证明

$$\frac{1}{m_a}+\frac{1}{m_b}+\frac{1}{m_c} \geqslant \frac{5}{s}.$$

在 Maple 环境中执行指令:

```
prove(1/ma+1/mb+1/mc>=5/s);
```

这个不等式难在它的左端隐含了三个根式, BOTTEMA 在证明这个命题前会自动将几何命题转换为与之等价的代数命题. 证明这一命题用时 3.94 秒.

例 6.5.2　令 a, b, c 和 s 分别表示三角形的三边长和半周长, 判定下述命题的真伪.

$$2s(\sqrt{s-a}+\sqrt{s-b}+\sqrt{s-c}) \leqslant 3\,(\sqrt{bc(s-a)}+\sqrt{ca(s-b)}+\sqrt{ab(s-c)}).$$

在同一机器上验证这一命题费时 11.36 秒.

例 6.5.3　设 r_a, r_b, r_c 和 w_a, w_b, w_c 分别表示三角形的内切圆半径及内角平分线长, 判定下述命题的真伪:

$$\sqrt[3]{r_a r_b r_c} \leqslant \frac{1}{3}(w_a+w_b+w_c).$$

即 r_a, r_b, r_c 的 几何平均值 是否小于或等于 w_a, w_b, w_c 的 算术平均值. 在 Maple 环境中执行指令:

```
prove((ra*ra*rb)^(1/3)<=(wa+wb+wc)/3);
```

上述不等式的右端也隐含了三个根式, BOTTEMA验证这一猜想的时间为 11.95 秒. 而验证文献 [101] 中的下述猜想用时 63.55 秒.

例 6.5.4　令 a, b, c, m_a, m_b, m_c 及 w_a, w_b, w_c分别表示三角形的边长、中线长及内角平分线长, 判定下述命题的真伪.

$$a\,m_a+b\,m_b+c\,m_c \leqslant \frac{2}{\sqrt{3}}\,(w_a^2+w_b^2+w_c^2).$$

1985 年 Garfunkel 在*Crux Math.*上首次提出下述猜想, 随后再次作为公开问题出现在文献 [75, 88] 中.

例 6.5.5　令 A, B, C 为三角形的三内角, 判定下述命题的真伪.

$$\cos\frac{B-C}{2}+\cos\frac{C-A}{2}+\cos\frac{A-B}{2}$$
$$\leqslant \frac{1}{\sqrt{3}}\left(\cos\frac{A}{2}+\cos\frac{B}{2}+\cos\frac{C}{2}+\sin A+\sin B+\sin C\right).$$

判定这一命题用时 24.98 秒.

为了回答 Erdös 提出的问题, Oppenheim 研究了下述不等式[88].

例 6.5.6 设 a, b, c 和 m_a, m_b, m_c 分别为三角形的三边长和中线长, 如果 $c=\min\{a, b, c\}$, 那么

$$2\,m_a+2\,m_b+2\,m_c \leqslant 2\,a+2\,b+(3\sqrt{3}-4)\,c.$$

由于题设部分含有条件 $c=\min\{a, b, c\}$, 因此键入指令

```
prove(2*ma+2*mb+2*mc<=2*a+2*b+(3*sqrt(3)-4)*c, [c<=a,c<=b]);
```

验证用时 211.24 秒. 如果键入的指令仅为

```
prove(2*ma+2*mb+2*mc<=2*a+2*b+(3*sqrt(3)-4)*c);
```

则输出 "The inequality does not hold", 并给出反例

$$[a=203,\ b=706,\ c=505].$$

下面这个正半定判定问题源自文献 [79].

例 6.5.7 假定 $x>0$, $y>0$, $z>0$, 证明

$$\begin{aligned}&2187(y^4z^4(y+z)^4(2\,x+y+z)^8+x^4z^4(x+z)^4(x+2\,y+z)^8\\&+x^4y^4\cdot(x+y)^4(x+y+2\,z)^8)-256(x+y+z)^8(x+y)^4(x+z)^4(y+z)^4\geqslant 0.\end{aligned}$$

左边是一个 3 元齐次对称多项式, 而且变量都取正值, 按照前面所述规则可以用prove也可以用xprove. 这个多项式展开后共有 201 项, 系数的绝对值最大为 181394432. 通常判定一个多项式是否正半定不是一件容易的事, 若调用prove可利用该多项式的对称性与齐次性, 降低了次数与维数, 故验证这一命题只需 0.59 秒. 此题若用xprove则需较多时间.

著名的 Euler 不等式$R\geqslant 2\,r$ 和不等式 $m_a\geqslant w_a$ 常被用来阐述不等式证明的各种不同算法[25, 129, 130]. 这里我们比较 $R-2\,r$ 与 m_a-w_a的大小.

例 6.5.8 设 R, r 表示三角形的外接圆半径与内切圆半径,m_a, w_a 表示三角形一边上的中线与内角平分线, BOTTEMA用时 3.11 秒可以证明

$$m_a-w_a\leqslant R-2\,r.$$

当然我们的程序不仅仅适用于关于三角形的不等式, 譬如可以用来证明所谓的 "Ptolemy Inequality". 这次我们使用笛卡儿坐标而不是几何不变量.

例 6.5.9 给定平面上的四点 A, B, C, D, 用 AB, AC, AD, BC, BD, CD 表示各点两两之间的距离, 求证

$$AB\cdot CD+BC\cdot AD\geqslant AC\cdot BD.$$

令 $A=\left(-\frac{1}{2},0\right)$, $B=(x,y)$, $C=\left(\frac{1}{2},0\right)$, $D=(u,v)$, 将上式化为

$$\sqrt{\left(-\frac{1}{2}-x\right)^2+y^2}\sqrt{\left(\frac{1}{2}-u\right)^2+v^2}+\sqrt{\left(x-\frac{1}{2}\right)^2+y^2}\sqrt{\left(-\frac{1}{2}-u\right)^2+v^2}$$
$$\geqslant\sqrt{(x-u)^2+(y-v)^2}.$$

我们只需键入指令yprove(%); 其中 % 代表上式. 运行 3.67 秒后输出 “The inequality holds”.

根据我们的记录, 在 Pentium IV/2.2G CPU 上使用 Maple 8 运行上述各例所用CPU时间以及测试点的数目如下所示:

例 6.1.2	108.58秒	23 个测试点
例 6.2.1	0.02秒	1 个测试点
例 6.4.1	0.03秒	1 个测试点
例 6.5.1	3.94秒	12 个测试点
例 6.5.2	11.36秒	135 个测试点
例 6.5.3	11.95秒	4 个测试点
例 6.5.4	63.55秒	3 个测试点
例 6.5.5	24.98秒	121 个测试点
例 6.5.6	211.24秒	287 个测试点
例 6.5.7	0.59秒	2 个测试点
例 6.5.8	3.11秒	22 个测试点
例 6.5.9	3.67秒	48 个测试点

上表所列的时间包括求左、右多项式、分界多项式、胞腔分解及逐个验证所有样本点 (即测试点) 所花的时间.

注 6.5.1 (1) BOTTEMA 对题设与结论都是由有理函数与根式表达的不等式型定理有效, 并且要求结论部分是 “$\leqslant$” 或 “$\geqslant$” 类型的不等式, 而题设部分定义一个开集或一个开集及其全部或部分边界. 由于后一限制, 当原问题的假设条件中含有某个等式 $P=Q$ 时, 必须用消元的办法去掉等式并降低整个问题的维数, 绝不能简单地用两个不等式 $P\geqslant Q$, $P\leqslant Q$ 代替.

(2) 目前的程序不适用于除有理函数及根式以外的其他代数函数.

(3) BOTTEMA 对关于三角形的不等式尤其高效, 如果用几何不变量来表达最佳. 对于代数结构比较简单的某些类型, 甚至可以自动生成用自然语言表述的 可读证明[139].

(4) BOTTEMA 是一个不断更新的证明器. 许多新方法和新功能都被实现并被包含其中. 感兴趣的读者可以参阅本书附录或本书下面的相关章节.

6.6 全局优化的符号算法与有限核原理

本节介绍代数函数全局优化的一个符号算法, 它源于吴文俊的有限核原理. 该算法将求全局最大 (最小) 值的问题转换为对有限多个不等式的验证, 故需强有力的不等式机器证明软件的支持. 吴文俊率先用他所首创的“吴消元法”于不等式机器证明的研究 [128~130]. 在其影响下产生了吴法与 Seidenberg 方法、吴法与柱形代数分解 (CAD)、吴法与多项式判别系统等多种卓有成效的综合方法 [25, 26, 140, 141]. 近年来他又特别关注求解最优化问题的机械化方法. 大家知道, 这在实际应用中有更为重大的意义, 理论上看也是“求比证难”.

吴文俊的*有限核原理* 可简述为: 在多项式约束下, 一个多项式的局部最大 (最小) 值必为有限多个. 虽然此时其最优点之集可以是无限甚至不可数的. 这一原理的证明是构造性的, 相应的算法在机器上是可行的和有效的.

从计算机科学或数学机械化的角度来看, 有限核原理是非常有用的. 借助于它我们可以把一大类求全局最大 (最小) 值的问题转化为对同一类型的有限个不等式的验证. 这样就解决了“求比证难”的问题. 这一策略对于只关心最优值的那类问题特别有效. 为方便起见, 不妨将*任何一个包含所有局部最优值的有限数集都叫做一个“有限核”*.

例 6.6.1[46] 在 $x > 0, y > 0$ 的约束下求下列函数的全局最小值

$$f(x,y) = \sqrt{x^2 + y^4} + 1/x + xy + 1/y^3.$$

这个问题来自文献 [46] 第 222~223 页.

求解此例的下述步骤将阐明我们的算法:

第一步 引进第 3 个变元 T 来表示目标函数, 即

$$\sqrt{x^2 + y^4} + 1/x + xy + 1/y^3 - T = 0. \tag{6.6.1}$$

将此方程有理化, 得到

$$T^2x^2y^6 - 2\,xy^3(y^3 + x^2y^4 + x)\,T - x^4y^6 - x^2y^{10} + y^6 + 2\,y^7x^2 + 2\,xy^3 + x^2 + x^4y^8 + 2\,x^3y^4 = 0. \tag{6.6.2}$$

将 (6.6.2) 对 x 求导

$$T^2xy^6 - y^3(3\,x^2y^4 + 2\,x + y^3)\,T - xy^{10} + 2\,xy^7 + y^3 - 2\,x^3y^6 + 2\,x^3\,y^8 + 3\,x^2y^4 + x = 0. \tag{6.6.3}$$

T 之临界值应同时满足 (6.6.2) 和 (6.6.3), 从中消去 x, 有

$$
\begin{aligned}
&\ \ y^{18}T^6-6y^{15}T^5+y^{12}(y^{12}+15-10y^7+y^2-3y^{10})T^4\\
&-4y^9(y^{12}-3y^{10}-10y^7+y^2+5)T^3\\
&-y^6(2y^{22}-3y^{20}+8y^{19}-2y^{17}-32y^{14}+14y^{12}\\
&+18y^{10}+8y^9+60y^7-6y^2-15)T^2\\
&+2y^3(2y^{22}-3y^{20}+8y^{19}-2y^{17}-32y^{14}+18y^{12}\\
&+6y^{10}+8y^9+20y^7-2y^2-3)T\\
&+1+2y^{17}-10y^7+y^2-3y^{10}-19y^{12}+16y^{26}+16y^{16}-8y^{29}+16y^{14}\\
&-8y^{24}-y^{30}+y^{32}+8y^{27}-10y^{22}+3y^{20}+24y^{19}-8y^9-32y^{21}\\
=&\ 0. \qquad (6.6.4)
\end{aligned}
$$

再将 (6.6.4) 对 y 求导, 有

$$
\begin{aligned}
&\ \ 9y^{17}T^6-45y^{14}T^5+y^{11}(12y^{12}-95y^7+7y^2-33y^{10}+90)T^4\\
&-2y^8(21y^{12}-57y^{10}-160y^7+11y^2+45)T^3\\
&-y^5(28y^{22}-39y^{20}+100y^{19}-23y^{17}-320y^{14}+126y^{12}\\
&+144y^{10}+60y^9+390y^7-24y^2-45)T^2+y^2(50y^{22}\\
&-69y^{20}+176y^{19}-40y^{17}-544y^{14}+270y^{12}+78y^{10}\\
&+96y^9+200y^7-10y^2-9)T+y-35y^6-36y^8+228y^{18}\\
&-15y^9-114y^{11}-110y^{21}+30y^{19}-336y^{20}+108y^{26}\\
&-116y^{28}-96y^{23}+16y^{31}+112y^{13}+128y^{15}+17y^{16}+208y^{25}-15y^{29}\\
=&\ 0. \qquad (6.6.5)
\end{aligned}
$$

同理, T 之临界值应同时满足 (6.6.4) 和 (6.6.5), 从中消去 y 而有

$$
\begin{aligned}
&(1048576T^{30}+515899392T^{26}-1409286144T^{25}+2540961792T^{24}\\
&-1153302528T^{23}+107366744064T^{22}-761895321600T^{21}\\
&+742505054208T^{20}-1509174018048T^{19}+19983229976576T^{18}\\
&-101027884597248T^{17}+224583289135104T^{16}-261697154455552T^{15}\\
&+1566498788034816T^{14}-6749986284896256T^{13}+17096536926093312T^{12}\\
&-28606341715574784T^{11}+42857063819335680T^{10}\\
&-106419317183590912T^9+297146787697784256T^8
\end{aligned}
$$

$$
\begin{aligned}
&-627616105182167040\,T^7+951670722773164032\,T^6\\
&-999363842091485184\,T^5+688635406172959488\,T^4\\
&-299922784419782784\,T^3+78642658420027488\,T^2-10014392000005200\,T\\
&+4964564163953479)(72301961339136\,T^{34}-92137890375936\,T^{32}\\
&-58912709239296\,T^{31}-4671310780013760\,T^{30}+195813679474944\,T^{29}\\
&+5685782870701575\,T^{28}-216919700101661400\,T^{27}\\
&-380073622895948043 9\,T^{26}-3011572190542382838\,T^{25}\\
&+4922528579616497337\,T^{24}-8800859134761039396\,T^{23}\\
&-34108422348334435778 7\,T^{22}-83190557399802187590 0\,T^{21}\\
&+443887860268720882395\,T^{20}+2698479844846793884908\,T^{19}\\
&+2345496357110272330140 0\,T^{18}-1146978389319577994500 2\,T^{17}\\
&-2271509286628492744216 2\,T^{16}-3587620427825397175371 24\,T^{15}\\
&+5258359510833664942252 20\,T^{14}+2490323202417828020489 82\,T^{13}\\
&+9867765124427637860236 43\,T^{12}-3312174938302479197050 242\,T^{11}\\
&+3513789112531038797607 834\,T^{10}-7253306453508616792714 700\,T^9\\
&+1277676763189668869539 986\,T^8+1784613639119537456438 8590\,T^7\\
&-7175638189435020165889 480\,T^6-1559122062141523114804 0350\,T^5\\
&+1184828587652363419398 9414\,T^4-7700985143708431104131 730\,T^3\\
&+5403223848394548628277 64\,T^2+5879815699053342397915 152\,T\\
&-7853356016732328338863 99)(64\,T^8-64\,T^3+48\,T^2-12\,T+1)\\
={}&0.
\end{aligned}
\tag{6.6.6}
$$

我们所要的全局最小值必为 (6.6.6) 的一个正根[①], 即必为下列 5 根之一

$$
\{0.13455\cdots,\ 0.28526\cdots,\ 0.79816\cdots,\ 1.15159\cdots,\ 4.31535\cdots\}. \tag{6.6.7}
$$

用 Maple 编程, 这第一步在一台 Pentium II/350 微机上需时不到 10 秒. 不过, 如果想当然认为所求全局最小值就是 (6.6.7) 中最小者 $0.13455\cdots$, 那就错了. 因为方程 $f(x,y)=0.13455\cdots$ 不一定有正解. 所以还得往下做.

第二步 一般地, 将上一步所得到的 "有限核" 排序

$$
T_1<T_2<\cdots<T_s,
$$

①本例的约束条件界定了一个开集, 否则还得考虑边界上的临界值.

在本例中 $s=5$. 然后取 s 个有理数 $R_1<R_2<\cdots<R_s$ 将其分隔, 即

$$R_1<T_1<R_2<T_2<\cdots<R_s<T_s,$$

在本例中可取

$$R_1=1/8,\quad R_2=1/4,\quad R_3=1/2,\quad R_4=1,\quad R_5=2.$$

下列事实是显然的:

如果 k 是使得不等式 $f>R_k$ 成立的最大自然数, 则 f 的全局最小值为 T_k; 如果不等式 $f>R_1$ 不成立, 则 f 的全局最小值不存在.

这一事实将求全局最小值的问题转化为对有限个不等式 $f>R_i$ 的验证. 如果用两分搜索法, 则所需验证的不等式的个数不超过 $\log_2 s+1$. 本例只需验证 3 个不等式. 如果应用我们自编的通用软件BOTTEMA, 在一台 Pentium II/350 微机上需时约 35 秒. 由于 $f>2$ 成立, 我们可以断定 f 的全局最小值为 $4.31535\cdots$, 它是一个 34 次不可约多项式方程 (见后面的 (6.6.8)) 的最大实根. 该多项式就是上面方程 (6.6.6) 左边的第二个因子.

第三步　如果我们需要找出对应于这个全局最小值的临界点, 即对应的 x,y 的值, 我们已经有一个现成的三角列, 其第一个方程是

$$\begin{aligned}
&72301961339136\,T^{34}-92137890375936\,T^{32}-58912709239296\,T^{31}\\
&-4671310780013760\,T^{30}+195813679474944\,T^{29}+5685782870701575\,T^{28}\\
&-216919700101661400\,T^{27}-380073622895948043 9\,T^{26}\\
&-301157219054238283 8\,T^{25}+4922528579616497337\,T^{24}\\
&-8800859134761039396\,T^{23}-341084223483344357787\,T^{22}\\
&-831905573998021875900\,T^{21}+443887860268720882395\,T^{20}\\
&+2698479844846793884908\,T^{19}+2345496357110272330140 0\,T^{18}\\
&-11469783893195779945002\,T^{17}-22715092866284927442162\,T^{16}\\
&-35876204278253971753712 4\,T^{15}+525835951083366494225220\,T^{14}\\
&+249032320241782802048982\,T^{13}+986776512442763786023643\,T^{12}\\
&-3312174938302479197050242\,T^{11}+3513789112531038797607834\,T^{10}\\
&-7253306453508616792714700\,T^{9}+12776767631896688695399 86\,T^{8}\\
&+17846136391195374564388590\,T^{7}-7175638189435020165889480\,T^{6}\\
&-15591220621415231148040350\,T^{5}+11848285876523634193989414\,T^{4}
\end{aligned}$$

$$
\begin{aligned}
&-7700985143708431104131730\,T^3+540322384839454862827764\,T^2\\
&+5879815699053342397915152\,T-785335601673232833886399\\
=\,&0. \qquad (6.6.8)
\end{aligned}
$$

其余两个方程是 (6.6.4) 和 (6.6.2).

下面考虑一个比较难算的例子.

例 6.6.2 求下列函数的全局最大值

$$G_{13}=\cos^{13}A+\cos^{13}B+\cos^{13}C,$$

此处 $A+B+C=\pi,\ A>0,B>0,C>0$.

这个问题需处理的次数太高, 此前我们还不知道有什么别的方法可以做得动. 应用软件BOTTEMA在一台 Pentium II/350 微机上运行 400 秒算出该最大值为 1.1973580278···, 它是下列 23 次不可约多项式方程的唯一实根

$$
\begin{aligned}
&\ \ 91343852333181432387730302044767688728495783936\,T^{23}\\
&-111503725992653115707678591363241807529902080\,T^{22}\\
&-535152550550286135211872270618933776646930432\,T^{21}\\
&-151148355841478072728753799230084851775307776000\,T^{20}\\
&-7866537946295364004823372703190522286571520000\,T^{19}\\
&-23428988895592433605929901825217426316580618240\,T^{18}\\
&+34488383979821012965716421660743079075799629824\,T^{17}\\
&-1450947636222995034892018417755445835547541504\,T^{16}\\
&-3076092151397267391871801564989068217824575488\,T^{15}\\
&-243720782456081000900194811864412615880998912\,T^{14}\\
&+24881955820083904961119343538287967666700288\,T^{13}\\
&-2093322338900105406370305568318101044248576\,T^{12}\\
&-30035273344907542675724583418701160699221\,T^{11}\\
&-1225598106572273607409562286877809595737\,T^{10}\\
&+6320512015900348747688190230282119869\,T^{9}\\
&-45556666989990221887268934958342199\,T^{8}\\
&-256756835432746423776218266451858\,T^{7}\\
&-187300450222951705287788101786\,T^{6}+739519062053579060375896218\,T^{5}
\end{aligned}
$$

$$+8411349085705013315982 6\,T^4 - 366353322068114554 33\,T^3$$
$$-339106861240027837\,T^2 - 124596035635879\,T - 45812984491$$
$$= 0.$$

我们获得一个 9 元素的有限核而实际只验证了 3 个不等式. 有趣的是该最大值并非在 $A=B=C=\dfrac{\pi}{3}$ 时取得, 而是在一个等腰三角形上达到, 其边长 $a=b=1$ 而 $c=1.963765212\cdots$ 是下列方程的唯一实根

$$c^{23}+c^{22}-23\,c^{21}-23\,c^{20}+241\,c^{19}+241\,c^{18}-1519\,c^{17}-1519\,c^{16}+6401\,c^{15}$$
$$+6401\,c^{14}-18943\,c^{13}-18943\,c^{12}+40193\,c^{11}+40192\,c^{10}-61184\,c^9$$
$$-61184\,c^8+65536\,c^7+65536\,c^6-47104\,c^5-47104\,c^4+20480\,c^3+20480\,c^2$$
$$-4096\,c-4096=0.$$

例 6.6.3 在条件 $x>0, y>0, z>0$ 之下, 求使不等式

$$4\sqrt{3\,x\,y\,z\,(x+y+z)} \leqslant (y+z)^2+(z+x)^2+(x+y)^2 -\lambda\Big(\frac{(2\,z+x+y)\,(y-x)^2}{x+y}+\frac{(2\,x+y+z)\,(z-y)^2}{y+z} +\frac{(2\,y+z+x)\,(x-z)^2}{z+x}\Big)$$

成立的参数 λ 的最大可能值.

这问题关于 x, y, z 是齐次对称的, 经适当换元可以降维降次. 我们的软件 BOTTEMA 会自动做这些事. 获得一个 3 元素的有限核并验证两个不等式之后, 机器给出 λ 的最大可能值是

$$\lambda_{\max}=\frac{1}{32}\,\frac{(827+384\sqrt{2})^{2/3}+73+3\,(827+384\sqrt{2})^{1/3}}{(827+384\sqrt{2})^{1/3}}=0.6462266581\cdots.$$

全过程在一台 Pentium II/350 机上需时约 5 秒.

在例 6.5.8 中我们研究了 m_a-w_a 与 $R-2r$ 的大小关系, 下例的讨论更一般.

例 6.6.4 求使下列不等式成立的参数 λ 的最小可能值

$$m_a-w_a \leqslant \lambda\,(R-2\,r).$$

这问题等价于在 $x>0,\ x\,y>1$ 的条件下求使下列不等式成立的 λ 的最小可能值

$$2\sqrt{x^4\,y^2+2\,x^3\,y+x^2-2\,x^3\,y^3+12\,x^2\,y^2-2\,x\,y+x^2\,y^4+2\,x\,y^3+y^2} -8\,\frac{\sqrt{y^2+1}\,\sqrt{x^2+1}\,x\,y}{x\,y+1}\leqslant \lambda\,(x^2\,y^2+x^2-8\,x\,y+9+y^2).$$

按我们的算法获得一个 3 元素的有限核 $\left\{\frac{1}{3},\ \frac{7}{12},\ 1\right\}$, 然后验证两个不等式

$$m_a - w_a \leqslant \frac{2}{3}\,(R-2\,r),$$
$$m_a - w_a \leqslant 2\,(R-2\,r).$$

前者一般不成立而后者为真, 故有 $\lambda_{\min}=1$. 在 Pentium II/350 机上全过程需时约 60 秒. 顺便也发现了一个漂亮的不等式: $m_a - w_a \leqslant R-2\,r$.

下面这个公开问题是近期的文献 [124] 中提出的.

问题 设 a,b,c,w_a,w_b,w_c,r,R 分别表示一个三角形的各边长、对应的内角平分线长、内切圆半径及外接圆半径. 求使下列不等式成立的 μ 的最大可能值.

$$\frac{a}{w_a}+\frac{b}{w_b}+\frac{c}{w_c}\geqslant 2\sqrt{3}+\mu\left(1-\frac{2r}{R}\right).$$

用 BOTTEMA 试做, 发现直接套用 cmax[①](或 findmax) 去做是做不通的 (内存用到 1.7G 后停算). 但是如果先做一个简单的变量替换再用 cmax(或 findmax) 就能顺利做通. 令 $\mu=2\sqrt{3}\,k$, 上面的不等式变为

$$ie1 := \frac{a}{w_a}+\frac{b}{w_b}+\frac{c}{w_c}\geqslant 2\sqrt{3}\,\left(1+k\left(1-\frac{2r}{R}\right)\right).$$

两端平方之后成为

$$ie2 := \left(\frac{a}{w_a}+\frac{b}{w_b}+\frac{c}{w_c}\right)^2\geqslant 12\,\left(1+k\left(1-\frac{2r}{R}\right)\right)^2.$$

首先求使不等式 $ie2$ 成立的 k 的最大可能值, 执行指令

```
> cmax(ie2,[ ],k);
```

约 300 秒后屏幕指示 $k_{\max}$ 是下列 17 次多项式在区间 $\left[\frac{4}{7},\frac{5}{8}\right]$ 中的唯一实根

$$\begin{aligned}P_1 = {} & 61628086298345472\,k^{17}+994608837203853312\,k^{16}\\ & +5757111529497427968\,k^{15}+13958433962440261632\,k^{14}\\ & +13405790032720035840\,k^{13}+15147169534587174912\,k^{12}\\ & +36605629396213825536\,k^{11}+27266683412678639616\,k^{10}\\ & +36107785932404391936\,k^{9}+10919169038199840768\,k^{8}\\ & -11522072181431420928\,k^{7}-8903563479171353088\,k^{6}\end{aligned}$$

①关于指令 cmax 和 findmax 的用法, 请参见附录 C: BOTTEMA 简易使用指南.

$$
\begin{aligned}
&-2610138678916313664\,k^5-436949460599129424\,k^4\\
&-52556831242123716\,k^3-4893876639710589\,k^2\\
&-298006176522240\,k-9633007665152.
\end{aligned}
$$

由于 $\mu=2\sqrt{3}\,k$, 那么使原不等式成立的 μ 的最大可能值应该是下列 34 次多项式的一个正根

$$
\begin{aligned}
P_2=\ &27390260577042432\,\mu^{34}-24200845080240586752\,\mu^{32}\\
&+7300895586046382702592\,\mu^{30}-823725448252025494044672\,\mu^{28}\\
&+19223679952233000163344384\,\mu^{26}\\
&+688067528123282623571165184\,\mu^{24}\\
&+2286801575542519976810486169 6\,\mu^{22}\\
&+382362287131030489451625906176\,\mu^{20}\\
&+2360292173943174111295690178 56\,\mu^{18}\\
&-2399694171879237256541303350067 2\,\mu^{16}\\
&+7092050882317357477713255117004 8\,\mu^{14}\\
&-7037062594308052704328291859916 8\,\mu^{12}\\
&+2115582412236931453657171728172 8\,\mu^{10}\\
&+259891095980871650641659043592 0\,\mu^{8}\\
&-1207354633315739462673569310156\,\mu^{6}\\
&-115975879332900077234719233793\,\mu^{4}\\
&-7303761493168487939449028608\,\mu^{2}\\
&-1484717386830034984882929664.
\end{aligned}
$$

其近似值为 $\mu_{\max}=2.140681711\cdots$.

6.7 借助 BOTTEMA 模拟数学归纳法

高等数学中的不等式常常依赖于一个 (甚至多个) 离散参数 n, 它是一个不确定的自然数. 譬如, 所考虑的不等式中的变量个数 n 是不确定的. 这类情况已经超出了 Tarski 的判定算法所能处理的"初等"范围, 也是目前通用的实量词消去工具不能直接处理的. 但这并不等于说某些具体的不等式不能转化为 Tarski 的判定算法所能处理的"初等"类型. 事实上已经有学者用计算机模拟数学归纳法, 借助于

实量词消去工具QEPCAD证明了不少这样的不等式. Kauers 在 2004 年的 ISSAC 会议上提出了一个方法 [74], 通过运用计算交换代数的工具尤其是根理想成员检验, 能证明一类变元的个数 n 是参数的多项式等式. 随后, 在 2005 年的 ISSAC 会议上 Gerhold 和 Kauers 进一步把这种思想推广到不等式的证明上 [56], 模拟数学归纳法用机器证明了许多以前未考虑过能用机器证明的不等式 [55~57], 如 Cauchy-Schwarz 不等式. 他们用的工具是QEPCAD. 在本节中我们将通过几个实例来阐明如何借助于BOTTEMA 程序来模拟数学归纳法. 在我们的经验中, BOTTEMA 在处理这些问题时似乎有更好的表现.

例 6.7.1 证明 Cauchy-Schwarz 不等式

$$\left(\sum_{k=1}^{n} x_k y_k\right)^2 \leqslant \sum_{k=1}^{n} x_k^2 \sum_{k=1}^{n} y_k^2, \quad n \in \mathbf{N}.$$

记 ϕ_n 是如下公式

$$\left(\sum_{k=1}^{n} x_k y_k\right)^2 - \sum_{k=1}^{n} x_k^2 \sum_{k=1}^{n} y_k^2 \leqslant 0,$$

容易验证 ϕ_1 和 ϕ_2 成立. 按照数学归纳法, 我们需要证明

$$\phi_n \Longrightarrow \phi_{n+1}. \tag{6.7.1}$$

这时我们引进新的实变元 r, s, t, x, y, 考虑命题

$$(\forall r, s, t, x, y)\ r^2 \leqslant st \Longrightarrow (r+xy)^2 \leqslant (s+x^2)(t+y^2). \tag{6.7.2}$$

如果 (6.7.2) 式为真, 那么 (6.7.1) 式当然就为真, 因为我们可以令 r, s, t, x, y 分别代表 $\sum\limits_{k=1}^{n} x_k y_k$, $\sum\limits_{k=1}^{n} x_k^2$, $\sum\limits_{k=1}^{n} y_k^2$, x_{n+1}, y_{n+1}. 但 (6.7.2) 和 (6.7.1) 显然并不等价. 事实上, 如果对实变量 r, s, t, x, y 不附加任何其他条件的话, 命题 (6.7.2) 是不成立的.

注意, (6.7.2) 是一个实量词消去问题(参看附录), 因而它是否为真是可以判定的. 譬如, 我们可以执行 BOTTEMA 的 yprove 指令

```
>yprove( (r+x*y)^2 <= (s+x^2)*(t+y^2),[ r^2 <= s*t ] );
```

屏幕几乎立即提示 “The inequality does not hold ”, 即该命题一般不真.

不过, 显而易见, 如果已经证明 Cauchy-Schwarz 不等式对于所有的 $x_k \geqslant 0$, $y_k \geqslant 0$ 成立, 那么当 x_k, y_k 为一般实数时它也必然成立. 这样我们不妨假设 x_k, y_k 非负, 从而 r, s, t 全都是非负的. 于是我们可以执行BOTTEMA的xprove指令

```
>xprove( (r+x*y)^2 <= (s+x^2)*(t+y^2),[ r^2 <= s*t ] );
```

前面讲过, 指令xprove总是默认其所有的变量都是非负的. 经大约 0.05 秒之后屏幕提示 “The inequality holds ”. 这表明 Cauchy-Schwarz 不等式当 x_k, y_k $(k=1,\cdots,n)$ 非负时成立.

一般地, 对于某个与 n 相关的不等式 ψ_n, 如果 ψ_n 是 n 的函数, 其值与之前的某些 ψ_i 的值呈多项式关系, 那么上面的方法就可以试用. 也就是说, 我们可以把归纳步骤

$$\psi_n \Longrightarrow \psi_{n+1} \tag{6.7.3}$$

中的某些量命名为新的实变量, 而把归纳步骤的证明转化为一个实量词消去问题

$$\psi_n' \Longrightarrow \psi_{n+1}'. \tag{6.7.4}$$

需要注意的是, 当 (6.7.4) 为假时, 我们并不能得到关于 (6.7.3) 的任何结论. 这时, 可以加入一些 ψ_n' 中的量必然满足的等式或不等式作为附加的前提条件, 重新做量词消去. 当然, 即使 (6.7.3) 是正确的, 这样做也并不能保证在某步之内 (6.7.4) 必为真. 所以这不是一个判定算法, 而是一种探索式 (heuristic) 方法. 但如果运气足够好的话, 也能证得许多有用的结论. 这从下面列举的例子中可以得到佐证.

例 6.7.2　证明文献 [87] 中的一个不等式

$$\sqrt{n+\sqrt{(n-1)+\sqrt{\cdots+\sqrt{2+\sqrt{1}}}}} \leqslant \sqrt{n}+1, \quad n \geqslant 1.$$

显然 $n=1$ 时上式成立. 记上式的左端为 r, 归纳步骤变成证明

$$(\forall\, n \geqslant 1, r>0)(r \leqslant \sqrt{n}+1 \Longrightarrow \sqrt{n+1+r} \leqslant \sqrt{n+1}+1).$$

使用BOTTEMA的xprove指令

```
>xprove(sqrt(n+1+r)<=sqrt(n+1)+1,[r<=sqrt(n)+1,n>=1]);
```

可在几秒内证明上式成立.

例 6.7.3　证明 Bernoulli 不等式

$$(x+1)^n \geqslant 1+nx, \quad n \geqslant 0,\ x \geqslant -1.$$

上式在 $n=1$ 时成立. 记左端为 r, 归纳步骤变成证明

$$\begin{aligned}(\forall\, n,x,r)(\ n \geqslant 0\ \wedge\ x \geqslant -1\ \wedge\ r \geqslant 1+nx \\ \Longrightarrow (1+x)r \geqslant 1+(n+1)x\ ).\end{aligned}$$

使用BOTTEMA的yprove指令

```
>yprove((1+x)*r>=1+(n+1)*x,[r>=1+n*x,n>=0,x>=-1]);
```

可在不到 1 秒的时间内证明上式成立.

例 6.7.4 证明

$$\left(1-\sum_{k=1}^{n} x_k^2\right)\left(1-\sum_{k=1}^{n} y_k^2\right) \leqslant \left(1-\sum_{k=1}^{n} x_k y_k\right)^2$$

对一切满足下列条件的实数 x_k, y_k 成立

$$\sum_{k=1}^{n} x_k^2 \leqslant 1, \quad \sum_{k=1}^{n} y_k^2 \leqslant 1.$$

这个不等式称作 Aczél 不等式, 可以看作是 Cauchy 不等式的双曲版本, 在非欧几何中有应用. 它首先是由 Aczél 等提出并证明的 [1, 2].

显然只要证明该不等式对于一切正数 x_k, y_k 成立就够了, 所以仍然用 xprove 来完成如下归纳步骤

$$\begin{aligned}(\forall\, r,s,t,x,y)\ (1-s-x^2 \geqslant 0\ \wedge\ & 1-t-y^2 \geqslant 0\\ &\wedge(1-s)(1-t) \leqslant (1-r)^2\\ &\Longrightarrow (1-s-x^2)(1-t-y^2) \leqslant (1-r-xy)^2\ ).\end{aligned}$$

执行指令

```
>xprove((1-s-x^2)*(1-t-y^2)<=(1-r-x*y)^2,
        [(1-s)*(1-t)<=(1-r)^2,1-s-x^2>=0,1-t-y^2>=0]);
```

BOTTEMA验证了 1156 个样本点后证明了上式.

例 6.7.5 文献 [57] 中用机器证明了 Turán 不等式

$$\Delta_n(x) := P_n(x)^2 - P_{n-1}(x)P_{n+1}(x) \geqslant 0, \quad x \in [-1,\ 1],\ n \geqslant 1, \tag{6.7.5}$$

其中 $P_n(x)$ 表示第 n 个 Legendre 多项式.

首先, 因为 $P_0(x)=1,\ P_1(x)=x,\ P_2(x)=(3x^2-1)/2$, 所以容易检验不等式在 $n=1$ 时成立; 其次, 考虑归纳步骤

$$\Delta_n(x) \geqslant 0 \Longrightarrow \Delta_{n+1}(x) \geqslant 0, \quad x \in [-1,\ 1],\ n \geqslant 1. \tag{6.7.6}$$

如果把 $P_{n-1}, P_n, P_{n+1}, P_{n+2}$ 分别命名为 Y_{-1}, Y_0, Y_1, Y_2, 式 (6.7.6) 变成如下量词消去问题

$$(\forall\, Y_{-1}, Y_0, Y_1, Y_2)\ (Y_0^2 - Y_{-1}Y_1 \geqslant 0 \Longrightarrow Y_1^2 - Y_0 Y_2 \geqslant 0). \tag{6.7.7}$$

公式 (6.7.7) 显然为假, 于是我们需要添加一些条件. 根据 Legendre 多项式的递归性质

$$(n+2)P_{n+2}(x)=(2n+3)xP_{n+1}(x)-(n+1)P_n(x), \quad n\geqslant 0.$$

那么, 修改后的量词消去问题是

$$\begin{aligned}&(\forall N,X,Y_{-1},Y_0,Y_1,Y_2)\ (\ N\geqslant 0\ \wedge\ -1\leqslant X\leqslant 1\\&\wedge(N+2)Y_2=-(N+1)Y_0+(3X+2NX)Y_1\\&\wedge(N+1)Y_1=-NY_{-1}+(X+2NX)Y_0\\&\wedge Y_0^2-Y_{-1}Y_1\geqslant 0\\\Longrightarrow\ &Y_1^2-Y_0Y_2\geqslant 0\ ).\end{aligned}$$

这个命题的假设条件中包括两个等式, 必须降维 (消元) 去掉等式后才能应用 BOTTEMA程序. 根据这两个等式消去变量 Y_1,Y_2 之后, 得到一个仅含 4 个变量 X,Y_0,Y_{-1},N 的新命题. 该新命题可以用yprove在几秒钟内证明成立. 于是我们完成了归纳证明.

并非所有依赖于离散变量 (譬如自然数 n) 的命题都能用数学归纳法来证明, 况且数学归纳法也并非仅有 $\phi_n\Longrightarrow\phi_{n+1}$ 这一种模式. 即使这种模式也不都属于实量词消去法力所能及的范围. 事实上, 我们曾对大量实例试用以上方法, 其中大多数未能成功. 尽管如此, 借助于BOTTEMA这样较高效能的程序, 通过反复试验仍然能够证明和发现许多过去靠计算机难以证明的不等式.

6.8 Tarski 模型外的一类机器可判定问题

20 世纪 50 年代初, 波兰数学家 Tarski发表了其著名的论文《初等代数与初等几何的判定方法》[103], 证明了初等代数以及初等几何范围的命题可以有机械的步骤来判定其对错, 此种问题被称为是机器 (或算法)可判定的. 这里的初等代数范围, 是指由常数 0,1, 变元符号 $x_0,x_1,\cdots$, 函数符号 $+,-,\cdot$ 和谓词符号 $=,>,\geqslant,<,\leqslant,\neq$ 构成并满足实闭域公理的一阶理论, 也叫实闭域的初等理论. 这个理论通常也称为 Tarski 模型, 该模型的任何一个确定的公式中变元的个数都是确定的有限数. Tarski 模型中的命题是机器可判定的, 但是另一方面, 由 Gödel 的著名定理, 机器可判定的问题类在数学中相对较少, 即使看来最简单的初等数论这一范围, 其中命题的机器判定整体而言也是不可能实现的. 尽管如此, 在过去的 30 年间, 定理机器证明领域仍变得非常繁荣, 一系列的新方法和新成果相继被发现, 例如吴方法 [24,125,126]、Gröebner 基方法 [17,73,76]、结式方法 [162]、数值并行法 [167]、能产生可读证明的消点法 [27]、由 Collins 提出并经后人改进的柱形代数分解方法[32] 以及本书前面章节介绍的相关算

法等, 不过这些方法所处理的问题类基本属于 Tarski 模型. 所以研讨 Tarski 模型外且具有实际应用价值的机器可判定问题类是极有意义的事. 本节即将讨论这样的一个问题类, 主要内容来自文献 [156]. 为了使说明更为生动, 先来看一个具体的问题.

问题 1. 给定具有 n 个变元的多项式

$$f=-\Big(\sum_{k=1}^{n}x_k^5\Big)-6\Big(\sum_{k=1}^{n}x_k^4\Big)\Big(\sum_{k=1}^{n}x_k\Big)+2\Big(\sum_{k=1}^{n}x_k^3\Big)\Big(\sum_{k=1}^{n}x_k^2\Big)+8\Big(\sum_{k=1}^{n}x_k^3\Big)\cdot\Big(\sum_{k=1}^{n}x_k\Big)^2$$
$$+3\Big(\sum_{k=1}^{n}x_k^2\Big)^2\Big(\sum_{k=1}^{n}x_k\Big)-6\Big(\sum_{k=1}^{n}x_k^2\Big)\Big(\sum_{k=1}^{n}x_k\Big)^3+\Big(\sum_{k=1}^{n}x_k\Big)^5,$$

其中 $x_i\in\mathbf{R}_+$, $i=1,\cdots,n$. 是否对一切自然数 n 均有 $f\geqslant 0$ 成立? 这里 $\mathbf{R}_+$ 表示非负实数.

这个问题有一个很显著的特征, 即 f 的变元个数 n 是变化的不确定的自然数, 因而此问题不在 Tarski 模型内. 一般而言, 涉及变元个数也是变量的问题类仍是机器不可判定的, 但是我们成功地在其中找到了一个子类是机器可判定的, 并得到了有效的算法, 已编程在机器上实现. 这有点类似于代数方程根式解问题, 一般的代数方程根据 Abel 定理是没有根式解的, 但其中有一些子方程类是可根式解的.

6.8.1 问题的描述

问题 2. "对任意给定的有理系数齐次对称多项式 $f(x_1,x_2,\cdots,x_n)$, 不等式 $f(x_1,x_2,\cdots,x_n)\geqslant 0$ 对一切自然数 n 均成立, 其中 $x_i\in\mathbf{R}_+$, $i=1,\cdots,n$" 是否机器可判定的问题类?

为了讨论问题 2, 我们需要对称多项式的一些熟知基本结果和一个最近出现的新结果.

定义 6.8.1 齐次多项式 $f(x_1,x_2,\cdots,x_n)$ 被称为是*对称的*, 如果

$$f(x_1,x_2,\cdots,x_n)=f(\sigma(x_1,x_2,\cdots,x_n))$$

对所有的 $\sigma\in S_n$ 成立, 这里 S_n 是 n 个文字的*全对称置换群*.

齐次多项式也简称*型*. 记实数域上 n 元 m 次对称型所成集合为 $S_{n,m}$, 在通常加法和数乘下它形成实向量空间, 维数记为 $\dim(S_{n,m})$.

定义 6.8.2 对正整数 k, 一个固定点 $x=(x_1,x_2,\cdots,x_n)\in\mathbf{R}^n$ 的 *k 次幂和*定义为

$$P_{(n,k)}(x)=\sum_{j=1}^{n}x_j^k.$$

引理 6.8.1 (对称型基本定理) 对称型 $f\in S_{n,m}$ 可以唯一的表示为 $P_{(n,1)}$, $P_{(n,2)}$, $\cdots,P_{(n,d)}$ 的多项式, 这里 $d=\min(n,m)$. 并且 $P_{(n,1)},P_{(n,2)},\cdots,P_{(n,d)}$ 是代数无关的, 即不存在非 0 多项式 g, 使得 $g(P_{(n,1)},P_{(n,2)},\cdots,P_{(n,d)})=0$.

记不定方程

$$y_1 + 2y_2 + \cdots + dy_d = m$$

的非负整数解集为 Ω.

引理 6.8.2　集合 $B_{n,m} = \{P_{(n,1)}^{\lambda_1} P_{(n,2)}^{\lambda_2} \cdots P_{(n,d)}^{\lambda_d} | (\lambda_1, \lambda_2, \cdots, \lambda_d) \in \Omega\}$ 是向量空间 $S_{n,m}$ 的一组基, $S_{n,m}$ 的维数是集合 Ω 中元素个数. 其中 $d = \min(n, m)$.

按照引理 6.8.2, 齐 5 次对称多项式可以表为

$$\begin{aligned} g &= aP_{(n,5)} + bP_{(n,4)}P_{(n,1)} + cP_{(n,3)}P_{(n,2)} + dP_{(n,3)}P_{(n,1)}^2 + eP_{(n,2)}^2 P_{(n,1)} \\ &\quad + \alpha P_{(n,2)} P_{(n,1)}^3 + \beta P_{(n,1)}^5 \qquad (6.8.1) \\ &= (n, [a, b, c, d, e, \alpha, \beta]). \qquad (6.8.2) \end{aligned}$$

问题 1 中出现的多项式 f, 按简记形式 (6.8.2) 也就是

$$f = (n, [-1, -6, 2, 8, 3, -6, 1]).$$

将对称多项式表示成幂和的形式, 优点是立即可以推广到 n 变元的情况.

我们还需要用到对称多项式半正定性判定的一个最新结果. 为了较严格地叙述这个结果, 先来解释几个常用记号的含义：$1_k = (\underbrace{1, 1, \cdots, 1}_{k})$;　$0_k = (\underbrace{0, 0, \cdots, 0}_{k})$;

$\lfloor d \rfloor$ 表示不超过 d 的最大整数;

对任意的 $x = (x_1, x_2, \cdots, x_n) \in \mathbf{R}^n$, 记

$$v(x) = |\{x_j | j = 1, 2, \cdots, n\}|,$$

$$v(x)^* = |\{x_j | x_j \neq 0, j = 1, 2, \cdots, n\}|,$$

这里 $|A|$ 表示集合 A 中元素个数. $v(x)$ 的一个直观的解释是点 x 的坐标中互不相同的数的个数. $v(x)^*$ 类似理解.

引理 6.8.3 [104, 105]　(1) 一个 n 元 d 次对称型不等式在 $\mathbf{R}_+^n$ 上成立, 当且仅当这个不等式在集合 $\left\{x | x \in \mathbf{R}_+^n, v(x)^* \leqslant \max\left(\left\lfloor \dfrac{d}{2} \right\rfloor, 1\right)\right\}$ 上成立;

(2) 一个 n 元 d 次对称型不等式在 $\mathbf{R}^n$ 上成立, 当且仅当这个不等式在集合 $\left\{x | x \in \mathbf{R}^n, v(x) \leqslant \max\left(\left\lfloor \dfrac{d}{2} \right\rfloor, 2\right)\right\}$ 上成立.

引理 6.8.3 的意义在于将多变元多项式的问题化为了一系列更少变元数的问题, 起到了降低维数的作用.

当我们取 $d = 3$ 时, 就可以得到一个著名的结果：

引理 6.8.4 [23]　$f \in S_{n,3}$, 在 $\mathbf{R}_+^n$ 上 $f \geqslant 0$ 的充分必要条件是 $f(1_k, 0_{n-k}) \geqslant 0$ 对每一个 $k = 1, 2, \cdots, n$ 成立.

这样在证明一个 3 次的对称型不等式的时候, 只需对 n 个点

$$(1_k, 0_{n-k}), \quad k = 1, 2, \cdots, n$$

作验证就可以了. 对 4 和 5 次对称形式不等式有如下的结果

引理 6.8.5 对任意的 $f \in S_{n,p}$, 其中 $p \in \{4,5\}$, 有下面等价关系成立

$$f(x) \geqslant 0, x \in \mathbf{R}_+^n \Longleftrightarrow f(t\cdot 1_r, 1_s, 0_{n-r-s}) \geqslant 0, \quad \forall t \in \mathbf{R}_+, \forall (r,s) \in N_n,$$

这里 $N_n = \{(r,s) \mid r, s$ 都是正整数, 且 $r+s \leqslant n\}$.

证明 由引理 6.8.3 可得

$$f(x) \geqslant 0, x \in \mathbf{R}_+^n \Longleftrightarrow f(y) \geqslant 0, \quad \forall y \in \mathbf{R}_+^n \text{且} v^*(y) \leqslant 2.$$

因 f 是对称形式可以令 $y = (t_1\cdot 1_r, t_2\cdot 1_s, 0_{n-r-s}), t_1, t_2 \in \mathbf{R}_+$. 注意到 f 又是齐次多项式, 即有

$$\begin{aligned}
&f(y) \geqslant 0, \forall y \in \mathbf{R}_+^n \text{且} v^*(y) \leqslant 2\\
\Longleftrightarrow\ &(t_2)^p f\left(\frac{t_1}{t_2}\cdot 1_r, 1_s, 0_{n-r-s}\right) \geqslant 0, \quad \forall t_1, t_2 \in \mathbf{R}_+ \text{且} t_2 \neq 0, \forall (r,s) \in N_n\\
\Longleftrightarrow\ &f\left(\frac{t_1}{t_2}\cdot 1_r, 1_s, 0_{n-r-s}\right) \geqslant 0, \quad \forall t_1, t_2 \in \mathbf{R}_+ \text{且} t_2 \neq 0, \forall (r,s) \in N_n\\
\Longleftrightarrow\ &f(t\cdot 1_r, 1_s, 0_{n-r-s}) \geqslant 0, \quad \forall t \in \mathbf{R}_+, \forall (r,s) \in N_n.
\end{aligned}$$

证毕. □

如果记

$$\begin{aligned}
f_{r,s}(t) =& a(rt^5+s) + b(rt^4+s)(rt+s) + c(rt^3+s)(rt^2+s)\\
&+ d(rt^3+s)(rt+s)^2 + e(rt^2+s)^2(rt+s)\\
&+ \alpha(rt^2+s)(rt+s)^3 + \beta(rt+s)^5,
\end{aligned}$$

展开整理为 t 的多项式

$$f_{r,s}(t) = A_{r,s}t^5 + B_{r,s}t^4 + C_{r,s}t^3 + D_{r,s}t^2 + E_{r,s}t + H_{r,s}, \tag{6.8.3}$$

$$\begin{cases}
A_{r,s} = r(\beta r^4 + \alpha r^3 + (d+e)r^2 + (b+c)r + a),\\
B_{r,s} = sr(5\beta r^3 + 3\alpha r^2 + (2d+e)r + b),\\
C_{r,s} = sr((\alpha + 10s\beta)r^2 + (3\alpha s + 2e)r + ds + c),\\
D_{r,s} = sr((\alpha + 10r\beta)s^2 + (3\alpha r + 2e)s + dr + c),\\
E_{r,s} = sr(5\beta s^3 + 3\alpha s^2 + (2d+e)s + b),\\
H_{r,s} = s(\beta s^4 + \alpha s^3 + (d+e)s^2 + (b+c)s + a).
\end{cases} \tag{6.8.4}$$

由公式 (6.8.1) 可见 $f_{r,s}(t)$ 的直观意义是：5 次对称型 $f(x_1,x_2,\cdots,x_n)$ 中有 r 个变元取 t，有 s 个取 1，剩余的取 0 时的值.

由引理 6.8.5, 我们得到

引理 6.8.6　设 $f(x_1,x_2,\cdots,x_n)\in S_{n,5}$,$(x_1,x_2,\cdots,x_n)\in \mathbf{R}_+^n$, 则 $f(x_1,x_2,\cdots,x_n)\geqslant 0$ 对一切自然数 n 均成立的充分必要条件是: 对任意自然数 r,s, 以及 $\forall t\in\mathbf{R}_+$, 有 $f_{r,s}(t)\geqslant 0$.

6.8.2　主要结果的证明与算法描述

有了上面的这些准备工作, 下面就可以给出我们的主要结果了.

定理 6.8.1　下述问题是可判定的：

"对任意给定的次数不超过 5 的有理系数对称型 $g(x_1,x_2,\cdots,x_n)$，当 $(x_1,x_2,\cdots,x_n)\in\mathbf{R}_+^n$ 时, 不等式 $g(x_1,x_2,\cdots,x_n)\geqslant 0$ 对一切自然数 n 均成立吗?"

我们对定理 6.8.1 的证明采用直接法, 即直接构造算法, 再证明算法的正确性和终止性. 一般情况下引理 6.8.6 并不能直接用来证明定理 6.8.1, 原因在于需要对数目不确定的自然数偶 (r,s) 作检测, 这是机器所没法做到的, 所以需要作些改造. 我们的基本思想是：将完全离散的点集 (r,s), 改造为部分离散部分连续形式, 将问题化归到 Tarski 模型内来解决. 为了不使证明的思路被细枝末节淹没掉, 我们将略去一些不重要的细节, 比如我们只对 5 次对称型给出证明, 5 次以下的对称型显然可以通过乘上一个对称因子 $(x_1+\cdots+x_n)^{5-i}$ 变为 5 次的.

引理 6.8.7　设 x_0 是实系数多项式

$$g(x)=x^n+a_{n-1}x^{n-1}+\cdots+a_0$$

的任一实根, 则 $x_0\leqslant 1+\max\{|a_0|,\cdots,|a_{n-1}|\}$.

上述引理意味着当 $x>1+\max\{|a_0|,\cdots,|a_{n-1}|\}$ 时 $g(x)>0$, 因为 $g(x)=0$ 此时已经没有实根了.

引理 6.8.8　设 $f(x_1,x_2,\cdots,x_n)=(n,[a,b,c,d,e,\alpha,\beta])\in S_{n,5}$, 如果不等式 $f(x_1,x_2,\cdots,x_n)\geqslant 0$ 在 $(x_1,x_2,\cdots,x_n)\in\mathbf{R}_+^n$ 时对一切自然数 n 均成立, 那么

$$\begin{aligned}
&\beta>0 \text{ 或}\\
&\beta=0,\ \alpha>0 \text{ 或}\\
&\beta=\alpha=0,\ d+e>0,\ d\geqslant 0 \text{ 或}\\
&\beta=\alpha=d+e=0,\ d>0,\ b+c>0 \text{ 或}\\
&\beta=\alpha=d=e=0,\ b+c>0,\ b\geqslant 0 \text{ 或}\\
&\beta=\alpha=d=e=b+c=0,\ b>0 \text{ 或}\\
&\beta=\alpha=d=e=b=c=0,\ a\geqslant 0.
\end{aligned}$$

证明 根据已知, 由引理 6.8.6, 对任意自然数 r, s 以及 $\forall t \in \mathbf{R}_+$, 均有 $f_{r,s}(t) \geqslant 0$. 特别对任意自然数 s, 有 $f_{r,s}(0) \geqslant 0$, 即 $H_{r,s} \geqslant 0$. 当 s 取充分大的自然数时, 熟知 $H_{r,s}$ 的符号由它关于 s 的最高次项系数决定, 即 s 充分大时 $H_{r,s}$ 与 β 同符号, 故 $\beta \geqslant 0$.

若 $\beta = 0$, 完全类似可证得 $\alpha \geqslant 0$.

若 $\beta = \alpha = 0$, 也类似可证得 $d + e \geqslant 0$. 下证此时还有 $d \geqslant 0$. 在 (6.8.4) 式中取 $r = 1, s = t^2$, 这时

$$f_{r,s}(t) = (t+1)t^2(dt^4 + (2d + b + 4e)t^3 + (a + 2c + d)t^2 + (b - a)t + a).$$

可见当 t 充分大时 $f_{r,s}(t)$ 的值的符号与 d 的符号相同, 故 $d \geqslant 0$.

剩下的情况依此类似讨论即可. □

引理 6.8.9 设 $f(x_1, x_2, \cdots, x_n) = (n, [a, b, c, d, e, \alpha, \beta]) \in S_{n,5}$, 其中 $(x_1, x_2, \cdots, x_n) \in \mathbf{R}_+^n$. 若不等式 $f(x_1, x_2, \cdots, x_n) \geqslant 0$ 对一切自然数 n 均成立, 则必存在实数 r_0, s_0, 当 r, s 为实数且 $r > r_0$, $s > s_0$, $t \in \mathbf{R}_+$ 时有 $f_{r,s}(t) \geqslant 0$.

证明 (1) 首先讨论 $[\beta > 0]$ 或 $[\beta = 0,\ \alpha > 0]$ 的情况.

由条件 $[\beta > 0]$ 或 $[\beta = 0,\ \alpha > 0]$, 从引理 6.8.7 知, 存在正实数 r_1, s_1, 当 $r > r_1$, $s > s_1$ 时, (6.8.4) 式中的 $A_{r,s} \geqslant 0$, $B_{r,s} \geqslant 0$, $E_{r,s} \geqslant 0$, $H_{r,s} \geqslant 0$.

从 $C_{r,s}, D_{r,s}$ 的表达式可见 r, s 地位对等, 故不妨设 $r \geqslant s$. 令 $r = s + y, y \in \mathbf{R}_+$ 代入 $C_{r,s}, D_{r,s}$ 整理为 y 的多项式

$$C_{r,s} = (10\beta s + \alpha)y^2 + (20\beta s^2 + 5\alpha s + 2e)y + 10\beta s^3 + 4\alpha s^2 + (d + 2e)s + c,$$

$$D_{r,s} = (10\beta s^2 + 3\alpha s + d)y + 10\beta s^3 + 4\alpha s^2 + (d + 2e)s + c.$$

再从引理 6.8.7 知, 存在正实数 s_2, 当 $s > s_2$ 时,

$$\begin{cases} 10\beta s + \alpha \geqslant 0, \\ 20\beta s^2 + 5\alpha s + 2e \geqslant 0, \\ 10\beta s^3 + 4\alpha s^2 + (d + 2e)s + c \geqslant 0, \\ 10\beta s^2 + 3\alpha s + d \geqslant 0, \\ 10\beta s^3 + 4\alpha s^2 + (d + 2e)s + c \geqslant 0. \end{cases}$$

而 $y \in \mathbf{R}_+$, 所以当 $r > s_2, s > s_2$ 时, 有 $C_{r,s} \geqslant 0, D_{r,s} \geqslant 0$.

综上取 $r_0 = s_0 = \max\{r_1,\ s_1,\ s_2\}$, 当 $r > r_0, s > s_0, r, s$ 为实数时, 有

$$A_{r,s} \geqslant 0, \quad B_{r,s} \geqslant 0, \quad C_{r,s} \geqslant 0, \quad D_{r,s} \geqslant 0, \quad E_{r,s} \geqslant 0, \quad H_{r,s} \geqslant 0.$$

加上 $t \in \mathbf{R}_+$, 故此时有 $f_{r,s}(t) \geqslant 0$.

(2) 接下来讨论情况 $[\beta = \alpha = 0,\ d + e > 0,\ d \geqslant 0]$.

由条件 $d+e>0$, 可设 $e=h-d$, 其中 $h>0$. 代入 $f_{r,s}(t)$ 并整理为

$$\begin{aligned}
f_{r,s}(t) &= dsrt(rt+s)(t-1)^2 + A_{r,s}^{(1)}t^5 + B_{r,s}^{(1)}t^4 + C_{r,s}^{(1)}t^3 + D_{r,s}^{(1)}t^2 \\
&\quad + E_{r,s}^{(1)}t + H_{r,s}^{(1)}, \\
A_{r,s}^{(1)} &= r(hr^2+(b+c)r+a), \quad H_{r,s}^{(1)} = s(hs^2+(b+c)s+a), \\
B_{r,s}^{(1)} &= rs(hr+b), \quad E_{r,s}^{(1)} = rs(hs+c), \\
C_{r,s}^{(1)} &= rs(2hr+c), \quad D_{r,s}^{(1)} = rs(2hs+b).
\end{aligned}$$

由引理 6.8.7 知存在正实数 r_0, s_0, 当 $r>r_0$, $s>s_0$ 时,

$$A_{r,s}^{(1)} \geqslant 0, \quad B_{r,s}^{(1)} \geqslant 0, \quad C_{r,s}^{(1)} \geqslant 0, \quad D_{r,s}^{(1)} \geqslant 0, \quad E_{r,s}^{(1)} \geqslant 0, \quad H_{r,s}^{(1)} \geqslant 0.$$

又显然 $dsrt(rt+s)(t-1)^2 \geqslant 0$, 故当 $r>r_0, s>s_0, r,s$ 为实数时, 有

$$f_{r,s}(t) \geqslant 0.$$

(3) 再讨论情况 $[\beta=\alpha=d+e=0,\ d>0,\ b+c>0]$.

设 $h=b+c>0$, 即 $b=h-c$, 又 $e=-d$, 代入 $f_{r,s}(t)$ 并整理为

$$\begin{aligned}
f_{r,s}(t) &= rst(t-1)^2[(dr-c)t+ds-c] + (hr^2+ar)t^5 + hrst^4 \\
&\quad + hrst + (hs^2+as).
\end{aligned}$$

由引理 6.8.7 知, 存在正实数 r_0, s_0, 当 $r>r_0$, $s>s_0$ 时,

$$(dr-c) \geqslant 0, \quad (ds-c) \geqslant 0, \quad (hr^2+ar) \geqslant 0, \quad hrs \geqslant 0, \quad (hs^2+as) \geqslant 0.$$

故当 $r>r_0, s>s_0, r,s$ 为实数时有 $f_{r,s}(t) \geqslant 0$.

(4) 最后对剩下的情况 (引理 6.8.8 结论中最后三种情况) 类似讨论, 即可完成引理证明. □

引理 6.8.10 二元多项式 $f(x,u)$ 满足: u 取正整数, $x \in \mathbf{R}_+$ 时, 总有 $f(x,u) \geqslant 0$, 则必存在正实数 u_0, 当 u 取实数且 $u \geqslant u_0$, $x \in \mathbf{R}_+$ 时, 仍有 $f(x,u) \geqslant 0$.

证明 将 $f(x,u)$ 看作关于 x 的单变元多项式,u 视为参数, 于是

$$f(x,u) = p_n(u)x^n + p_{n-1}(u)x^{n-1} + \cdots + p_0(u),$$

其中 $p_n(u)$ 不为零多项式. 我们断言: 存在实数 u_1, 当 u 取实数且 $u>u_1$ 时, $p_n(u)>0$.

这是因为 $p_n(u)$ 不为零多项式, 故当 u 充分大时必恒有 $p_n(u)>0$ 或 $p_n(u)<0$. 但是当 u 充分大取整数时要满足 $x \in \mathbf{R}_+$, 总有 $f(x,u) \geqslant 0$, 那么 $f(x,u)$ 的首项系数不能小于 0, 故必有 $p_n(u)>0$.

又令 $\Delta = \operatorname{discrim}(f(x^2,u),x)$ 是多项式 $f(x^2,u)$ 关于变元 x 的判别式, 显见 Δ 是关于 u 的单变元多项式 (可能是 0 多项式). 当 u 充分大时 Δ 的值与它关于 u 的最高次项系数保持同号, 即存在正常数 u_2, 当 $u \geqslant u_2$ 时 Δ 的符号保持不变 (其符号恒为 "+" "−" 或 "0").

取 $u_0 = \max\{u_1, u_2\}$, 当参数 u 在区间 $(u_0, +\infty)$ 上连续变化时, $f(x^2,u)$ 看作 x 的多项式, 其实根个数和重数不变 (见引理 2.5.1). 而已知

$$f(x^2, \lfloor u_0 \rfloor + 1) \geqslant 0,$$

故方程 $f(x^2, \lfloor u_0 \rfloor + 1) = 0$ 无奇数重实根, 即当 $u \geqslant u_0$ 时方程 $f(x^2,u) = 0$ 无奇数重实根. 前已证 $p_n(u) > 0$, 故

$$f(x^2,u) \geqslant 0, \quad u \geqslant u_0,$$

即 $f(x,u) \geqslant 0 \ (u \geqslant u_0,\, x \in \mathbf{R}_+)$. □

推论 6.8.1 $f(x_1,x_2,\cdots,x_n) \in S_{n,5}$, 其中 $(x_1,x_2,\cdots,x_n) \in \mathbf{R}_+^n$. 若不等式 $f(x_1,x_2,\cdots,x_n) \geqslant 0$ 对一切自然数 n 均成立, 则对每一个固定的非负整数 $\tilde{r}$, 必存在实数 $s_0(\tilde{r})$, 当 s 取实数且 $s > s_0(\tilde{r})$, $t \in \mathbf{R}_+$ 时, 有 $f_{\tilde{r},s}(t) \geqslant 0$.

证明 对每一个固定的非负整数 $\tilde{r}$, $f_{\tilde{r},s}(t)$ 可以看作是关于 t,s 的二元多项式 (见 (6.8.4) 式). 由引理 6.8.6, 对任意自然数 s 和实数 $t \in \mathbf{R}_+$, 都有 $f_{\tilde{r},s}(t) \geqslant 0$, 故满足引理 6.8.10 的条件. 推论得证. □

上面推论中的 $s_0(\tilde{r})$ 可以用引理 6.8.7 来有效的估计. 这样从引理 6.8.9, 推论 6.8.1 以及引理 6.8.6 便获得了如下算法的正确性.

算法 nprove: $L :=$ `nprove`(f). 任给 5 次有理系数对称型

$$f(x_1,x_2,\cdots,x_n) = (n, [a,b,c,d,e,\alpha,\beta]),$$

本算法判定在 $(x_1,x_2,\cdots,x_n) \in \mathbf{R}_+^n$ 上, 不等式 $f(x_1,x_2,\cdots,x_n) \geqslant 0$ 是否对一切自然数 n 均成立, 成立则输出 "true", 否则输出 "false" (因此, 输出 L 的值是 "true" 或 "false").

N1. 计算 $f_{r,s}(t)$ 的表达式 (6.8.3).

N2. 计算引理 6.8.9 中的 r_0, s_0, 记区域

$$D = \{(r,s) \mid (r,s) \in \mathbf{R}_+^2,\ r \geqslant 1 + \lfloor r_0 \rfloor,\ s \geqslant 1 + \lfloor s_0 \rfloor\}.$$

如果在 D 上 $(\forall t \in \mathbf{R}_+)\, f_{r,s}(t) \geqslant 0$ 不成立, 输出 "false" 并停机.

否则继续以下步骤.

N3. 依次取 $\tilde{r} = 1, 2, \cdots, \lfloor r_0 \rfloor$, 计算推论 6.8.1 中的 $s_0(\tilde{r})$. 记射线

$$D\tilde{r} = \{s \mid s \in \mathbf{R}_+, s \geqslant 1 + \lfloor s_0(\tilde{r}) \rfloor\}.$$

如果在 $D\tilde{r}$ 上 $(\forall t\in\mathbf{R}_+)\, f_{\tilde{r},s}(t)\geqslant 0$ 不成立, 输出 "false" 并停机.

否则继续以下步骤.

N4. 记离散点集 $L=\bigcup\limits_{\tilde{r}=1}^{\lfloor r_0\rfloor}\mathrm{Lset}[\tilde{r}]$, 其中

$$\mathrm{Lset}[\tilde{r}]=\{(\tilde{r},1),\cdots,(\tilde{r},s_0(\tilde{r}))\}.$$

N5. 如果存在 $(r,s)\in L$, 使得 $(\forall t\in\mathbf{R}_+)\, f_{r,s}(t)\geqslant 0$ 不成立, 则输出 "false" 并停机; 否则输出 "true" 并停机.

算法步骤 N2,N3,N5 中的选择判定均已在 Tarski 模型内, 故可以用证明代数不等式的胞腔分解算法来完成. 目前已经有好几个软件可以做胞腔分解, 如REDLOG, QEPCAD, DISCOVERER, BOTTEMA, 其中以BOTTEMA最为适合我们的编程需要. 另外, 因使用引理 6.8.7 而得到引理 6.8.9 中 r,s 的界比较粗, 在具体编程实现时我们作了一些变通：使用BOTTEMA中的 xmin 命令来计算 r,s 的最佳的界.

上述算法显然是可停机的. 这样我们就证明了定理 6.8.1.

6.8.3 一些实例及问题

例 6.8.1

$$f=-\Big(\sum_{k=1}^n x_k^5\Big)-6\Big(\sum_{k=1}^n x_k^4\Big)\Big(\sum_{k=1}^n x_k\Big)+2\Big(\sum_{k=1}^n x_k^3\Big)\Big(\sum_{k=1}^n x_k^2\Big)+8\Big(\sum_{k=1}^n x_k^3\Big)\cdot\Big(\sum_{k=1}^n x_k\Big)^2$$
$$+3\Big(\sum_{k=1}^n x_k^2\Big)^2\Big(\sum_{k=1}^n x_k\Big)-6\Big(\sum_{k=1}^n x_k^2\Big)\Big(\sum_{k=1}^n x_k\Big)^3+\Big(\sum_{k=1}^n x_k\Big)^5,$$

其中 $x_i\in\mathbf{R}_+,\ i=1,\cdots,n$. 请问是否对一切自然数 n 均有 $f\geqslant 0$ 成立?

这是我们前面谈到的问题 1. 利用程序 nprove, 只需在 Maple 环境下键入命令 "nprove($[-1,-6,2,8,3,-6,1]$);", 机器运行 30.7 秒 (不同的机器配置得出的测试时间可能不同, 我们使用的处理器是 Pentium IV/2.4G CPU) 后输出 "true". 故对一切自然数 $n,\forall x_i\in\mathbf{R}_+,\ i=1,\cdots,n$ 均有 $f\geqslant 0$ 成立.

例 6.8.2

$$f=-7\Big(\sum_{k=1}^n x_k^4\Big)+8\Big(\sum_{k=1}^n x_k^3\Big)\Big(\sum_{k=1}^n x_k\Big)+4\Big(\sum_{k=1}^n x_k^2\Big)^2$$
$$-6\Big(\sum_{k=1}^n x_k^2\Big)\Big(\sum_{k=1}^n x_k\Big)^2+\Big(\sum_{k=1}^n x_k\Big)^4,$$

其中 $x_i\in\mathbf{R}_+,\ i=1,\cdots,n$. 请问是否对一切自然数 n 均有 $f\geqslant 0$ 成立?

此问题按引理 6.8.5 来做, 用时 523.5 秒, 可证得当 $n\leqslant 10000000$ 时 $f\geqslant 0$ 成立. 而用程序 nprove, 键入命令 "nprove($[-7,8,4,-6,1]$);", 机器运行 5.48 秒后输出 "true", 于是证得了对一切自然数 n 均有 $f\geqslant 0$ 成立. 由此可见二者之间的差别.

例 6.8.3

$$f=-\Big(\sum_{k=1}^{n}x_k^5\Big)-6\Big(\sum_{k=1}^{n}x_k^4\Big)\Big(\sum_{k=1}^{n}x_k\Big)+195\Big(\sum_{k=1}^{n}x_k^3\Big)\Big(\sum_{k=1}^{n}x_k^2\Big)-11\Big(\sum_{k=1}^{n}x_k^3\Big)\cdot\Big(\sum_{k=1}^{n}x_k\Big)^2$$
$$-2\Big(\sum_{k=1}^{n}x_k^2\Big)^2\Big(\sum_{k=1}^{n}x_k\Big)-9\Big(\sum_{k=1}^{n}x_k^2\Big)\Big(\sum_{k=1}^{n}x_k\Big)^3+\Big(\sum_{k=1}^{n}x_k\Big)^5,$$

其中 $x_i\in\mathbf{R}_+$, $i=1,\cdots,n$. 请问是否对一切自然数 n 均有 $f\geqslant 0$ 成立?

在 Maple 环境键入指令 “nprove([−1, −6, 195, −11, −2, −9, 1])”, 用时 145 秒, 输出结果为 “false”. 故不等式 $f\geqslant 0$ 不是对一切自然数 n 普遍成立. 实际上这个不等式对 $n\leqslant 6$ 成立, 对 $n\geqslant 7$ 不成立.

本节中讨论的一类正性判定问题已在 Tarski 模型之外. 这一工作是在吴文俊倡导的数学机械化思想下所做的新的尝试, 这种尝试只是开了一个头, 还有许多工作需要做.

定理 6.8.1 只部分地回答了问题 2, 即 5 次以下对称型的非负性是可判定的. 我们猜测整个问题 2 的答案都应当是肯定的, 即任意次数对称型的非负性都是可判定的. 证明的困难之处在于多变元多项式类似于引理 6.8.10 的结论一般并不成立. 经简单的极限过程还可以得到相应类型级数不等式的机器判定算法. 另外, 我们觉得还有以下几个问题值得进一步探讨.

(1) 对称型 $g(x_1,\cdots,x_n)$ 的系数不是常系数, 而是具有与 n 相关的变系数时, 问题 2 的答案如何?

例 6.8.4

$$f=2n(n-1)\Big(\sum_{k=1}^{n}x_k^5\Big)-(n+6)(n-1)\Big(\sum_{k=1}^{n}x_k^4\Big)\Big(\sum_{k=1}^{n}x_k\Big)$$
$$-(2n^2-4n+4)\Big(\sum_{k=1}^{n}x_k^3\Big)\Big(\sum_{k=1}^{n}x_k^2\Big)+(6n-4)\Big(\sum_{k=1}^{n}x_k^3\Big)\Big(\sum_{k=1}^{n}x_k\Big)^2$$
$$+(n^2-n+3)\Big(\sum_{k=1}^{n}x_k^2\Big)^2\Big(\sum_{k=1}^{n}x_k\Big)-(2n+2)\Big(\sum_{k=1}^{n}x_k^2\Big)\Big(\sum_{k=1}^{n}x_k\Big)^3$$
$$+\Big(\sum_{k=1}^{n}x_k\Big)^5,$$

其中 $x_i\in\mathbf{R}_+$, $i=1,\cdots,n$. 请问是否对一切自然数 n, 不等式 $f\geqslant 0$ 均成立?

(2) 对称型 $g(x_1,\cdots,x_n)$ 中变元的变化范围由 $\mathbf{R}_+^n$ 改为 $\mathbf{R}^n$, 问题 2 的答案又将如何?

第 7 章　不等式的明证

前面各章讨论的不等式型定理的自动发现或机器证明的算法在给我们展示这个方向的魅力的同时, 也引发我们更多的思考. 能否用机器给出人工容易验证的证明, 即 *可读证明* 呢? 本章我们将介绍几个这样的算法, 这些算法大都来源于经典的技巧. 虽然可能不是完备的算法, 但这些方法一旦成功, 给出的证明将非常“初等”, 有时甚至一目了然. 例如, 求证

$$f(x,y)=x^6+y^6+2x^5y+5y^4x^2+4xy^5\geqslant 0.$$

如果将 $f(x,y)$ 表示成如下平方和的形式

$$f(x,y)=\left(y^3+2xy^2-\frac{1}{2}x^3\right)^2+\left(xy^2+\frac{1}{2}x^2y-\frac{1}{6}x^3\right)^2$$
$$+3\left(\frac{5}{6}x^2y+\frac{13}{30}x^3\right)^2+\frac{143}{900}x^6,$$

读者只需要核对平方和展开是否等于原多项式就可以了. 这样的证明我们可称之为 *明证*(certificate). 文章中的明证都无需专家“审稿”, 普通读者就能够“核对”无误.

本章讨论的都是实系数多项式, 即 $\mathcal{R}=\mathbf{R}[x_1,\cdots,x_n]$ 中的多项式.

7.1　平方和表示

1888 年, 年仅 26 岁的 Hilbert证明了如下的定理 [64]: n 元 m 次实系数半正定齐次多项式在以下情况可以表为实系数齐次多项式的 *平方和* (以下简记为SOS):

(1) $n\leqslant 2$, m 任意;

(2) n 任意, $m=2$;

(3) $n=3,\ m=4$.

对于其他的情况, Hilbert 认为不一定能表为SOS.

1893 年, Hilbert 又对三元多项式形式作了进一步的研究, 得到如下结论: 半正定三元 m 次齐次多项式可以表为两个多项式平方和之商, 并猜想这一结论对一般的半正定多项式也是对的.

1900 年, Hilbert 在巴黎召开的国际数学家大会上作了《数学问题》的著名演讲 [65], 正式提出了 23 个著名的数学问题. 其中的第 17 问题就是关于平方和的, 即 n 元 m 次实系数半正定多项式能否表为若干个有理函数的平方和?

1927 年, Artin 在其建立的后人称为 Artin-Schreier 理论的基础上, 证明了上述 Hilbert 的猜想[8], 正面解决了第 17 问题. Artin-Schreier 理论是实域理论的基石, 有关实域理论的中文参考书, 读者可参阅文献 [165].

1928 年, Pólya证明了[94]: 如果一个 n 元齐次多项式 $f(x_1,\cdots,x_n)$ 在所有 x_i 取正实数时是严格正定的, 那么必存在某个充分大的自然数 r, 使得多项式

$$(x_1+x_2+\cdots+x_n)^r f(x_1,x_2,\cdots,x_n)$$

展开合并同类项后, 全部单项式的系数都是正的.

1940 年, Habicht利用 Pólya 定理, 构造性地给出了正定多项式的有理函数平方和的有效表示[60]. 这是 Hilbert 第 17 问题构造性研究的开始, 在 Hardy, Littlewood 和 Pólya 的经典名著[62]中有简要介绍. 对一般的半正定情况, 给出构造性算法迄今仍是一个十分困难的问题.

1967 年, Motzkin寻找到了第一个可以表为有理函数的平方和, 但不能表为SOS的多项式[89]. 这个多项式是

$$z^6+x^4y^2+y^4x^2-3x^2y^2z^2.$$

随后 Robinson找到了一个完全对称的例[98]具有同样的性质

$$x^6+y^6+z^6-(x^4y^2+x^4z^2+y^4x^2+y^4z^2+z^4x^2+z^4y^2)+3x^2y^2z^2.$$

1995 年, Choi, Lam 和 Reznick 给出了多项式的 Gram 矩阵表示法[22]. 随后 Powers 和 Wormann 在 1998 年利用 Gram 矩阵方法得到一个算法[96], 可以判定一个多项式是否可以表示为多项式的平方和. 如果是, 该算法还能构造出这样的表示.

2002 年, Parrilo[91~93] 及其同事在 Matlab 平台上合作开发了一个程序包 SOS-tools (http://www.cds.caltech.edu/sostools/), 利用半定规划 (SDP) 实现了上面提到的 Powers 和 Wormann 的算法.

下面介绍配平方和技术的基本理论, 主要内容来自文献 [96].

设 $\alpha=(\alpha_1,\cdots,\alpha_n)\in\mathbf{N}^n$. 这里,$\mathbf{N}$ 是包括 0 的自然数集合. 记

$$x^\alpha=x_1^{\alpha_1}\cdots x_n^{\alpha_n},\quad |\alpha|=\sum_k\alpha_k.$$

对每个 $d\in\mathbf{N}$, 记

$$\Lambda_d=\{(\alpha_1,\cdots,\alpha_n)\in\mathbf{N}^n:|\alpha|\leqslant d\}.$$

那么, 每个次数不超过 d 的多项式 $f\in\mathcal{R}$ 都可以写成

$$f(x_1,\cdots,x_n)=\sum_{\alpha\in\Lambda_d}c(\alpha)x^\alpha.$$

我们用 H_d^n 表示所有 n 元 d 次齐次实多项式的集合, 那么任意 $f \in H_d^n$ 可表示为

$$f(x_1, \cdots, x_n) = \sum_{|\alpha|=d} c(\alpha)x^\alpha.$$

注意到若 $f \in \mathcal{R}$ 是半正定的, 那么 f 的次数必是某个偶数 $2m$. 若 f 是SOS, 则 $f = \sum_{i=1}^{t} h_i^2$, 其中 h_i $(\in \mathcal{R})$ 的次数不超过 m. 令

$$\bar{x} := (x^{\beta_1}, \cdots, x^{\beta_k})$$

表示 Λ_m 中所有的幂积按某种序排列成的向量, 那么 f 可写为

$$f = \bar{x} \cdot (AA^{\mathrm{T}}) \cdot \bar{x}^{\mathrm{T}}, \tag{7.1.1}$$

其中 A 是 $k \times t$ 的矩阵, 其第 i 列是 h_i 对应于 $\bar{x}$ 的系数. k 阶方阵 $B := AA^{\mathrm{T}}$ 称为 f(关于 h_i) 的 Gram 矩阵.

下面这个定理的结论是熟知的.

定理 7.1.1 实对称矩阵 M 是半正定的, 等价于下列条件之一:

(1) 矩阵 M 的特征多项式的根都是非负的;

(2) 存在实矩阵 V, 满足 $M = VV^{\mathrm{T}}$;

(3) 矩阵 M 的所有主子式都是非负的.

定理 7.1.2[96] 设 f 是 $\mathcal{R}$ 中次数为 $2m$ 的多项式, 则 f 可以表为 $\mathcal{R}$ 中多项式平方和的充要条件是: 存在实对称半正定矩阵 B 满足

$$f(x_1, \cdots, x_n) = \bar{x} \cdot B \cdot \bar{x}^{\mathrm{T}}.$$

如果给定一个满足上述条件的矩阵 B, 秩为 t, 那么可以构造多项式 $h_1, \cdots, h_t$, 使得 $f = \sum_{i=1}^{t} h_i^2$, 而且 B 是 f 相应于 h_i 的 Gram 矩阵.

证明 据 (7.1.1) 式, 必要性显然.

下证充分性. 设秩为 t 的实对称半正定矩阵 B 使得 $f = \bar{x} \cdot B \cdot \bar{x}^{\mathrm{T}}$. 据定理 7.1.1, 存在实矩阵 $V = (v_{ij})$ 和实对角阵

$$D = \mathrm{diag}(d_1, \cdots, d_t, 0, \cdots, 0), \quad d_i > 0,$$

使得 $B = V \cdot D \cdot V^{\mathrm{T}}$. 那么 $f = \bar{x} \cdot V \cdot D \cdot V^{\mathrm{T}} \cdot \bar{x}^{\mathrm{T}}$. 令

$$h_i = \sqrt{d_i} \sum_{j=1}^{k} v_{ji} x^{\beta_i},$$

则 $f = h_1^2 + \cdots + h_t^2$. □

作为推论, 对 H_d^n 中多项式也有完全类似的定理, 只不过此时的 $\bar{x}$ 是由变元 $x_1,\cdots,x_n$ 的所有可能的齐 m 次幂积组成的向量.

有了上面的准备, 现在可以叙述平方和表示的算法了.

算法 SOS: $h := \mathtt{SOS}(f)$. 输入一多项式 $f \in \mathcal{R}$, 本算法将判断 f 是否能表为SOS, 并且在肯定回答时输出SOS表示式 h.

A1. 计算 f 的次数 $d := \deg(f)$, 如果 d 为奇数, 则输出: f 不能表为SOS, 并停机; 否则执行 A2.

A2. 计算 $\Lambda_{d/2}$ 的元素, 并按某一固定序排列成向量 $\bar{x}$.

A3. 作 $f - \bar{x}B\bar{x}^{\mathrm{T}} = 0$ (B 为一待定实对称矩阵), 展开对照方程两边系数, 得到一线性方程组. 解线性方程组求出对称矩阵 B.

A4. 计算矩阵 B 的特征多项式 $g(y)$, 并用命题 3.1.1 得出多项式 $g(y)$ 所有根非负的条件, 即一个半代数系统 $\mathbb{S}$.

A5. 计算半代系统 $\mathbb{S}$ 的一个实解样本点 $D(\mathbb{S})$ (即不等式组的一特解).

A6. 如果 $D(\mathbb{S})$ 为空集, 则输出: f 不能表为SOS, 并停机; 否则执行 A7.

A7. 把特解样本点 $D(\mathbb{S})$ 代入矩阵 B, 并将矩阵 B 分解为 $B = VV^{\mathrm{T}}$ 的形式.

A8. 计算 $\| \bar{x}V \|^2$, 输出SOS表示式.

例 7.1.1 试将多项式 $f(x,y) = x^6 + y^6 + 2x^5y + 5y^4x^2 + 4xy^5$ 表为SOS.

记向量 $\bar{x} = [y^3, y^2x, x^2y, x^3]$, 设待定矩阵 B 为

$$B = \begin{pmatrix} a_{11} & a_{12} & a_{13} & a_{14} \\ a_{12} & a_{22} & a_{23} & a_{24} \\ a_{13} & a_{23} & a_{33} & a_{34} \\ a_{14} & a_{24} & a_{34} & a_{44} \end{pmatrix}.$$

将 $\bar{x}B\bar{x}^{\mathrm{T}}$ 展开后与原多项式 $f(x,y)$ 对照, 得到线性方程组. 解出后回代入矩阵 B, 得到

$$B = \begin{pmatrix} 1 & 2 & w & -s \\ 2 & -2w+5 & s & v \\ w & s & -2v & 1 \\ -s & v & 1 & 1 \end{pmatrix},$$

其中, v, s, w 是自由变量.

寻找 v, s, w 的一组值, 使得矩阵 B 是半正定的. 比如取 $v = -\dfrac{7}{6}, s = \dfrac{1}{2}, w = 0$,

并将其分解为乘积 VV^{T},

$$V^{\mathrm{T}}=\begin{pmatrix}1&2&0&\dfrac{-1}{2}\\0&1&\dfrac{1}{2}&-\dfrac{1}{6}\\0&0&\dfrac{5\sqrt{3}}{6}&\dfrac{13\sqrt{3}}{30}\\0&0&0&\dfrac{\sqrt{143}}{30}\end{pmatrix}.$$

于是 $f(x,y)=\bar{x}VV^{\mathrm{T}}\bar{x}^{\mathrm{T}}=\|\bar{x}V\|^2$. 最终得到

$$\begin{aligned}f(x,y)=&\left(y^3+2xy^2-\frac{1}{2}x^3\right)^2+\left(xy^2+\frac{1}{2}x^2y-\frac{1}{6}x^3\right)^2\\&+3\left(\frac{5}{6}x^2y+\frac{13}{30}x^3\right)^2+\frac{143}{900}x^6.\end{aligned}$$

最近国内对平方和问题的构造性研究开始感兴趣, 已发表的文章如文献 [164].

在本节最后有必要提一下, Parrilo 等人编制的 Matlab 程序包 SOStools 存在一些纰漏, 可能是由于数值计算误差处理不妥所引起. 譬如下面这个单变元多项式

$$\begin{aligned}f=&10195920\,z^{16}+2109632\,z^{14}-5387520\,z^{12}+1361336\,z^{10}\\&+61445\,z^8-52468\,z^6+6350\,z^4-300\,z^2+5,\end{aligned}$$

调用 SOStools 可以配成 9 个多项式的平方和, 但展开后却不等于原先的多项式 f.

7.2 Schur 分拆

将一个多项式表示为平方和的形式, 可以给出该多项式非负的一个明证. 更一般地说, 如果我们能将一个多项式分拆为一些非负多项式的正系数线性组合, 那就给出了该多项式非负的明证. 本节我们介绍对一类三元对称*形式* (即对称齐次多项式) 的一种分拆法, 即所谓 Schur 分拆. 该分拆算法总能将此类多项式表示成一类特定形式的正半定对称形式的线性组合. 如果所有系数非负, 则得原多项式非负的一个明证. 本节内容来自陈胜利和黄方剑的工作 [19,67].

7.2.1 Schur 分拆

由线性代数中的对称多项式基本定理可知: 三元 n 次齐次完全对称多项式 $P_n\equiv P_n(x,y,z)$ 可以唯一地表示为关于初等对称式 (本节 $\sum,\prod$ 分别表示关于

x, y, z 轮换求和与求积, 下同)

$$\begin{aligned}\sigma_1 &= \sum x = x + y + z, \\ \sigma_2 &= \sum (yz) = yz + zx + xy, \\ \sigma_3 &= \prod x = xyz\end{aligned}$$

的多项式, 其一般形式可写成

$$P_n = \sum_{i=0}^{\lfloor n/3 \rfloor} F_i^{(n)} \sigma_3^i, \tag{7.2.1}$$

其中

$$\begin{aligned}F_i^{(n)} =& \lambda_{i,1}^{(n)} \sigma_1^{n-3i} + \lambda_{i,2}^{(n)} \sigma_1^{n-3i-2} \sigma_2 \\ &+ \cdots + \begin{cases} \lambda_{i,\frac{1}{2}(n-3i+1)}^{(n)} \sigma_1 \sigma_2^{\frac{1}{2}(n-3i-1)}, & n-3i\text{为奇数}, \\ \lambda_{i,\frac{1}{2}(n-3i+2)}^{(n)} \sigma_2^{\frac{1}{2}(n-3i)}, & n-3i\text{为偶数}.\end{cases}\end{aligned} \tag{7.2.2}$$

根据上述表达式, 下面来给出分拆方案.

记

$$\begin{aligned}f_{0,1}^{(n)} &\equiv f_{0,1}^{(n)}(x, y, z) \\ &= \sum x^{n-2}(x-y)(x-z), \quad n \geqslant 2,\end{aligned} \tag{7.2.3}$$

$$\begin{aligned}f_{0,2}^{(n)} &\equiv f_{0,2}^{(n)}(x, y, z) \\ &= \sum x^{n-3}(y+z)(x-y)(x-z), \quad n \geqslant 3,\end{aligned} \tag{7.2.4}$$

$$\begin{aligned}f_{0,j}^{(n)} &\equiv f_{0,j}^{(n)}(x, y, z) \\ &= \sigma_1^{n-2j} \sigma_2^{j-3} \prod (y-z)^2, \quad n \geqslant 2j,\ 3 \leqslant j \leqslant \lfloor \frac{n}{2} \rfloor\end{aligned} \tag{7.2.5}$$

$$\begin{aligned}f_{0,\lfloor\frac{n+2}{2}\rfloor}^{(n)} &\equiv f_{0,\lfloor\frac{n+2}{2}\rfloor}^{(n)}(x, y, z) \\ &= \begin{cases} \sum (yz)^{\frac{1}{2}(n-3)}(y+z)(x-y)(x-z), & n\text{为奇数}, \\ \sum (yz)^{\frac{1}{2}(n-2)}(x-y)(x-z), & n \geqslant 4, \text{偶数},\end{cases}\end{aligned} \tag{7.2.6}$$

$$\begin{aligned}f_{i,j}^{(n)} &\equiv f_{i,j}^{(n)}(x, y, z) \\ &= f_{0,j}^{(n-3i)} \sigma_3^i, \quad 5 \leqslant 3i+2 \leqslant n,\ i \in \mathbf{N}.\end{aligned} \tag{7.2.7}$$

在此分拆方案中主要使用了 Schur 不等式[75] 的形式, 所以我们将这个分拆方案叫做 Schur 分拆 (Schur decomposition).

定理 7.2.1 设

$$f_{0,j}^{(n)} = (a_{1,j}^{(n)}\sigma_1^n + a_{2,j}^{(n)}\sigma_1^{n-2}\sigma_2 + \cdots) + (a_{1,j}^{(n-3)}\sigma_1^{n-3} + \cdots)\sigma_3 + \cdots. \tag{7.2.8}$$

则

$$\text{当 } 1 \leqslant i < j \text{ 时,}\quad a_{i,j}^{(n)} = 0, \quad \text{而 } a_{j,j}^{(n)} = 1. \tag{7.2.9}$$

证明 将 (7.2.3),(7.2.4) 式展开即知, $j = 1, 2$ 时 (7.2.9) 式成立. 而将等式

$$\prod(y-z)^2 = \sigma_1^2\sigma_2^2 - 4\sigma_2^3 - (4\sigma_1^3 - 18\sigma_1\sigma_2)\sigma_3 - 27\sigma_3^2 \tag{7.2.10}$$

代入 (7.2.5) 式即知, $j = 3, 4, \cdots, \left\lfloor \dfrac{n}{2} \right\rfloor$ $(n \geqslant 6)$ 时 (7.2.9) 式也成立. 下面证明

$$a_{1,\lfloor\frac{n+2}{2}\rfloor}^{(n)} = a_{2,\lfloor\frac{n+2}{2}\rfloor}^{(n)} = \cdots = a_{\lfloor\frac{n}{2}\rfloor,\lfloor\frac{n+2}{2}\rfloor}^{(n)} = 0, \quad a_{\lfloor\frac{n+2}{2}\rfloor,\lfloor\frac{n+2}{2}\rfloor}^{(n)} = 1. \tag{7.2.11}$$

事实上, 若 n 为奇数, 则由 (7.2.6) 式知, 当 $x = 0$ 时, 有

$$f_{0,\lfloor\frac{n+2}{2}\rfloor}^{(n)} - \sigma_1\sigma_2^{\frac{1}{2}(n-1)} = (yz)^{\frac{1}{2}(n-3)}(y+z)yz - (y+z)(yz)^{\frac{1}{2}(n-1)} = 0.$$

可见上式左端能被 x 整除, 同理也被 y, z 整除, 所以上式左端能被 σ_3 整除, 进而由 (7.2.8) 式得知 (7.2.11) 式成立；同理可知, 当 n 为偶数时 (7.2.11) 式也成立. □

定理 7.2.2 若 $x \geqslant 0, y \geqslant 0, z \geqslant 0$, 则

$$f_{i,j}^{(n)} \geqslant 0. \tag{7.2.12}$$

证明 据 (7.2.3)~(7.2.7) 式, 只需要证明以下各式

$$\sum x^k(x-y)(x-z) \geqslant 0, \qquad k \geqslant 0, \tag{7.2.13}$$

$$\sum (yz)^k(x-y)(x-z) \geqslant 0, \qquad k \geqslant 0, \tag{7.2.14}$$

$$\sum x^k(y+z)(x-y)(x-z) \geqslant 0, \qquad k \geqslant 1, \tag{7.2.15}$$

$$\sum (yz)^k(y+z)(x-y)(x-z) \geqslant 0, \qquad k \geqslant 0. \tag{7.2.16}$$

(7.2.13) 式即为著名的 Schur 不等式[75] 的一部分, 完整的 Schur 不等式是在 $k \in \mathbf{R}$ 时 (7.2.13) 式都成立. 当 $x \neq 0, y \neq 0, z \neq 0$ 时, 有

$$\sum (yz)^k(x-y)(x-z) = (xyz)^k \sum x^{-k}(x-y)(x-z). \tag{7.2.17}$$

由完整的 Schur 不等式知此时 (7.2.14) 式也成立 (当且仅当 $x = y = z$ 时取等号). 当其中某一个为零, 不妨假设为 $z = 0$ 时

$$\sum (yz)^k(x-y)(x-z) = (xy)^k xy \geqslant 0.$$

而当有两个为零时, 上式左端为零. 所以 (7.2.14) 式成立.

为证 (7.2.15) 和 (7.2.16) 式, 不妨假设 $x \geqslant y \geqslant z \geqslant 0$, 则 $(x-y)(x-z) \geqslant 0, (z-x)(z-y) \geqslant 0$, 从而当 $k \geqslant 1$ 时有

$$x^k(y+z)-y^k(z+x)=xy(x^{k-1}-y^{k-1})+z(x^k-y^k) \geqslant 0.$$

那么

$$\begin{aligned}&\sum x^k(y+z)(x-y)(x-z)\\ \geqslant&\, y^k(z+x)(x-y)(x-z)+y^k(z+x)(y-z)(y-x)\\ =&\, y^k(z+x)(x-y)^2 \geqslant 0.\end{aligned}$$

当 $k \geqslant 0$ 时, 有

$$\begin{aligned}&\sum (yz)^k(y+z)(x-y)(x-z)\\ \geqslant&\,(zx)^k(z+x)(y-z)(y-x)+(xz)^k(x+z)(z-x)(z-y)\\ =&\,(zx)^k(z+x)(y-z)^2 \geqslant 0.\end{aligned}$$

故 (7.2.15) 和 (7.2.16) 得证. □

现在假设

$$P_n(1,1,1)=0. \tag{7.2.18}$$

我们的分拆方案的主要定理如下.

定理 7.2.3 满足 (7.2.18) 式的三元 $n(n \geqslant 2)$ 次对称形式 (7.2.1) 可以表示成关于 $\{f_{i,j}^{(n)}\}$ 的线性组合, 即存在 $\{\alpha_{i,j}^{(n)}\}$, 使得

$$P_n=\begin{cases}\alpha_{0,1}^{(2)}f_{0,1}^{(2)}, & n=2,\\ \displaystyle\sum_{j=1}^{\lfloor\frac{n+2}{2}\rfloor}\alpha_{0,j}^{(n)}\cdot f_{0,j}^{(n)}+\sum_{j=1}^{\lfloor\frac{n-1}{2}\rfloor}\alpha_{1,j}^{(n)}\cdot f_{1,j}^{(n)}+\cdots & \\ \displaystyle\quad+\sum_{j=1}^{\lfloor\frac{n+2-3\lfloor\frac{n-3}{3}\rfloor}{2}\rfloor}\alpha_{\lfloor\frac{n-3}{3}\rfloor,j}^{(n)}\cdot f_{\lfloor\frac{n-3}{3}\rfloor,j}^{(n)} & \\ \displaystyle\quad+\sum_{j=1}^{\lfloor\frac{n-3\lfloor\frac{n}{3}\rfloor}{2}\rfloor}\alpha_{\lfloor\frac{n}{3}\rfloor,j}^{(n)}\cdot f_{\lfloor\frac{n}{3}\rfloor,j}^{(n)}, & n \geqslant 3,\end{cases} \tag{7.2.19}$$

并且这种关于 $\{f_{i,j}^{(n)}\}$ 的分拆是由 P_n 唯一确定的.

证明 当 $n=2$ 时, 由 (7.2.1) 式以及 (7.2.18) 式知

$$P_2=\lambda_{0,1}^{(2)}\sigma_1^2+\lambda_{0,2}^{(2)}\sigma_2=\lambda_{0,1}^{(2)}\sigma_1^2-3\lambda_{0,1}^{(2)}\sigma_2=\lambda_{0,1}^{(2)}\sum(x-y)(x-z)=\lambda_{0,1}^{(2)}f_{0,1}^{(2)},$$

这时定理成立. 记

$$k_n=\begin{cases}1, & n=2,\\ \sum\limits_{i=0}^{\lfloor\frac{n-3}{3}\rfloor}\left\lfloor\dfrac{n+2-3i}{2}\right\rfloor+\left\lfloor\dfrac{n-3\lfloor\frac{n}{3}\rfloor}{2}\right\rfloor, & n\geqslant 3.\end{cases}\tag{7.2.20}$$

当 $n\geqslant 3$ 时, 将 (7.2.19) 式中的系数 $\alpha_{i,j}^{(n)}$ 依次记为 $x_1,x_2,\cdots,x_{k_n}$; 将 (7.2.1) 中的系数 $\lambda_{i,j}^{(n)}$ 依次记为 $\mu_1,\mu_2,\cdots,\mu_{k_n},\mu_{k_n+1}$; 再将 $f_{i,j}^{(n)}$ 的关于 $\sigma_1,\sigma_2,\sigma_3$ 的表达式 (参见 (7.2.7) 及 (7.2.8) 式) 代入 (7.2.19) 式, 整理成 (7.2.1) 右边的形式; 然后比较两式中相同项 $\sigma_1^{r_1}\sigma_2^{r_2}\sigma_3^{r_3}$ 的系数. 则据条件 (7.2.18) 式以及定理 7.2.1 和定理 7.2.2 易知, 问题归结为关于 $x_1,x_2,\cdots,x_{k_n}$ 的形如

$$\begin{pmatrix}1 & 0 & 0 & \cdots & 0\\ b_{2,1} & 1 & 0 & \cdots & 0\\ \vdots & \vdots & \vdots & & \vdots\\ b_{k_n,1} & b_{k_n,2} & b_{k_n,3} & \cdots & 1\end{pmatrix}\cdot\begin{pmatrix}x_1\\ x_2\\ \vdots\\ x_{k_n}\end{pmatrix}=\begin{pmatrix}\mu_1\\ \mu_2\\ \vdots\\ \mu_{k_n}\end{pmatrix}$$

的线性方程组是否有唯一的解. 答案显然是肯定的, 于是定理得到证明. □

7.2.2　分拆算法

根据上述定理 7.2.3 以及其证明过程, 可以构建分拆算法, 不妨称之为SchD. 先介绍其子算法Sch.

算法 Sch: $S:=\mathtt{Sch}(f,x)$. 任给满足 (7.2.18) 式的关于主变元 x (x_1,x_2,x_3) 的 $n(n\geqslant 2)$ 次对称形式 f, 本算法给出其关于 $\sigma_1,\sigma_2,\sigma_3$ 的表达形式.

C1. 赋值 $n:=\deg(f,x),t:=f,S:=0$. 用 n 表示 f 关于 x_1,x_2,x_3 的次数, S 来保存本算法的最终结果.

C2. 重复下列步骤直至 $t=0$.

C2.1. 从 t 中提取 x_1 的最高次数 t_1, 以及其最高次项的系数 t_{11}.

C2.2. 再从 t_{11} 中提取出关于 x_2 的最高次数 t_2, 以及其最高次项的系数 t_{21}.

C2.3. 接着从 t_{21} 中计算出关于 x_3 的最高次数 t_3 (事实上由齐次性可知 $t_3=n-t_1-t_2$), 以及其最高次项的系数 t_{31}.

C2.4. $t:=t-t_{31}\sigma_1^{(t_1-t_2)}\cdot\sigma_2^{(t_2-t_3)}\cdot\sigma_3^{t_3}$.

C2.5. $S:=S+t_{31}\sigma_1^{(t_1-t_2)}\cdot\sigma_2^{(t_2-t_3)}\cdot\sigma_3^{t_3}$.

C3. 返回 S 的值, 算法终止.

算法 `SchD`: $S:=\mathtt{SchD}(f,x)$. 任给满足 7.2.18) 式的三元 $n(n\geqslant 2)$ 次对称形式 f, 本算法给出其 Schur 分拆 ——$f_{I,J}^{(n)}$ 的表达式 S.

H1. 令 n 表示 f 关于 x_1,x_2,x_3 的次数, P_n 按照定理 7.2.3 中 (7.2.19) 式 P_n 的定义, 并按照 (7.2.3)~(7.2.7) 式代入诸 $f_{I,J}^{(n)}$ 的值. 令

$$Q_n=\mathtt{Sch}\ (P_n,[x,y,z]),$$

即 P_n 的 $\sigma_1,\sigma_2,\sigma_3$ 表达形式. 并记 $K=\left\lfloor\dfrac{n}{3}\right\rfloor$.

H2. 提取 Q_n 关于 $\sigma_1^{n-3i-2j+2}\sigma_2^{j-1}\sigma_3^{i}$ 的系数 $\psi_{i,j}$ 其中 $0\leqslant i\leqslant K$, $1\leqslant j\leqslant\left\lfloor\dfrac{n-3i}{2}\right\rfloor+1$.

H3. 利用 P_n 的 $\sigma_1,\sigma_2,\sigma_3$ 表达形式的唯一性, 建立方程组

$$\psi_{i,j}=\lambda_{i,j}^{(n)},\quad 0\leqslant i\leqslant K,\quad 1\leqslant j\leqslant\left\lfloor\frac{n-3i}{2}\right\rfloor+1,$$

这里 $\lambda_{i,j}^{(n)}$ 按照 (7.2.2) 式中的定义.

H4. 由条件 (7.2.18) 得到另一个方程：$P_n(1,1,1)=0$. 根据这个方程可以将其中的 $\lambda_{K,\lfloor\frac{n-3K}{2}\rfloor+1}^{(n)}$ 表示为其他 k_n 个 $\lambda_{i,j}^{(n)}$ 的线性组合; 再由上一个步骤得到的 k_n+1 个方程去掉和 $\lambda_{K,\lfloor\frac{n-3K}{2}\rfloor+1}^{(n)}$ 有关的那个方程; 由剩下的 k_n 个方程根据定理 7.2.3 解出诸 $\alpha_{I,J}^{(n)}$ 与 $\lambda_{i,j}^{(n)}$ 关系式.

H5. 计算 $D:=\mathtt{Sch}\ (f,x)$, 并令 $\lambda_{i,j}^{(n)}$ 等于 D 关于 $\sigma_1^{n-3i-2j+2}\sigma_2^{j-1}\sigma_3^{i}$ 的系数. 代入刚得到的 k_n 个 $\alpha_{I,J}^{(n)}$ 与 $\lambda_{i,j}^{(n)}$ 的关系式, 得出诸 $\alpha_{I,J}^{(n)}$ 的值.

H6. 将诸 $\alpha_{I,J}^{(n)}$ 的值代入 (7.2.19) 式, 得到 f 的 $f_{I,J}^{(n)}$ 表达式 S, 并将其返回. 算法终止.

在上述两个算法中, 遇到求表达式 (比如 f) 关于某一变元 (比如 x_2) 的最高次数时, 如果该变元没有出现在此表达式中, 则给出的最高次数就是 0, 而其系数就是 f 本身.

现在来说明这两个算法的终止性和正确性：对于算法`Sch`, 由线性代数中的对称多项式基本定理可知, 任何三元完全对称多项式都可以唯一地表示成为 $\sigma_1,\sigma_2,\sigma_3$ 的多项式, 这就保证了此算法的终止性和正确性.

对于算法`SchD`, 其终止性显然, 而其正确性由定理 7.2.3 保证. 所以此算法对满足 (7.2.18) 式的对称形式的分拆是完备的.

7.2.3 几个例子

我们给出几个便于演示的例子, 更多的例子请参阅文献 [19].

例 7.2.1 求证

$$S\leqslant\frac{\sqrt{3}\sqrt[3]{abc}\sqrt[6]{a^2b^2c^2-(a-b)^2(b-c)^2(c-a)^2}}{4},\tag{7.2.21}$$

其中 a,b,c,S 是任意一个三角形的三边长和面积.

首先将 (7.2.21) 有理化, 并做代换 $a=y+z,b=x+z,c=x+y$, 则原不等式化为

$$27\prod(x+y)^2\Big(\prod(x+y)^2-\prod(x-y)^2\Big)-4096\sigma_1^3\sigma_3^3\geqslant 0. \tag{7.2.22}$$

将 (7.2.22) 式左边记作 $L_1(x,y,z)$, 可以验证 $L_1(1,1,1)=0$, 按照算法SchD来分拆 L_1, 可得

$$\begin{aligned}L_1(x,y,z)=&108f_{0,6}^{(12)}+432f_{0,7}^{(12)}+108f_{1,3}^{(12)}+324f_{1,4}^{(12)}+2160f_{1,5}^{(12)}\\&+432f_{2,1}^{(12)}+2160f_{2,2}^{(12)}+6372f_{2,3}^{(12)}+20304f_{2,4}^{(12)}\\&+16208f_{3,1}^{(12)}+13856f_{3,2}^{(12)}.\end{aligned}$$

从而可知 $L_1(x,y,z)\geqslant 0$, 即 (7.2.21) 式成立. □

例 7.2.2 求证：当 $k\geqslant 4$ 时, 有

$$\sum\frac{xyz}{(y+z)^3+kxyz}\leqslant\frac{3}{8+k},\quad x>0,y>0,z>0. \tag{7.2.23}$$

该问题来自中国不等式研究小组网站 (http://guestbook.nease.net/read.php?owner=zgbdsyjxz&page=1&commentID=1100526260).

将上式整理后得到

$$\begin{aligned}(7.2.23)\Longleftrightarrow\ &3f_{0,4}^{(9)}+12f_{0,5}^{(9)}+(-8+2k)f_{1,1}^{(9)}+(-20+8k)f_{1,2}^{(9)}\\&+(1+14k)f_{1,3}^{(9)}+(56+34k)f_{1,4}^{(9)}+(-48+28k+2k^2)f_{2,1}^{(9)}\\&+(8+8k+5k^2)f_{2,2}^{(9)}.\end{aligned}$$

而当 $k\geqslant 4$ 时, 有

$$2k-8\geqslant 0,\quad 8k-20\geqslant 0,\quad 1+14k\geqslant 0,$$
$$56+34k\geqslant 0,\quad 2k^2+28k-48\geqslant 0,\quad 5k^2+8k+8\geqslant 0.$$

从而可知 (7.2.23) 成立. □

例 7.2.3 设 a,b,c 分别是三角形的三边长,s,R,r 分别是其半周长, 外接圆与内切圆半径, 则

$$\left(\sum\sqrt{s-a}\right)^2\leqslant\left(4+\frac{r}{R}\right)\frac{\sum bc}{\sum a}. \tag{7.2.24}$$

这是文献 [79] 中的 BW107(b).

令 $\sqrt{s-a}=x, \sqrt{s-b}=y, \sqrt{s-c}=z$, 则得到 (7.2.24) 式的等价形式

$$L_7(x,y,z)=f_{0,3}^{(8)}-2f_{0,4}^{(8)}+2f_{0,5}^{(8)}+2f_{1,1}^{(8)}-2f_{1,2}^{(8)}-2f_{1,3}^{(8)}+4f_{2,1}^{(8)}\geqslant 0. \qquad (7.2.25)$$

对上式进行一下组合, 即得

$$\begin{aligned}
L_7(x,y,z)=&\left(f_{0,3}^{(8)}-2f_{0,4}^{(8)}\right)+2\left(f_{0,5}^{(8)}+f_{2,1}^{(8)}-f_{1,3}^{(8)}\right)\\
&+2\left(f_{1,1}^{(8)}+f_{2,1}^{(8)}-f_{1,2}^{(8)}\right),\\
f_{0,3}^{(8)}-2f_{0,4}^{(8)}=&\left(f_{0,1}^{(2)}+\sigma_2\right)f_{0,3}^{(6)}\geqslant 0,\\
f_{0,5}^{(8)}+f_{2,1}^{(8)}-f_{1,3}^{(8)}=&\sum y^2z^2(x-y)^2(x-z)^2\geqslant 0,\\
f_{1,1}^{(8)}+f_{2,1}^{(8)}-f_{1,2}^{(8)}=&\sigma_3\sum x(x-y)^2(x-z)^2\geqslant 0.
\end{aligned}$$

由上可知 (7.2.25) 式成立, 所以 (7.2.24) 式成立. □

7.3 差分代换

本书第一作者设计了一个试探性的计算机程序SDS用于证明多项式不等式, 或等价地, 用于判定多项式的非负性. 简言之, 将各变量按一定方式分割成较小的非负量, 将变量替换后的多项式合并同类项, 然后看是否所有的系数都是非负的. 该方法的原始版本存在已久, 最初起源无可查考, 过去仅见于某些对称形式的不等式的证明. 这个方法不是完备的, 但实验结果表明该程序对许多情况有效. 不少次数较高或变量较多的多项式, 除了SDS, 还不知道有任何其他软件能做.

7.3.1 一个例子

我们从一个简单的例子开始. 设有多项式

$$P(x,y,z)=3\,x^3-3\,x^2y-3\,x^2z-3\,xy^2+9\,xyz-3\,xz^2+8\,y^3-8\,y^2z-8\,yz^2+8\,z^3,$$

求证: 当 $x\geqslant 0, y\geqslant 0, z\geqslant 0$ 时, $P(x,y,z)\geqslant 0$.

有多种方法检验 P的非负性, 最著名的一种完备算法源于 Hilbert 第 17 问题 [97]. 根据 Hilbert-Artin 定理, 非负多项式总可以表示成平方和形式. 譬如上面的多项式可以表为

$$\begin{aligned}
P(x,y,z)=&\frac{(-256\,z^2+86\,y\,z+170\,y^2+47\,x\,z-78\,x\,y+31\,x^2)^2}{8192\,(x+y+z)}\\
&+\frac{(18318\,y\,z-5989\,x\,z-18318\,y^2+6603\,x^2-614\,x\,y)^2}{75030528\,(x+y+z)}
\end{aligned}$$

$$
\begin{aligned}
&+\frac{(-127\,z+54\,y+73\,x)^2\,x\,z}{2032\,(x+y+z)}+\frac{(-54\,y+29\,z+25\,x)^2\,x\,y}{464\,(x+y+z)}\\
&+\frac{43\,(y-z)^2\,y\,z}{8\,(x+y+z)}+\frac{767\,(x-y)^2\,x\,z}{2032\,(x+y+z)}+\frac{322878817\,x^2\,(x-y)^2}{161870848\,(x+y+z)}\\
&+\frac{767\,(x-y)^2\,x\,y}{464\,(x+y+z)}+\frac{x^2\,(-2529232\,z+1854661\,y+674571\,x)^2}{1482575096832\,(x+y+z)}.
\end{aligned}
$$

这样, 其非负性一目了然, 任何多余的解释都不需要. 但这一表示的产生却必须借助于较为艰深的数学和先进的软件工具.

我们这里要介绍的方法只用到很少的数学. 即将各变量 x, y, z 按一定方式分割成较小的非负量, 譬如说 t_1, t_2, t_3; 将变量替换后的多项式合并同类项, 然后看是否所有的系数都是非负的; 如果是, 则 P的非负性得到了验证.

人们通常使用下列线性变换来作分割

$$
\begin{aligned}
x &= t_1+t_2+t_3,\\
y &= t_2+t_3,\\
z &= t_3.
\end{aligned}
$$

也就是

$$
\begin{bmatrix} x\\ y\\ z \end{bmatrix}=\begin{bmatrix} 1&1&1\\ 0&1&1\\ 0&0&1 \end{bmatrix}\begin{bmatrix} t_1\\ t_2\\ t_3 \end{bmatrix}, \tag{7.3.1}
$$

当且仅当 $x\geqslant y\geqslant z\geqslant 0$ 时有 $t_1\geqslant 0, t_2\geqslant 0, t_3\geqslant 0$.

经 (7.3.1), $P(x,y,z)$ 变换为 t_1, t_2, t_3 的一个多项式

$$
P_1(t_1,t_2,t_3)=3\,t_1^3+6\,t_1^2t_2+3\,t_1^2t_3+3\,t_1t_2t_3+5\,t_2^3+13\,t_2^2t_3.
$$

它所有的系数都是非负的, 所以当 $x\geqslant y\geqslant z$ 时, 必有

$$
P(x,y,z)=P_1(t_1,t_2,t_3)\geqslant 0.
$$

否则, 如果 $x\geqslant z\geqslant y$, 则代之以下列变换

$$
\begin{bmatrix} x\\ z\\ y \end{bmatrix}=\begin{bmatrix} 1&1&1\\ 0&1&1\\ 0&0&1 \end{bmatrix}\begin{bmatrix} t_1\\ t_2\\ t_3 \end{bmatrix}.
$$

这样仍然有 $t_1\geqslant 0, t_2\geqslant 0, t_3\geqslant 0$, 而且 $P(x,y,z)$ 也变换为

$$
P_1(t_1,t_2,t_3)=3\,t_1^3+6\,t_1^2t_2+3\,t_1^2t_3+3\,t_1t_2t_3+5\,t_2^3+13\,t_2^2t_3,
$$

故在此情况下仍有 $P(x,y,z)=P_1(t_1,t_2,t_3)\geqslant 0$.

类似地, 当 $y\geqslant x\geqslant z$ 或 $z\geqslant x\geqslant y$ 时, 分别用下列变换

$$\begin{bmatrix} y \\ x \\ z \end{bmatrix}=\begin{bmatrix} 1 & 1 & 1 \\ 0 & 1 & 1 \\ 0 & 0 & 1 \end{bmatrix}\begin{bmatrix} t_1 \\ t_2 \\ t_3 \end{bmatrix},\quad \begin{bmatrix} z \\ x \\ y \end{bmatrix}=\begin{bmatrix} 1 & 1 & 1 \\ 0 & 1 & 1 \\ 0 & 0 & 1 \end{bmatrix}\begin{bmatrix} t_1 \\ t_2 \\ t_3 \end{bmatrix},$$

仍然有 $t_1\geqslant 0, t_2\geqslant 0, t_3\geqslant 0$, 而 $P(x,y,z)$ 变换为

$$P_2(t_1,t_2,t_3)=8\,t_1^3+21\,t_1^2t_2+13\,t_1^2t_3+15\,t_1t_2^2+23\,t_1t_2t_3+5\,t_2^3+13\,t_2^2t_3,$$

故对此两情况也有 $P(x,y,z)=P_2(t_1,t_2,t_3)\geqslant 0$.

最后两种情况, 当 $y\geqslant z\geqslant x$ 或 $z\geqslant y\geqslant x$ 时, 分别用下列变换

$$\begin{bmatrix} y \\ z \\ x \end{bmatrix}=\begin{bmatrix} 1 & 1 & 1 \\ 0 & 1 & 1 \\ 0 & 0 & 1 \end{bmatrix}\begin{bmatrix} t_1 \\ t_2 \\ t_3 \end{bmatrix},\quad \begin{bmatrix} z \\ y \\ x \end{bmatrix}=\begin{bmatrix} 1 & 1 & 1 \\ 0 & 1 & 1 \\ 0 & 0 & 1 \end{bmatrix}\begin{bmatrix} t_1 \\ t_2 \\ t_3 \end{bmatrix}.$$

二者仍分别保持 $t_1\geqslant 0, t_2\geqslant 0, t_3\geqslant 0$, 而 $P(x,y,z)$ 变换为

$$P_3(t_1,t_2,t_3)=8\,t_1^3+16\,t_1^2t_2+13\,t_1^2t_3+3\,t_1t_2t_3+3\,t_2^2t_3,$$

于是 $P(x,y,z)=P_3(t_1,t_2,t_3)\geqslant 0$ 仍然成立.

将以上步骤作一小结：变量 x,y,z按大小顺序应有 6 种不同的排列, 每种排列对应于一个线性变换, 它将 x,y,z分割为较小的非负量 t_1,t_2,t_3, 并将 $P(x,y,z)$ 转换为 t_1,t_2,t_3的多项式. 如果碰巧所有这些多项式的系数全是非负的, 那么原先的多项式 P必然是非负的.

这个证明只用到很少一点数学：*非负实数的和与乘积必是非负的*. 上面的 “诀窍” 似乎多年以来曾被多人用于对称多项式不等式的处理, 这些零星的结果及其作者姓名都不可能一一列举. 我们所做的不过是将这种 “分割法” 的潜力进一步发挥, 使其能更广泛地应用于对称和非对称多项式的非负性的判定.

7.3.2 差分代换

承接上节中的例子, 我们将多项式集合 $\{P_1,P_2,P_3\}$ 叫做P的*差分代换*, 记为 DS$\,(P)$, 这因为

$$\begin{cases} x=t_1+t_2+t_3, \\ y=t_2+t_3, \\ z=t_3, \end{cases}\qquad \text{其逆变换是}\qquad \begin{cases} t_1=x-y, \\ t_2=y-z, \\ t_3=z, \end{cases}$$

即 $\{t_1, t_2, t_3\}$ 是 $\{x, y, z\}$ 的差分序列, 又

$$\begin{cases} x = t_1 + t_2 + t_3, \\ z = t_2 + t_3, \\ y = t_3, \end{cases} \quad \text{其逆变换是} \quad \begin{cases} t_1 = x - z, \\ t_2 = z - y, \\ t_3 = y, \end{cases}$$

即 $\{t_1, t_2, t_3\}$ 是 $\{x, z, y\}$ 的差分序列等.

一般说来, 三元多项式的差分代换, 最多是一个 6 元素的集. 我们来看另一个例

$$\begin{aligned} Q(x,y,z) = & 2\,x^4 - 3\,x^2y^2 - 6\,x^2yz + 9\,x^2z^2 + 2\,xy^3 - 6\,xyz^2 \\ & -4\,xz^3 + 2\,y^3z + 3\,y^2\,z^2 + z^4. \end{aligned}$$

计算其差分代换, $\mathrm{DS}\,(Q) = \{Q_1, Q_2, Q_3, Q_4, Q_5, Q_6\}$, 其中

$$\begin{aligned} Q_1 = & 2\,t_1^4 + 8\,t_1^3t_2 + 8\,t_1^3t_3 + 9\,t_1^2t_2^2 + 12\,t_1^2t_2t_3 + 12\,t_1^2t_3^2 + 4\,t_1t_2^3 + t_2^4, \\ Q_2 = & 2\,t_1^4 + 8\,t_1^3t_2 + 8\,t_1^3t_3 + 21\,t_1^2t_2^2 + 36\,t_1^2t_2t_3 + 12\,t_1^2t_3^2 + 22\,t_1t_2^3 \\ & +48\,t_1t_2^2t_3 + 24\,t_1t_2t_3^2 + 8\,t_2^4 + 20\,t_2^3t_3 + 12\,t_2^2t_3^2, \\ Q_3 = & 2\,t_1^3t_2 + 4\,t_1^3t_3 + 3\,t_1^2t_2^2 + 12\,t_1^2t_2t_3 + 12\,t_1^2t_3^2 + t_2^4, \\ Q_4 = & 2\,t_1^3t_2 + 4\,t_1^3t_3 + 9\,t_1^2t_2^2 + 24\,t_1^2t_2t_3 + 12\,t_1^2t_3^2 + 12\,t_1t_2^3 + 36\,t_1t_2^2t_3 \\ & +24\,t_1t_2t_3^2 + 6\,t_2^4 + 16\,t_2^3t_3 + 12\,t_2^2t_3^2, \\ Q_5 = & t_1^4 + 3\,t_1^2t_2^2 + 10\,t_1t_2^3 + 12\,t_1t_2^2t_3 + 8\,t_2^4 + 20\,t_2^3t_3 + 12\,t_2^2t_3^2, \\ Q_6 = & t_1^4 + 4\,t_1^3t_2 + 9\,t_1^2t_2^2 + 12\,t_1t_2^3 + 12\,t_1t_2^2t_3 + 6\,t_2^4 + 16\,t_2^3t_3 + 12\,t_2^2t_3^2. \end{aligned}$$

注意到 $\mathrm{DS}\,(Q)$ 中全部多项式的系数都是非负的, 由类似于上节的推理, 我们断言: 如果 x, y, z 都是非负的, 那么 $Q(x, y, z) \geqslant 0$.

对于一般 n 变量的多项式, 其变量 $x_1, x_2, \cdots, x_n$ 按大小顺序应有 $n!$ 种不同的排列. 每个具体的排列, 譬如说,$x_1 \geqslant x_2 \geqslant \cdots \geqslant x_n$, 对应于一个 "分割" 变换

$$\begin{cases} x_1 = t_1 + t_2 + \cdots + t_n, \\ x_2 = t_2 + \cdots + t_n, \\ \quad \cdots\cdots \\ x_n = t_n, \end{cases}$$

而 $t_1, t_2, \cdots, t_n$ 正是 $x_1, x_2, \cdots, x_n$ 的差分序列.

类似地, n 元多项式 $F(x_1, x_2, \cdots, x_n)$ 的差分代换 $\mathrm{DS}\,(F)$ 最多是一个 $n!$ 元素的集. 如果 $\mathrm{DS}\,(F)$ 中全部多项式的系数都是非负的, 则当 $x_1, x_2, \cdots, x_n$ 非负时必有 $F \geqslant 0$, 即 F 在 $\mathbf{R}_+^n$ 上是半正定的.

一个多项式集合, 如果其中所有多项式的系数都是非负的, 我们就说这个集合是 *平凡非负* 的. 必须指出, DS (F) 的平凡非负性仅仅是 F 在 $\mathbf{R}_+^n$ 上半正定的一个充分条件, 而非必要条件. 不过, 在实践中经常遇到其差分代换平凡非负的那类多项式, 这时它的半正定是不言而喻的.

问题 1. 证明下列多项式在 $\mathbf{R}_+^3$ 上是半正定的

$$F = x^3 + y^3 + z^3 - x^2y - xy^2 - x^2z - xz^2 - y^2z - yz^2 + 3\,xyz,$$

即熟知的 Robinson *多项式* [97]. 此处 DS (F) 只含有一个多项式, 而且它的系数都是非负的: $t_1^3 + 2\,t_1^2t_2 + t_1^2t_3 + t_1t_2t_3 + t_2^2t_3$, 即 DS (F) 是平凡非负的, 从而 F 在 $\mathbf{R}_+^3$ 上是半正定的.

问题 2. 证明下列不等式在 $\mathbf{R}_+^3$ 上成立

$$\left(\frac{1}{2}(x^2 + y^2 + z^2)(x + y + z) - xyz\right)^2 \leqslant \frac{1}{2}\left(x^2 + y^2 + z^2\right)^3.$$

换言之, 证明

$$\begin{aligned} F = {} & x^6 - 2\,x^5y - 2\,x^5z + 3\,x^4y^2 + 2\,x^4yz + 3\,x^4z^2 - 4\,x^3y^3 - 4\,x^3z^3 \\ & +3\,x^2y^4 + 2\,x^2y^2z^2 + 3\,x^2z^4 - 2\,xy^5 + 2\,xy^4z + 2\,xyz^4 - 2\,xz^5 + y^6 \\ & -2\,y^5z + 3\,y^4z^2 - 4\,y^3z^3 + 3\,y^2z^4 - 2\,yz^5 + z^6 \end{aligned}$$

在 $\mathbf{R}_+^3$ 上是半正定的. 此处 DS (F) 只含有一个多项式, 而且它的系数都是非负的

$$\begin{aligned} & t_1^6 + 4\,t_1^5t_2 + 2\,t_1^5t_3 + 8\,t_1^4t_2^2 + 8\,t_1^4t_2t_3 + 3\,t_1^4t_3^2 + 8\,t_1^3t_2^3 + 12\,t_1^3t_2^2t_3 \\ & + 12\,t_1^3t_2t_3^2 + 4\,t_1^3t_3^3 + 4\,t_1^2t_2^4 + 8\,t_1^2t_2^3t_3 + 20t_1^2t_2^2t_3^2 + 20\,t_1^2t_2t_3^3 + 7\,t_1^2t_3^4 \\ & + 16\,t_1t_2^3t_3^2 + 36\,t_1t_2^2t_3^3 + 32\,t_1t_2t_3^4 + 10\,t_1t_3^5 + 8\,t_2^4t_3^2 + 24\,t_2^3t_3^3 + 32\,t_2^2t_3^4 \\ & + 20\,t_2t_3^5 + 5\,t_3^6, \end{aligned}$$

所以 DS (F) 是平凡非负的, 故 F 在 $\mathbf{R}_+^3$ 上是半正定的. 此题来自 http://www.mathlinks.ro/Forum/topic-54136.html.

问题 3. 证明下列多项式在 $\mathbf{R}_+^4$ 上是半正定的

$$F = a^4b + b^4c + c^4d + d^4a - abcd(a + b + c + d).$$

变量 a, b, c, d 按大小顺序应有 24 种不同的排列, 每种排列对应于一个线性变换, 它将 a, b, c, d 分割为较小的非负量 t_1, t_2, t_3, t_4 并将 $F(a, b, c, d)$ 转换为 t_1, t_2, t_3, t_4 的多项式. 我们用计算机将 24 个变换一一实现, 获得由 6 个多项式组成的 DS (F), 这些多项

式的系数都是非负的, 从而 F 在 $\mathbf{R}_+^4$ 上是半正定的. 该问题出自 http://www.mathlinks.ro/Forum/topic-45218.html.

问题 4. 证明下列多项式在 $\mathbf{R}_+^5$ 上是半正定的

$$
\begin{aligned}
F = {} & 1056\,x_4x_5^4+744x_4^4x_5+1120x_3x_5^4+(672\,x_2+192\,x_5+352\,x_4\\
&+512\,x_3)x_1^4+(-3360x_5x_4+912\,x_5^2-1440x_2x_3+752\,x_3^2+672\,x_2^2\\
&-2400x_3x_4-2400x_5x_2+832\,x_4^2-2880x_5x_3-1920x_4x_2)x_1^3\\
&+1224x_3^4x_4+1064x_5x_3^4+(320x_4^3+2016x_2^2x_3-96x_2^3-3456x_3x_5x_4\\
&+528x_5^3+3312x_5^2x_4+112x_3^3+2736x_3^2x_4+2016x_2^2x_5+3312x_5^2x_2\\
&+3312x_5^2x_3+2736x_3^2x_5+2592x_2x_4^2-3456x_2x_5x_4+1872x_2x_3^2\\
&+2016x_4x_2^2-3456x_2x_3x_4+3456x_4^2x_5-3456x_3x_5x_2+2592x_3x_4^2)x_1^2\\
&+1200x_2^4x_3+(2736x_2^2x_3^2-4992x_5^3x_2-3744x_2^3x_5-4800x_4^3x_2\\
&-2784x_2^3x_3-4992x_3x_4^3-3264x_4x_2^3+3456x_4^2x_2^2-4320x_3^3x_4\\
&+1152\,x_2^2x_3x_4+2304x_2x_3^2x_4+1152\,x_2^2x_4x_5+2304x_3x_4^2x_5\\
&+2304x_2x_3^2x_5+1152\,x_2^2x_3x_5+2304x_2x_4^2x_5+1152\,x_3^2x_4x_5\\
&-4608x_3^3x_2+336x_2^4+1248x_5^4+1448x_4^4+1144x_3^4+4752x_5^2x_4^2\\
&+3744x_4^2x_3^2-5184x_5^3x_3+4176x_5^2x_2^2-5376x_4x_5^3-4800x_5x_3^3\\
&+4464x_5^2x_3^2-5856x_4^3x_5)x_1+1184x_5^4x_2+528x_2^3x_3^2+384x_3^2x_4^3\\
&-4992x_3^3x_2x_5+384x_3^3x_4^2+240x_5^2x_4^3+1320x_4^4x_3+144x_3^3x_2^2\\
&+1080x_3^4x_2+432x_1^5+560x_5^3x_2^2+880x_2^4x_5+688x_2^3x_5^2+1152x_5^5\\
&-5376x_5^3x_2x_3-5568x_5^3x_2x_4+3600x_5^2x_2^2x_3+3024x_2^2x_3^2x_5-5280x_4x_2^3x_5\\
&+3744x_4^2x_2^2x_5+3024x_3^2x_4x_2^2+3744x_3^2x_4^2x_2-5184x_3x_4^3x_2+2880x_3x_4^2x_2^2\\
&-4512x_3^3x_4x_2-4320x_2^3x_3x_4+3600x_2^2x_4x_5^2+3888x_3^2x_4x_5^2+4752x_2x_4^2x_5^2\\
&+4464x_2x_3^2x_5^2-6240x_3x_4^3x_5-5760x_3x_4x_5^3+4752x_3x_5^2x_4^2+4032x_3^2x_4^2x_5\\
&-7200x_3^3x_4x_5-6048x_4^3x_2x_5-4800x_2^3x_3x_5+864x_2^5+1224x_4^5+1128x_3^5\\
&+608x_4^2x_2^3+352\,x_4^3x_2^2+1384x_4^4x_2+1040x_2^4x_4+624x_4^2x_5^3+464x_5^2x_3^3\\
&+592\,x_5^3x_3^2-3456x_3x_2^2x_4x_5+1152\,x_2x_3^2x_4x_5+2304x_3x_2x_4^2x_5.
\end{aligned}
$$

变量 x_1,x_2,x_3,x_4,x_5按大小顺序应有 120 种不同的排列, 每种排列对应于一个线性变换, 它将 x_1,x_2,x_3,x_4,x_5分割为较小的非负量 t_1,t_2,t_3,t_4,t_5, 并将 $F(x_1,x_2,x_3,x_4,x_5)$ 转换为 t_1,t_2,t_3,t_4,t_5的多项式. 我们用计算机将 120 个变换一一实现, 获得由 120 个多项式组成的 DS(F), 这些多项式的系数都是非负的, 从而 F 在 $\mathbf{R}_+^5$ 上是半正定的. 该问题出自http://guestbook.nease.net/read.php?user= zgbdsyjxz&id=1118121244&curpage=36&page=2.

问题 5. 证明下列不等式在 $\mathbf{R}_+^5$ 上成立

$$\frac{a_1}{a_2+a_3}+\frac{a_2}{a_3+a_4}+\frac{a_3}{a_4+a_5}+\frac{a_4}{a_5+a_1}+\frac{a_5}{a_1+a_2}\geqslant\frac{5}{2}.$$

换言之, 证明下列多项式在 $\mathbf{R}_+^5$ 上是半正定的

$$\begin{aligned}F=&\,2\,a_1^3a_3a_4+2\,a_1^3a_3a_5+2\,a_1^3a_4^2+2\,a_1^3a_4a_5+2\,a_1^2a_2^2a_4+2\,a_1^2a_2^2a_5\\&+2\,a_1^2a_2a_3^2+a_1^2a_2a_3a_4-a_1^2a_2a_3a_5-3a_1^2a_2a_4^2-3a_1^2a_2a_4a_5+2\,a_1^2a_3^3\\&-3a_1^2a_3^2a_4-5a_1^2a_3^2a_5-5a_1^2a_3a_4^2-3a_1^2a_3a_4a_5+2\,a_1^2a_3a_5^2+2\,a_1^2a_4^2a_5\\&+2\,a_1^2a_4a_5^2+2\,a_1a_2^3a_4+2\,a_1a_2^3a_5+2\,a_1a_2^2a_3^2-a_1a_2^2a_3a_4-3a_1a_2^2a_3a_5\\&-5a_1a_2^2a_4^2-3a_1a_2^2a_4a_5+2\,a_1a_2^2a_5^2+2\,a_1a_2a_3^3-3a_1a_2a_3^2a_4-3a_1a_2a_3^2a_5\\&-3a_1a_2a_3a_4^2+a_1a_2a_3a_5^2+2\,a_1a_2a_4^3+a_1a_2a_4^2a_5-a_1a_2a_4a_5^2+2\,a_1a_3^3a_5\\&+2\,a_1a_3^2a_4^2+a_1a_3^2a_4a_5-3a_1a_3^2a_5^2+2\,a_1a_3a_4^3-a_1a_3a_4^2a_5-3a_1a_3a_4a_5^2\\&+2\,a_2^3a_4a_5+2\,a_2^3a_5^2+2\,a_2^2a_3^2a_5+2\,a_2^2a_3a_4^2+a_2^2a_3a_4a_5-3a_2^2a_3a_5^2\\&+2\,a_2^2a_4^3-3a_2^2a_4^2a_5-5a_2^2a_4a_5^2+2\,a_2a_3^3a_5+2\,a_2a_3^2a_4^2-a_2a_3^2a_4a_5\\&-5a_2a_3^2a_5^2+2\,a_2a_3a_4^3-3a_2a_3a_4^2a_5-3a_2a_3a_4a_5^2+2\,a_2a_3a_5^3+2\,a_2a_4^2a_5^2\\&+2\,a_2a_4a_5^3+2\,a_3^2a_4a_5^2+2\,a_3^2a_5^3+2\,a_3a_4^2a_5^2+2\,a_3a_4a_5^3.\end{aligned}$$

变量 a_1,a_2,a_3,a_4,a_5按大小顺序应有 120 种不同的排列, 每种排列对应于一个线性变换, 它将 a_1,a_2,a_3,a_4,a_5分割为较小的非负量. 我们用计算机将 120 个变换一一实现, 获得由 24 个多项式组成的 DS(F), 这些多项式的系数都是非负的, 从而 F 在 $\mathbf{R}_+^5$ 上是半正定的. 这个是所谓的"5 循环不等式".

问题 6. 证明下列不等式在 $\mathbf{R}_+^{10}$ 上成立

$$F=\sum_{k=1}^{10}a_k^{10}-10\prod_{k=1}^{10}a_k\geqslant 0.$$

此处 DS(F) 只含有一个多项式, 而且它的系数都是非负的, 即 DS(F) 是平凡非负的, 从而 F 在 $\mathbf{R}_+^{10}$ 上是半正定的.

显然, 任何一个对称多项式的差分代换都仅含一个多项式, 因为, 对于变量的各种不同的排序, 变量分割后都导致同一个多项式.

问题 7. 证明下列多项式在 $\mathbf{R}_+^4$ 上是半正定的

$$F=(-x_3^2-2\,x_4x_1+6x_1^2+6x_2^2+4x_2x_1-x_4^2-2\,x_2x_3-2\,x_3x_1-2\,x_4x_2)\cdot$$

$$
\begin{aligned}
&(x_1-x_2)^{1000}+(-2\,x_4x_1-2\,x_3x_1-2\,x_4x_2+4x_3x_4+6x_4^2-x_1^2-x_2^2\\
&-2\,x_2x_3+6x_3^2)(x_3-x_4)^{1000}+(6x_4^2-x_3^2-2\,x_2x_3+6x_2^2-2\,x_2x_1\\
&-x_1^2-2\,x_3x_4+4x_4x_2-2\,x_4x_1)(x_2-x_4)^{1000}+(6x_3^2-x_1^2-x_4^2\\
&+6x_2^2-2\,x_3x_1-2\,x_2x_1-2\,x_3x_4-2\,x_4x_2+4x_2x_3)(x_2-x_3)^{1000}\\
&+(-x_2^2+6x_1^2-2\,x_3x_1-2\,x_4x_2+6x_4^2-2\,x_3x_4+4x_4x_1-x_3^2\\
&-2\,x_2x_1)(x_4-x_1)^{1000}+(-2\,x_4x_1-2\,x_2x_1-2\,x_3x_4-x_4^2+6x_3^2\\
&-2\,x_2x_3+6x_1^2+4x_3x_1-x_2^2)(x_3-x_1)^{1000}.
\end{aligned}
$$

这个多项式的次数高达 1002！但集合 DS(F) 仅含一个多项式, 因为 F是对称的. 而且该多项式系数都是非负的, 从而 F 在 $\mathbf{R}_+^4$ 上是半正定的. 在 Pentium 2.4G CPU 机上解此题用时约 370 秒, 使用内存 680M. 迄今我们还不知道别的什么软件能做此事. 此问题系刘保乾在网上提供, 其中的指数 1000 还可改为更大的偶数, 但做起来 (当然只能计算机做) 就更费事了.

7.3.3　逐次差分代换

给了一个齐次多项式 F, 如果它的差分代换不是“平凡非负”的, 即 DS(F) 的某多项式中含有负的系数, 往下我们该怎么做呢？

例如, 为了证明 4 循环不等式

$$\frac{a_1}{a_2+a_3}+\frac{a_2}{a_3+a_4}+\frac{a_3}{a_4+a_1}+\frac{a_4}{a_1+a_2}\geqslant 2,$$

我们需证下列多项式在 $\mathbf{R}_+^4$ 上是半正定的

$$
\begin{aligned}
F=&a_1^3a_3+a_1^3a_4+a_1^2a_2^2-a_1^2a_2a_4-2\,a_1^2a_3^2-a_1^2a_3a_4+a_1^2a_4^2+a_1a_2^3\\
&-a_1a_2^2a_3-a_1a_2^2a_4-a_1a_2a_3^2+a_1a_3^3-a_1a_3a_4^2+a_2^3a_4+a_2^2a_3^2-2a_2^2a_4^2\\
&+a_2a_3^3-a_2a_3^2a_4-a_2a_3a_4^2+a_2a_4^3+a_3^2a_4^2+a_3a_4^3,
\end{aligned}\tag{7.3.2}
$$

这里 DS(F) 由 6 个多项式组成, 其中至少一个含有负系数, 那就是

$$
\begin{aligned}
F_1=&t_1^3t_2+t_1^3t_3+2\,t_1^3t_4+t_1^2t_2^2+2\,t_1^2t_2t_3+4t_1^2t_2t_4+2\,t_1^2t_3^2+5\,t_1^2t_3t_4\\
&+4t_1^2t_4^2-t_1t_2^2t_3-t_1t_2t_3^2-2t_1t_2t_3t_4+t_1t_3^3+t_1t_3^2t_4+t_2^2t_3^2+3t_2t_3^3\\
&+4t_2t_3^2t_4+2t_3^4+6t_3^3t_4+4t_3^2t_4^2,
\end{aligned}
$$

所以它不是“平凡非负”的. 不过, 若对 $F_1(t_1,t_2,t_3,t_4)$ 继续作变量分割, 可以证明

F_1 在 $\mathbf{R}_+^4$ 上的半正定性. 譬如说, 下列变换

$$\begin{cases} t_1 = u_1 + u_2 + u_3 + u_4, \\ t_2 = u_2 + u_3 + u_4, \\ t_3 = u_3 + u_4, \\ t_4 = u_4, \end{cases}$$

对应于变量的一个排序 $t_1 \geqslant t_2 \geqslant t_3 \geqslant t_4$. 用计算机实现 24 个变换后得到 $\mathrm{DS}(F_1)$, 它包含的 24 个多项式的全部系数都是非负的, 所以 F_1 在 $\mathbf{R}_+^4$ 上是半正定的, 从而 F也是.

一个一般的过程可以递归地定义如下：

- 对于给定的多项式 F, 计算其差分代换 $\mathrm{DS}(F)$.
- 定义 $\mathrm{DS}_0(F) = \{F\}$, $\mathrm{DS}_1(F) = \mathrm{DS}(F)$.
- 如果集合 $\mathrm{DS}_k(F)$ 是平凡非负的, 过程结束.
- 否则, 记 $\mathrm{DS}_k(F)$ 中那些带有负系数的多项式为 $F_{k,1}, F_{k,2}, \cdots, F_{k,l_k}$, 分别计算 $\mathrm{DS}(F_{k,1})$, $\mathrm{DS}(F_{k,2})$, $\cdots$, $\mathrm{DS}(F_{k,l_k})$.
- 定义 $\mathrm{DS}_{k+1}(F) = \bigcup\limits_{i=1}^{l_k} \mathrm{DS}(F_{k,i})$.
- 如果集合 $\mathrm{DS}_{k+1}(F)$ 是平凡非负的, 过程结束. 否则将继续.

即使最初给的多项式 F本身是半正定的, 这一过程也有可能永不终止. 我们用 Maple 编了一个短程序SDS (successive difference substitution), 该程序每次执行上述过程的一步. 譬如验证前面的多项式 (7.3.2) 的非负性, 输入 sds(sds(F)) 产生一输出: "The form is positive semi-definite". 需要运行 SDS 两次.

问题 8. 证明下列多项式在 $\mathbf{R}_+^3$ 上是半正定的

$$\begin{aligned} H = {} & x^4y^2 - 2x^4yz + x^4z^2 + 3x^3y^2z - 2x^3yz^2 - 2x^2y^4 - 2x^2y^3z \\ & + x^2y^2z^2 + 2xy^4z + y^6. \end{aligned}$$

输入 sds(sds(sds(sds(sds(H))))) 产生一输出："The form is positive semi-definite". 需要运行 SDS 5 次. 可代之以下列循环指令

```
> for i to 5 do sds(%) od:
```

问题 9. 证明下列多项式在 $\mathbf{R}_+^3$ 上是半正定的

$$\begin{aligned} F = {} & 8x^7 + (8z + 6y)x^6 + 2y(31y - 77z)x^5 - y(69y^2 - 2z^2 - 202yz)x^4 \\ & + 2y(9y^3 + 57yz^2 - 85y^2z + 9z^3)x^3 + 2y^2z(-13z^2 - 62yz + 27y^2)x^2 \\ & + 2y^3z^2(-11z + 27y)x + y^3z^3(z + 18y). \end{aligned}$$

执行 18 步的循环指令

```
> for i to 18 do sds(%) od:
```

产生一输出: "The form is positive semi-definite". 此问题来自 "http://guestbook.nease.net/ read.php?user =zgbdsyjxz&id=1118234222 &curpage=35".

问题 10. 证明下列多项式在 $\mathbf{R}^3$ 上是半正定的

$$F = a(a+b)^5 + b(c+b)^5 + c(a+c)^5.$$

这问题与前面诸问题不同之处在于, 各变量 a, b, c 的取值范围包括负数. 按照 a, b, c 的正负号可将问题分为数种情况分别处理. 譬如说, 当 $a \geqslant 0, b < 0, c < 0$ 时, 以 $x, -y, -z$ 替换 F 中的 a, b, c, 可得一个具非负变量的多项式

$$f_1 = x(x-y)^5 - y(-z-y)^5 - z(x-z)^5,$$

它在 $\mathbf{R}_+^3$ 上的非负性可由下面的 4 步的循环指令获证

```
> for i to 4 do sds(%) od:
```

其余几种情况类推. 此题来自 http://www.mathlinks.ro/Forum/topic-30448.html.

问题 11. 证明下列多项式在 $\mathbf{R}^3$ 上是半正定的

$$\begin{aligned} G = {} & 2572755344x^4 - 20000000x^3y - 6426888360x^3z + 30000000x^2y^2 \\ & +5315682897x^2z^2 - 20000000xy^3 - 1621722090xz^3 + 170172209y^4 \\ & -1301377672\,y^3z + 3553788598y^2z^2 - 3864133016yz^3 \\ & +1611722090z^4. \end{aligned}$$

它仅有 4 次 12 项, 无论如何不能说是一个大多项式. 但为证明它的非负性, 需要持续运行SDS程序达 46 次之多!

```
> for i to 46 do sds(%) od:
```

该 46 步的循环指令产生一输出: "The form is positive semi-definite".

我们前面将 "差分代换" 定义为一个 (多项式的) 集合, 也可以指一种方法. 这种方法起源于十分朴素的思想: 将各变元分割为较小的非负量. 既然如此, 各变元的量纲应该是相同的, 即所处理的多项式应该是齐次的. 虽然SDS程序对非齐次的多项式也能运用, 但效果不佳. 所以如果遇到非齐次的多项式, 建议先将其齐次化, 然后再执行SDS.

7.3.4 关于对称形式

本节讨论了一种试探性的方法, 而不是一种完备的算法. 迄今我们还不能够较好地界定SDS所能处理的多项式的范围. 这方面的研究还有待深入. 下面将不加证明地叙述几个关于对称形式 (即对称齐次多项式) 的结果.

如果集合 DS(F) 是平凡非负的, 那么形式 F 叫做是 *差分代换平凡* 的.

定理 7.3.1 一个 3 次对称形式 $f(x_1,x_2,\cdots,x_n)$ 满足条件

$$f(1,1,\cdots,1)=0,$$

那么 f 在 $\mathbf{R}_+^n$ 上是半正定的当且仅当它是差分代换平凡的.

定理 7.3.2 一个 4 元 4 次对称形式 $G(x_1,x_2,x_3,x_4)$ 满足条件

$$G(1,1,1,1)=0,$$

那么 G 是差分代换平凡的当且仅当存在 5 个非负实数 a_1,a_2,a_3,a_4,a_5, 使得 $G=a_1g_1+a_2g_2+a_3g_3+a_4g_4+a_5g_5$, 其中

$$\begin{aligned}
g_1=&\,3x_1^4+3x_2^4+3x_3^4+3x_4^4-4x_1^3(x_2+x_3+x_4)-4x_2^3(x_1+x_3+x_4)\\
&-4x_3^3(x_1+x_2+x_4)-4x_4^3(x_1+x_2+x_3)+2\,x_1^2(x_2^2+x_3^2+x_4^2)\\
&+2\,x_2^2(x_3^2+x_4^2)+2\,x_3^2x_4^2+4x_1^2(x_2x_3+x_3x_4+x_2x_4)\\
&+4x_2^2(x_1x_3+x_3x_4+x_4x_1)+4x_3^2(x_1x_2+x_2x_4+x_4x_1)\\
&+4x_4^2(x_1x_2+x_2x_3+x_1x_3)-24x_1x_2x_3x_4,\\
g_2=&\,x_1^2(x_2^2+x_3^2+x_4^2)+x_2^2(x_3^2+x_4^2)+x_3^2x_4^2-x_1^2(x_2x_3+x_3x_4+x_2x_4)\\
&-x_2^2(x_1x_3+x_3x_4+x_4x_1)-x_3^2(x_1x_2+x_2x_4+x_4x_1)\\
&-x_4^2(x_1x_2+x_2x_3+x_1x_3)+6x_1x_2x_3x_4,\\
g_3=&\,3x_1^4+3x_2^4+3x_3^4+3x_4^4-2\,x_1^3(x_2+x_3+x_4)-2\,x_2^3(x_1+x_3+x_4)\\
&-2\,x_3^3(x_1+x_2+x_4)-2\,x_4^3(x_1+x_2+x_3)-2\,x_1^2(x_2^2+x_3^2+x_4^2)\\
&-2\,x_2^2(x_3^2+x_4^2)-2\,x_3^2x_4^2+3x_1^2(x_2x_3+x_3x_4+x_2x_4)\\
&+3x_2^2(x_1x_3+x_3x_4+x_4x_1)+3x_3^2(x_1x_2+x_2x_4+x_4x_1)\\
&+3x_4^2(x_1x_2+x_2x_3+x_1x_3)-12x_1x_2x_3x_4,\\
g_4=&\,x_1^2(x_2x_3+x_3x_4+x_2x_4)+x_2^2(x_1x_3+x_3x_4+x_4x_1)\\
&+x_3^2(x_1x_2+x_2x_4+x_4x_1)+x_4^2(x_1x_2+x_2x_3+x_1x_3)-12x_1x_2x_3x_4,\\
g_5=&\,x_1^3(x_2+x_3+x_4)+x_2^3(x_1+x_3+x_4)+x_3^3(x_1+x_2+x_4)\\
&+x_4^3(x_1+x_2+x_3)-2\,x_1^2(x_2^2+x_3^2+x_4^2)-2\,x_2^2(x_3^2+x_4^2)-2\,x_3^2x_4^2
\end{aligned}$$

都是 4 元 4 次半正定对称形式.

定理 7.3.3 一个 3 元 5 次对称形式 $F(x,y,z)$ 满足条件 $F(1,1,1)=0$, 那么 F 是差分代换平凡的当且仅当存在 8 个非负实数 $b_1,b_2,\cdots,b_8$, 使得

$$F=b_1f_1+b_2f_2+\cdots+b_8f_8,\tag{7.3.3}$$

其中

$$
\begin{aligned}
f_1 &= x^5+y^5+z^5-x^4(y+z)-y^4(x+z)-z^4(x+y)+xyz(x^2+y^2+z^2),\\
f_2 &= x^4(y+z)+y^4(x+z)+z^4(x+y)-x^3(y^2+z^2)-y^3(x^2+z^2)\\
&\quad -z^3(x^2+y^2)-2\,xyz(x^2+y^2+z^2)+2\,xyz(xy+yz+xz),\\
f_3 &= x^3(y^2+z^2)+y^3(x^2+z^2)+z^3(x^2+y^2)-2\,xyz(x^2+y^2+z^2),\\
f_4 &= x^3yz+xy^3z+xyz^3-x^2y^2z-xy^2z^2-x^2yz^2,\\
f_5 &= x^5+y^5+z^5-2\,x^4y-2\,x^4z-2\,y^4x-2\,y^4z-2\,z^4x-2\,z^4y+x^3y^2\\
&\quad +x^3z^2+y^3x^2+y^3z^2+z^3x^2+z^3y^2+4x^3yz+4xy^3z\\
&\quad +4xyz^3-3x^2y^2z-3xy^2z^2-3x^2yz^2,\\
f_6 &= x^4y+x^4z+y^4x+y^4z+z^4x+z^4y-8x^3yz-8xy^3z-8xyz^3\\
&\quad +6x^2y^2z+6xy^2z^2+6x^2yz^2,\\
f_7 &= 2\,x^5+2\,y^5+2\,z^5-5x^4y-5x^4z-5y^4x-5y^4z-5z^4x-5z^4y+3x^3y^2\\
&\quad +3x^3z^2+3\,y^3x^2+3\,y^3z^2+3z^3x^2+3z^3y^2+14x^3yz+14xy^3z+14xyz^3\\
&\quad -12\,x^2y^2z-12\,xy^2z^2-12\,x^2yz^2,\\
f_8 &= 3\,x^4(y+z)+3\,y^4(x+z)+3z^4(x+y)-2\,x^3(y^2+z^2)-2\,y^3(x^2+z^2)\\
&\quad -2\,z^3(x^2+y^2)-14xyz(x^2+y^2+z^2)+12\,xyz(xy+yz+xz)
\end{aligned}
$$

都是 3 元 5 次半正定对称形式.

诸如此类的结果就不更多列举了. 基于一种最初可能是起源于无名氏的朴素思想, 我们设计了一个试探性的程序用于证明多项式不等式, 或等价地, 用于判定多项式的非负性. 就是将各变量按一定方式分割成较小的非负量, 将变量替换后的多项式合并同类项, 然后看是否所有的系数都是非负的. 过去这方法常见于某些对称形式的不等式的证明, 未考虑怎样应用于非对称情形, 也未考虑如果一次不成, 能否再接再厉. 本节针对这两点作了发展. 虽然相关理论探讨刚刚开始, 但许多实验结果表明我们的程序对不少多项式是很有效的.

此外, 差分代换的方法和程序只用到不多的数学[146, 147], 容易被读者理解和接受. 其产生的证明可以认为是“可读”的, 或者甚至是“明证”.

最近, 姚勇在程序 SDS 的基础上做了有意义的改进 (相应的理论文章“一个集序列的终止性与非负性的机器判定”尚未正式发表). 改进后的程序 TSDS 对于 $\mathbf{R}_+^n$ 上有时取负值的齐次多项式, 理论上讲, 总能自动给出一个反例. 例如, 检验 6 个变量的所谓 “Vasc 猜想”:

$$\frac{a_1-a_2}{a_2+a_3}+\frac{a_2-a_3}{a_3+a_4}+\frac{a_3-a_4}{a_4+a_5}+\frac{a_4-a_5}{a_5+a_6}+\frac{a_5-a_6}{a_6+a_1}+\frac{a_6-a_1}{a_1+a_2}\geqslant 0,$$

其中 $a_i > 0(i = 1, \cdots, 6)$. 左边去分母后得到的多项式记为 V, 执行指令 tsds(V): 程序运行两步后自动停机, 屏幕提示 "*The form is not positive semi-definite*" 并自动输出一反例: $a_1 = 84, a_2 = 7, a_3 = 79, a_4 = 5, a_5 = 76, a_6 = 1$. 这说明 Vasc 猜想在 6 个变量的情形不成立.

参 考 文 献

[1] Aczél J. Some general methods in the theory of functional equations in one variable, new applications of functional equations. *Uspehi. Mat. Nauk* (N.S.) (Russian), 1956, **69**: 3–68.

[2] Aczél J, Varga O. Bemerkung zur Cayley-Kleinschen Massbestimmung. *Publ. Mat.* (Debrecen), 1955, **4**: 3–15.

[3] Akritas A G, Bocharov A V, Strzeboński A W. Implementation of real root isolation algorithms in Mathematica // *Abstracts of the International Conference on Interval and Computer-Algebraic Methods in Science and Engineering* (*Interval*' 94), 23–27. St. Petersburg, Russia, March 7–10, 1994.

[4] Akritas A G, Strzeboński A W. A comparative study of two real root isolation methods. *Nonlinear Analysis: Modelling and Control*, 2005, **10**: 297–304.

[5] Alefeld G, Herzberger J. *Introduction to Interval Computations.* Academic Press, 1983.

[6] Angeli D, Ferrell J E Jr, Sontag E D. Detection of multistability, bifurcations and hysteresis in a large class of biological positive-feedback systems. *Proc. Nat. Acad. Sci. USA*, 2004, **101**: 1822–1827.

[7] Arnon D S, Collins G E, McCallum S. Cylindrical algebraic decomposition II: An adjacency algorithm for the plane. *SIAM J. Comput.*, 1984, **13** : 878–889.

[8] Artin E. Über die Zerlegung definiter Funktionen in Quadrate. *Hamb. Abh.*, 1927, **5**:100–115.

[9] Basu S, Pollack R, Roy M-F. *Algorithms in Real Algebraic Geometry.* Berlin: Springer-Verlag, 2003.

[10] Becker T, Weispfenning V. *Gröbner Bases: A Computational Approach to Commutative Algebra.* New York, Berlin Heidelberg: Springer, 1993.

[11] Ben-Or M, Kozen D, Reif J. The complexity of elementary algebra and geometry. *J. Computer and System Sciences*, 1986, **32**: 251–264.

[12] Besson F, Jensen T, Talpin J-P. Polyhedral analysis of synchronous languages // *SAS'99*, LNCS 1694, pp. 51–69, Springer-Verlag, 1999.

[13] Bottema O, Dordevic R Z, Janic R R, Mitrinovic D S, Vasic P M. *Geometric Inequalities.* Groningen, The Netherlands: Wolters-Noordhoff Publishing, 1969.

[14] Brown C W. Simple CAD construction and its applications. *J. Symb. Comput.*, 2001, **31**: 521–547.

[15] Brown C W, McCallum S. On Using Bi-equational Constraints in CAD Construction. // *Proc. ISSAC2005* (Kauers, M. ed.), 76–83. New York: ACM Press, 2005.

[16] Buchberger B. *Ein Algorithmus zum Auffinden der Basiselemente des Restklassenringes nach einem nulldimensionalen Polynomideal.* Ph.D. thesis. Universität Inns-

bruck. Austria, 1965.

[17] Buchberger B. Gröbner bases: An algorithmic method in polynomial ideal theory // *Multidimensional Systems Theory* (Bose N K, ed.), 184–232. Dordrecht: Reidel, 1985.

[18] 陈长波. 生物系统稳定性的代数分析及其程序包开发. 北京大学硕士学位论文, 2006.

[19] 陈胜利, 黄方剑. 三元对称形式的 Schur 分拆与不等式的可读证明. 数学学报, 2006, **9**(3): 491–502.

[20] Cheng J S, Gao X S, Yap C K. Complete Numerical Isolation of Real Zeros in General Triangular Systems // *Proc. ISSAC 2007*, 92–99, ACM, 2007.

[21] Chionh E W, Goldman R N. Elimination and resultants. *IEEE Comput. Graphics Appl.*, 1995, **15**(1): 69–77; 1995, **15**(2): 60–69.

[22] Choi M D, Lam T Y, Reznick B. Sum of squares of real polynomials. *Proc. of Symposia in Pure Mathematics*, 1995, **58**(2): 103–126.

[23] Choi M D, Lam T Y, Reznick B. Even Symmetric Sextics. *Math. Z.*, 1987, **195**: 559–580.

[24] Chou S C. *Mechanical geometry theorem proving*. Reidel: Dordrecht, 1988.

[25] Chou S C, Gao X S, Arnon D S. On the mechanical proof of geometry theorems involving inequalities. *Advances in Computing Research*. JAI Press Inc., 1992, **6**: 139–181.

[26] Chou S C, Gao X S, McPhee N. A combination of Ritt-Wu's method and Collins' method // *Proc. CADE-12*. Springer-Verlag, 1994, 401–415.

[27] Chou S C, Gao X S, Zhang J Z. *Machine proofs in geometry: Automated production of readable proofs for geometry theorems*. World Scientific, 1994.

[28] Collins G E. Polynomial remainder sequences and determinants. *Amer. Math. Monthly*, 1966, **73**: 708–712.

[29] Collins G E. Subresultants and reduced polynomial remainder sequences. *J. ACM*, 1967, **14**: 128–142.

[30] Collins G E. Quantifier elimination for real closed fields by cylindrical algebraic decomposition // *Automata Theory and Formal Languages* (Brakhage H, ed.). LNCS 33. Berlin Heidelberg: Springer, 1975, 134–165.

[31] Collins G E, Akritas A G. Polynomial real root isolation using Descartes' rule of signs // *Proceedings of the 1976 ACM Symposium on Symbolic and Algebraic Computations*. New York: Yorktown Heights, 1976, 272–275.

[32] Collins G E, Hong H. Partial cylindrical algebraic decomposition for quantifier elimination. *Journal of Symbolic Computation*, 1991, **12**: 299–328.

[33] Collins G E, Johnson J R. Quantifier elimination and the sign variation method for real root isolation // *Proceedings of the ACM-SIGSAM 1989 International Symposium on Symbolic and Algebraic Computation*. ACM Press, 1989, 264–271.

[34] Collins G E, Loos R. Real zeros of polynomials // *Computer Algebra: Symbolic and*

Algebraic Computation (Buchberger B, Collins G E, Loos R, eds.). Wien New York: Springer, 1982, 83–94.

[35] Cousot P. Abstract interpretation based formal methods and future challenges // *Informatics, 10 Years Back - 10 Years Ahead* (Wilhelm R ed.). LNCS 2000, 2001, 138–156.

[36] Cousot P, Halbwachs N. Automatic discovery of linear restraints among the variables of a program // ACM POPL'78, 1978, 84–97.

[37] Cox D, Little J, O'Shea D. *Ideas, Varieties and Algorithms: An Introduction to Computational Algebraic Geometry.* New York: Springer, 1992.

[38] Cox D, Little J, O'Shea D. *Using Algebraic Geometry.* New York: Springer, 1998.

[39] Dixon A L. The eliminant of three quantics in two independent variables. *Proc. London Math. Soc.*, 1908, **6**: 468–478.

[40] Dolzman A, Sturm T. REDLOG: Computer algebra meets computer logic. *ACM SIGSAM Bulletin*, 1997, **31**(2): 2–9.

[41] Dolzmann A, Sturm T, Weispfenning V. A new approach for automatic theorem proving in real geometry. *Journal of Automated Reasoning*, 1998, **21**(3): 357–380.

[42] Dolzmann A, Sturm T, Weispfenning V. Real quantifier elimination in practice // *Algorithmic Algebra and Number Theory* (Matzat B H, Greuel G-M, Hiss G eds.). Berlin: Springer, 1998, 221–247.

[43] Eigenwillig A, Sharma V, Yap C. Almost Tight Recursion Tree Bounds for the Descartes Method // *Proc. ISSAC'06.* ACM Press, 2006, 71–78.

[44] Ferrell J E Jr, Machleder E M. The biochemical basis of an all-or-none cell fate switch in Xenopus oocytes. *Science*, 1998, **280**: 895–898.

[45] Folke E. Which triangles are plane sections of regular tetrahedra? *Amer. Math. Monthly*, 1994, **101**(10): 788–789.

[46] Franklin J. *Methods of Mathematical Economics.* New York: Springer-Verlag, 1980.

[47] 甘特马赫. 矩阵论. 柯召译. 北京：高等教育出版社, 1955.

[48] Gao X S, Chou S C. Solving parametric algebraic systems // *Proc. ISSAC'92.* New York: ACM Press, 1992, 335–341.

[49] Gao X S, Chou S C. On the Theory of Resolvents and Its Applications. *Sys. Sci. and Math. Sci.*, 1999, **12**: 17–30.

[50] Gao X S, Hou X, Tang J, Chen H. Complete Solution Classification for the Perspective-Three-Point Problem. *IEEE Tran. on PAMI*, 2003, **25**(8): 930–943.

[51] 高小山, 王定康, 裘宗燕, 杨宏. 方程求解与机器证明 —— 基于 MMP 的问题求解. 北京：科学出版社, 2006.

[52] Gatermann K, Huber B. A family of sparse polynomial systems arising in chemical reaction systems. *Journal of Symbolic Computation*, 2002, **33**: 275–305.

[53] Gatermann K, Xia B. Existence of 3 positive solutions of systems from chemistry.

Institute of Mathematics. Peking University. Research Report No.108, 2003.

[54] Geddes K O, Czapor S R, Labahn G. *Algorithms for Computer Algebra.* Boston: Kluwer, 1992.

[55] Gerhold S. Combinatorial Sequences: Non-Holonomicity and Inequalities. PhD Thesis. Johannes-Kepler-Universität. Linz. August, 2005.

[56] Gerhold S, Kauers M. A Procedure for Proving Special Function Inequalities Involving a Discrete Parameter // *Proc. ISSAC'05.* ACM Press, 2005, 156–162.

[57] Gerhold S, Kauers M. A Computer Proof of Turán's Inequality. *J. Inequalities in Pure and Applied Mathematics*, 2006, **7**(2), Article 42.

[58] Grabmeier J, Kaltofen E, Weispfenning V (eds.). *Computer Algebra Handbook.* Berlin Heidelberg, New York: Springer, 2003.

[59] Guergueb A, Mainguené J, Roy M-F. Examples of Automatic Theorem Proving in Real Geometry // *ISSAC 1994*, 1994, 20–24.

[60] Habicht W. Über die Zerlegung strikte definiter Formen in Quadrate. *Comm. Math. Helv.*, 1940, **12**: 317–322.

[61] Halbwachs N, Proy Y E, Roumanoff P. Verification of real-time systems using linear relation analysis. *Formal Methods in System Design,* 1997, **11**(2):157–185.

[62] Hardy G H, Littlewood J E, Pólya G. *Inequalities* (Second Edition). Cambridge: Cambridge University Press, 1952.

[63] Henzinger T A, Ho P-H. Algorithmic analysis of nonlinear hybrid systems // CAV'95, LNCS 939, 1995, 225–238.

[64] Hilbert D. Über die Darstellung definiter Formen als Summe von Formenquadraten. *Math. Ann.*, 1888, **32**: 342–350.

[65] Hilbert D. Mathematische Probleme. *Arch. f. Math. u. Phys.*, 1901, **3**: 44–63, 213–237. (English translation by M. W. Newson in *Bull. Amer. Math. Soc.*, 1902, **8**: 437–445, 478–479.)

[66] Hong H. Simple solution formula construction in cylindrical algebraic decomposition based quantifier elimination // *Proceedings of ISSAC '92* (Wang P S, ed.). New York: ACM Press, 1992, 177–188.

[67] Huang F, Chen S. Schur Partition for Symmetric Ternary Forms and Readable Proof of Inequalities // *Proc. ISSAC'05.* Beijing: ACM Press, 2005, 185–192.

[68] Janous W. Problem 1137. *Crux Math.,* 1986, **12**: 79, 177.

[69] Johnson J R. *Algorithms for polynomial real root isolation.* Technical Report OSU-CISRC-8/91-TR21. Ohio State University, 1991.

[70] Johnson J R. Algorithms for Polynomial Real Root Isolation // *Quantifier Elimination and Cylinderical Algebraic Decomposition* (Caviness B F, Johnson J R eds.). Springer-Verlag, 1998, 269–299.

[71] Johnson J R, Krandick W. Polynomial real root isolation using approximate arithmetic

// *Proceedings of ISSAC'97*. Maui. Hawaii, 1997, 225–232.

[72] Kalkbrener M. A generalized Euclidean algorithm for computing triangular representationa of algebraic varieties. *J. Symb. Comput.*, 1993, **15**: 143–167.

[73] Kapur D: Geometry theorem proving using Hilbert's Nullstellensata // *Proc. SYMSAC'86*. New York: ACM Press, 1986, 202–208.

[74] Kauers M. Computer Proofs for Polynomial Identities in Arbitrary many Variables // *Proc. ISSAC'04*. ACM Press, 2004, 199–204.

[75] 匡继昌. 常用不等式 (第三版). 济南：山东科学技术出版社, 2004.

[76] Kutzler B, Stifter S. Automated geometry theorem proving using Buchberger's algorithm // *Proc. SYMSAC'86*. New York: ACM Press, 1986, 209–214.

[77] Lafferrierre G, Pappas G J, Yovine S. Symbolic reachability computaion for families of linear vector fields. *J. of Symbolic Computation*, 2001, **11**: 1–23.

[78] Li Y-B. Applications of the theory of weakly nondegenerate conditions to zero decomposition for polynomial systems. *J. Symb. Comput.*, 2004, **38**: 815–832.

[79] 刘保乾. BOTTEMA, 我们看见了什么 —— 三角形几何不等式研究的新理论、新方法和新结果. 拉萨：西藏人民出版社, 2003.

[80] 刘忠. 基于 Dixon 结式的聚筛法的软件实现. 中科院成都计算机应用研究所博士学位论文, 2003.

[81] Loos R. Generalized polynomial remainder sequences // *Computer Algebra: Symbolic and Algebraic Computation* (2nd edn.) (Buchberger B, Collins G E, Loos R, eds.). Wien New York: Springer, 1983, 115–137.

[82] 陆征一, 何碧, 罗勇. 多项式系统的实根分离算法及其应用. 北京：科学出版社, 2004.

[83] Macaulay F S. Note on the resultant of a number of polynomials of the same degree. *Proc. London Math. Soc.*, 1921, **21**: 14–21.

[84] Mayer G. Epsilon-inflation in verification algorithms. *J. of Computational and Applied Mathematics*, 1995, **60**: 147–169.

[85] Miller R K, Michel A N. *Ordinary Differential Equations*. New York, London: Academic Press, 1982.

[86] Mishra B. *Algorithmic Algebra*. New York: Springer, 1993.

[87] Mitrinović D S. *Elementary Inequalities*. P. Noordhoff Ltd., 1964.

[88] Mitrinović D S, Pecaric J E, Volenec V. *Recent Advances in Geometric Inequalities*. Kluwer Academic Publishers, 1989.

[89] Motzkin T S. The arithmetic-geometric inequality // *Inequalities* (Shisha O ed.), 205–224. New York: Academic Press, 1967.

[90] Novák B, Tyson J J. Numerical analysis of a comprehensive model of M-phase control in Xenopus oocyte extracts and intact embryos. *J. Cell Sci.*, 1993, **106**: 1153–1168.

[91] Parrilo P A. *Structured Semidefinite Programs and Semialgebraic Geometry Methods in Robustness and Optimization*. PhD thesis, California Institute of Technology,

May 2000.

[92] Parrilo P A. Semidefinite programming relaxations for semialgebraic problems. *Math. Prog.*, 2003, **96**(2), Ser. B: 293–320.

[93] Parrilo P A, Peretz R. An inequality for circle packings proved by semidefinite programming. *Discrete and Computational Geometry*, 2004, **31**(3): 357–367.

[94] Pólya G. Über positive Darstellung von Polynomen. *Vierteljschr. Natruforsch. Ges.*, 1928, **73**:141–145.

[95] Pomerening J R, Sontag E D, Ferrell J E Jr. Building a cell cycle oscillator: Hysteresis and bistability in the activation of Cdc2. *Nature Cell Biol.*, 2003, **5**: 346–351.

[96] Powers V, Wormann T. An algorithm for sums of squares of real polynomials. *J. of Pure and Applied Linear Algebra*, 1998, **127**: 99–104.

[97] Reznick B. Some concrete aspects of Hilbert's 17th problem. *Comtemporary Mathematics.* American Mathematical Society, Providence, RI, 2000, **253**: 251–272.

[98] Robinson R M. Some definite polynomials which are not sums of squares of real polynomials // *Selected questions of algebra and logic*, 1973, 264–282.

[99] Rouillier F, Zimmermann P. Efficient isolation of a polynomial real roots. Research Report No. 4113. INRIA, 2001.

[100] Rouillier F, Zimmermann P. Efficient isolation of polynomial's real roots. *J. of Computational and Applied Mathematics*, 2004, **162**: 33–50.

[101] 单墫. 几何不等式在中国. 南京：江苏教育出版社, 1996.

[102] Takeuchi Y, Lu Z Y. Permanence and global stability for competitive Lotka-Volterra diffusion systems. *Nonl. Anal. T.M.A.*, 1995, **24**: 91–104.

[103] Tarski A, *A Decision Method for Elementary Algebra and Geometry* (2nd edn.). Berkeley: University of California Press, 1951; 初等代数和初等几何的判定方法. 陆钟万译. 北京：科学出版社, 1959.

[104] Timofte V. On the positivity of symmetric polynomial functions. Part I: General results. *J. Math. Anal. Appl.*, 2003, **284**: 174–190.

[105] Timofte V. On the positivity of symmetric polynomial functions. Part II: Lattice general results and positivity criteria for degrees 4 and 5. *J. Math. Anal. Appl.*, 2005, **304**: 652–667.

[106] Tiwari A. Termination of linear programs // CAV'04. LNCS 3114, 2004, 70–82.

[107] van der Waerden B L. *Modern Algebra.* vol. II. Frederick Ungar. New York, 1950 (translated from the German edition — published in 1931, 1937 and 1940 by Springer, Berlin — by T. . Benac).

[108] van der Waerden B L. *Modern Algebra.* vol. I. Ungar. New York, 1953 (translated from the second revised German edition — published in 1937 and 1940 by Springer, Berlin — by F. Blum).

[109] von zur Gathen J, Gerhard J. Fast Algorithms for Taylor Shifts and Certain Difference

Equations // *Proceedings of ISSAC'97*. Maui. Hawaii, 1997, 40–47.

[110] von zur Gathen J, Gerhard J. *Modern Computer Algebra*. Cambridge: Cambridge University Press, 1999.

[111] 王德人, 张连生, 邓乃扬. 非线性方程的区间算法. 上海：上海科学技术出版社, 1986.

[112] Wang Dingkang. Zero Decompostion Algorithms for Systems of Polynomial Equations // *Proc. ASCM2000* (Gao, X.-S., Wang, D. M., eds.). World Scientific, 2000.

[113] Wang Dongming. Computing triangular systems and regular systems. *J. Symb. Comput.*, 2000, **30**: 221–236.

[114] 王东明. 消去法及其应用. 北京：科学出版社, 2002.

[115] Wang Dongming. *Elimination Practice: Software Tools and Applications*. London: Imperial College Press, 2003.

[116] 王东明, 夏壁灿. 计算机代数. 北京：清华大学出版社, 2004.

[117] Wang D, Xia B. Stability analysis of biological systems with real solution classification // *Proc. ISSAC 2005*, 354–361. New York: ACM Press, 2005.

[118] 王龙, 郁文生. 严格正实域的完整刻画和鲁棒严格正实综合方法. 中国科学 (E 辑), 1999, **29**(6): 532–545.

[119] 王在华. 高维时滞动力系统的稳定性分析 (2004 年全国优秀博士学位论文). 南京航空航天大学博士学位论文, 2000.

[120] Wang Z H, Hu H Y. Delay-independent stability of retarded dynamic systems of multiple degrees of freedom. *Journal of Sound and Vibration*, 1999, **226**(1): 57–81.

[121] Wang Z H, Hu H Y. Stability of time-delayed dynamic systems with unknown parameters. *Journal of Sound and Vibration*, 2000, **233**(2): 215–233.

[122] Weispfenning V. A New Approach to Quantifier Elimination for Real Algebra // *Quantifier Elimination and Cylindrical Algebraic Decomposition* (Caviness B F, Johnson J R, eds.). Springer, 1998, 376–392.

[123] Winkler F. *Polynomial Algorithms in Computer Algebra*. Wien New York: Springer, 1996.

[124] Wu S, Zhang Z. A class of inequalities related to the angle bisectors and the sides of a triangle. *Journal of Inequalities in Pure and Applied Mathematics*, 2006, **7**(3), Article 108, 1–7.

[125] 吴文俊. 初等几何判定问题与机械化证明. 中国科学, 1977, **20**: 507–516.

[126] Wu W-T. Basic principles of mechanical theorem proving in elementary geometries. *J. Syst. Sci. Math.*, 1984, **4**: 207–235.

[127] 吴文俊. 几何定理机器证明的基本原理 (初等几何部分). 北京：科学出版社, 1984.

[128] Wu W-T. On a finiteness theorem about optmization problems. MM Research Preprints, 1992, **8**: 1–18.

[129] Wu W-T. On a finiteness theorem about problem involving inequalities. *Sys. Sci. & Math. Scis.*, 1994, **7**: 193–200.

[130] Wu W-T. On global-optimization problems // *Proc. ASCM '98*, 135–138. Lanzhou: Lanzhou University Press, 1998.

[131] 吴文俊. 数学机械化. 北京：科学出版社, 2003.

[132] 夏壁灿. 几何不等式的自动发现与机器证明. 四川大学博士学位论文, 1998.

[133] Xia B. DISCOVERER: A tool for solving problems involving polynomial inequalities // *Proc. ATCM'2000* (Yang W-C, et al. eds.), 472–481. Blacksburg: ATCM Inc., 2000.

[134] Xia B, Xiao R, Yang L. Solving parametric semi-algebraic systems // *Proc. the 7th Asian Symposium on Computer Mathematics* (*ASCM 2005*) (Pae S, Park H, eds.), 153–156. Seoul, Dec.8-10, 2005.

[135] Xia B, Yang L. An algorithm for isolating the real solutions of semi-algebraic systems. *J. Symb. Comput.*, 2002, **34**: 461–477.

[136] 夏壁灿, 杨路. 多项式判别矩阵的若干性质及应用. 应用数学学报, 2003, **26**(4): 652–663.

[137] Xia B, Zhang T. Algorithms for real root isolation based on interval arithmetic. Institute of Mathematics. Peking University. Research Report No. 107, 2003.

[138] Xia B, Zhang T. Real Solution Isolation Using Interval Arithmetic. *Computers and Mathematics with Applications*, 2006, **52**: 853–860.

[139] 夏时洪. 不等式型定理可读证明的自动生成. 中国科学院研究生院博士论文, 2002.

[140] 杨路. 不等式机器证明的降维算法与通用程序. 高技术通讯, 1988, **8**(7): 20–25.

[141] Yang L. Practical automated reasoning on inequalities: Generic programs for inequality proving and discovering // *Proc. of The Third Asian Technology Conference in Mathematics*. Springer-Verlag, 1998, 24–35.

[142] Yang L. A simplified algorithm for solution classification of the perspective-three-point problem // *MM Preprints*, 1998, **17**: 135–145 (中国科学院数学机械化研究中心, 北京).

[143] Yang L. Recent advances in automated theorem proving on inequalities. *J. Comput. Sci. & Technol.*, 1999, **14**(5): 434–446.

[144] 杨路. 全局优化的符号算法与有限核原理// 数学与数学机械化. 林东岱等主编. 山东教育出版社, 2001, 210–220.

[145] Yang L. Automatically solving semi-algebraic systems // *Proceedings of the 6th Asian Technology Conference in Mathematics*. ATCM Inc.. Blacksburg, 2001, 1–13.

[146] Yang L. Solving Harder Problems with Lesser Mathematics. // *Proceedings of the 10th Asian Technology Conference in Mathematics*. ATCM Inc.. Blacksburg, 2005, 37–46.

[147] 杨路. 差分代换与不等式机器证明. 广州大学学报 (自然科学版), 2006, **5**(2): 1–7.

[148] Yang L, Hou X, Xia B. Automated discovering and proving for geometric inequalities // *Automated Deduction in Geometry* (Gao X S, Wang D, Yang L eds.). LNAI **1669**. Springer-Verlag, 1999, 30–46.

[149] Yang L, Hou X, Xia B. A complete algorithm for automated discovering of a class of

inequality-type theorems. *Sci. China* **F**, 2001, **44**: 33–49.

[150] Yang L, Hou X, Zeng Z. A complete discrimination system for polynomials. *Sci. China* **E**, 1996, **39**(6) : 628–646.

[151] Yang L, Xia B. Automated Deduction in Geometry // *Geometric Computation*. World Scientific, 2004, 248–298.

[152] Yang L, Xia B. Real solution classifications of parametric semi-algebraic systems // *Algorithmic Algebra and Logic — Proceedings of the A3L 2005* (Dolzmann A, Seidl A, Sturm T, eds.). Herstellung und Verlag. Norderstedt, 2005, 281–289.

[153] Yang L, Xia B. Quantifier Elimination for Quartics // *Lecture Notes in Artificial Intelligence* **4120** (Ida T, Calmet J, Wang D eds.), 2006, 131–145.

[154] Yang L, Xia S. An inequality-proving program applied to global optimization // *Proc. the Asian Technology Conference in Mathematics* (Yang W-C *et al* eds.). ATCM Inc. Blacksburg, 2000, 40–51.

[155] 杨路, 夏时洪. 一类构造性几何不等式的机器证明. 计算机学报, 2003, **26**(7): 769–778.

[156] 杨路, 姚勇, 冯勇. Tarski 模型外的一类机器可判定问题. 中国科学 (A 辑), 2007, **37**(5): 513–522.

[157] Yang L, Zhan N, Xia B, Zhou C: Program Verification by Using DISCOVERER. Position paper in *Verified Software: Theories, Tools, Experiments (VSTTE 2005)*, ETH Zürich, Oct. 10–13, 2005. (to appear in LNCS)

[158] Yang L, Zhang J Z. *Searching dependency between algebraic equations: an algorithm applied to automated reasoning*. Technical Report ICTP/91/6. International Center for Theoretical Physics. Trieste. Italy. 1991.

[159] Yang L, Zhang J Z. Searching dependency between algebraic equations: an algorithm applied to automated reasoning // *Artificial intelligence in Mathematics*. Oxford University Press, 1994, 147–156.

[160] Yang L, Zhang J Z, Hou X. A criterion of dependency between algebraic equations and its applications // *Proceedings of International Workshop on Mathematics Mechanization 1992* (Wu W-T, Cheng M-D eds.). Beijing: International Academic Publishers, 1992, 110–134.

[161] Yang L, Zhang J Z, Hou X. An efficient decomposition algorithm for geometry theorem proving without factorization. *Proc. of Asian Symposium in Computer Mathematics*. Japan: Scientists Inc., 1995, 33–41.

[162] 杨路, 张景中, 侯晓荣. 非线性代数方程组与定理机器证明. 上海: 上海科技教育出版社, 1996.

[163] Yang L, Zhang J. A Practical program of automated proving for a class of geometric inequalities // *Automated Deduction in Geometry* (LNAI **2061**), 41–57, Springer-Verlag, 2001.

[164] 姚勇, 冯勇. 一类半正定多项式的平方和分解及其表达式的自动生成. 计算机学报,

2006, **29**(10): 1862–1868.

[165] 曾广兴. 实域论. 北京：科学出版社, 2003.

[166] 张景中, 梁松新. 复系数多项式完全判别系统及其自动生成. 中国科学 (E 辑), 1999, **29**(1): 61–75.

[167] Zhang J Z, Yang L, Deng M. The parallel numerical method of mechanical theorem proving. *Theor. Comput. Sci*, 1990, **74**(3): 253–271.

[168] 张景中, 杨路, 侯晓荣. 代数方程组相关性的一个判准及其在定理机器证明中的应用. 中国科学 (A 辑), 1993, **10**: 1036–1042.

[169] 张景中, 杨路, 侯晓荣. 定理机器证明的结式矩阵法. 系统科学与数学, 1995, **15**(2): 10–15.

[170] 张颋. 隔离整系数非线性多项式方程 (组) 实根. 北京大学硕士学位论文, 2004.

[171] Zhang T, Xia B. A new method for real root isolation of univariate polynomials // *Proc. the First International Conference on Mathematical Aspects of Computer and Information Sciences (MACIS06)*, 85–91. Beijing, July 24–26, 2006.

[172] Zhang T, Xiao R, Xia B. Real Solution Isolation Based on Interval Krawczyk Operator // *Proc. the 7th Asian Symposium on Computer Mathematics (ASCM 2005)* (Pae S, Park H, eds.), 235–237. Seoul, Dec.8–10, 2005.

附录A 子 结 式

本书第 3 章的判别定理是第一作者等在文献 [162] 中首先证明的, 本书中我们用子结式理论重写了该定理的证明. 为使本书在理论上自封闭, 同时方便读者查阅, 本附录介绍子结式理论的基本结论及其证明, 大部分内容来自文献 [116]. 值得一提的是, 这里的子结式链定理 (及相关引理) 更正了文献 [86] 中的一些错误.

子结式的定义请参考第 1 章. 本附录中的多项式 F, G, 如非特别说明, 皆是形如 (1.2.1) 的多项式.

A.1 Habicht 定理

定义 A.1.1 设 F 和 G 为 $\mathcal{R}[x]$ 中的多项式, 且 $m=\deg(F,x)\geqslant\deg(G,x)=l>0$. 令

$$\mu=\begin{cases} m-1, & 若\ m>l,\\ l, & 否则. \end{cases}$$

又命 $S_{\mu+1}=F$, $S_\mu=G$, 并设 S_j 为 F 和 G 关于 x 的第 j 个子结式, $0\leqslant j<\mu$. 称 $\mathcal{R}[x]$ 中的多项式序列

$$S_{\mu+1}, S_\mu, S_{\mu-1}, \cdots, S_0$$

为 F 和 G 关于 x 的 *子结式链*. 如果所有 S_j 都是正则的, 则称该链为 *正则的*. 否则, 称其为 *亏损的*.

命

$$R_{\mu+1}=1,\ \ 而\ \ R_j=\begin{cases} \mathrm{lc}(S_j,x), & 若\ S_j\ 是正则的,\\ 0, & 否则, \end{cases}\qquad 0\leqslant j\leqslant\mu.$$

称多项式序列

$$R_{\mu+1}, R_\mu, \cdots, R_0$$

为 F 和 G 关于 x 的 *主子结式系数链*.

这里定义的主子结式系数链与定义 1.3.1 中的主子结式系数是一致的. 事实上, 对 $1\leqslant j<\mu$, 上面的 R_j 即是第 j 个主子结式系数, 它在 S_j 亏损时为零.

我们首先研究两个次数分别为 $n+1$ 和 n 的符号系数多项式的子结式链. 考虑

$$\begin{aligned} A &= a_0x^{n+1} + a_1x^n + \cdots + a_{n+1}, \\ B &= b_0x^n + b_1x^{n-1} + \cdots + b_n, \end{aligned} \tag{A.1.1}$$

并视其为 $\mathbf{Z}[a_0, \cdots, a_{n+1}, b_0, \cdots, b_n][x]$ 中的多项式, 这里 $n > 0$.

引理 A.1.1 设 A, B 如上, 则

(a) $S_{n-1}(A, B) = \mathrm{prem}(A, B, x)$;

(b) 对 $i < n-1$ 有 $b_0^{2(n-i-1)}\mathrm{subres}_i(A, B) = \mathrm{subres}_i(B, \mathrm{prem}(A, B, x))$.

证明 首先

$$\begin{aligned} S_{n-1}(A, B) &= \mathrm{detpol}(A, xB, B) = (-1)^2\mathrm{detpol}(xB, B, A) \\ &= \mathrm{prem}(A, B, x). \end{aligned}$$

其次, 记 $R = \mathrm{prem}(A, B, x)$, 则

$$\begin{aligned} \mathrm{subres}_i(A, B) &= \mathrm{detpol}(x^{n-i-1}A, \cdots, A, x^{n-i}B, \cdots, B) \\ &= b_0^{-2\,(n-i)}\mathrm{detpol}(x^{n-i-1}b_0^2A, \cdots, b_0^2A, x^{n-i}B, \cdots, B) \\ &= b_0^{-2\,(n-i)}\mathrm{detpol}(x^{n-i-1}R, \cdots, R, x^{n-i}B, \cdots, B) \\ &= b_0^{-2\,(n-i)}\mathrm{detpol}(x^{n-i}B, \cdots, B, x^{n-i-1}R, \cdots, R) \\ &= b_0^{-2\,(n-i)+2}\mathrm{detpol}(x^{n-i-2}B, \cdots, B, x^{n-i-1}R, \cdots, R). \end{aligned}$$

所以

$$b_0^{2\,(n-i-1)}\mathrm{subres}_i(A, B) = \mathrm{subres}_i(B, \mathrm{prem}(A, B, x)), \quad 0 \leqslant i < n-1. \qquad \square$$

注 A.1.1 在唯一析因整环中, 类似 $b_0^{-2\,(n-i)}$ 等记号可能没有意义. 这里这样写是为了思路明晰且格式上统一, 并不影响证明的正确性. 比如

$$\mathrm{subres}_i(A, B) = b_0^{-2\,(n-i)}\mathrm{detpol}(x^{n-i}B, \cdots, B, x^{n-i-1}R, \cdots, R)$$

可以看作是

$$b_0^{2\,(n-i)}\mathrm{subres}_i(A, B) = \mathrm{detpol}(x^{n-i}B, \cdots, B, x^{n-i-1}R, \cdots, R)$$

的另一种记法. 后面的证明中都用类似记法.

定理 A.1.1 (Habicht 定理)　设 A, B 如上,

$$S_{n+1} = A,\ S_n = B,\ S_{n-1}, \cdots, S_1, S_0$$

为 A, B 的子结式链, 而 $R_{n+1}, \cdots, R_0$ 为其主子结式系数链. 那么对每个 $j = 1, \cdots, n$, 都有

(a) $R_{j+1}^2 S_{j-1} = \operatorname{prem}(S_{j+1}, S_j, x)$;

(b) $R_{j+1}^{2(j-i)} S_i = \operatorname{subres}_i(S_{j+1}, S_j)$, $0 \leqslant i < j$.

证明　我们使用归纳法. 在 $j = n$ 时, $R_{n+1} = 1$. 所以 (a) 由引理 A.1.1 可得, 而 (b) 就是子结式的定义. 现假设定理对 $n, n-1, \cdots, j$ 成立, 于是对任意 i $(0 \leqslant i < j-1)$, 有

$$\begin{aligned} S_i &= R_{j+1}^{-2(j-i)} \operatorname{subres}_i(S_{j+1}, S_j) && \text{(归纳假设)} \\ &= R_{j+1}^{-2(j-i)} R_j^{-2(j-1-i)} \operatorname{subres}_i(S_j, \operatorname{prem}(S_{j+1}, S_j, x)) && \text{(引理 A.1.1)} \\ &= R_{j+1}^{-2(j-i)} R_j^{-2(j-1-i)} \operatorname{subres}_i(S_j, R_{j+1}^2 S_{j-1}) && \text{(归纳假设)} \\ &= R_j^{-2(j-1-i)} \operatorname{subres}_i(S_j, S_{j-1}). \end{aligned}$$

这说明 (b) 对 $j-1$ 成立. 特别地, 若 $i = j-2$, 则

$$R_j^2 S_{j-2} = \operatorname{subres}_{j-2}(S_j, S_{j-1}) = \operatorname{prem}(S_j, S_{j-1}, x).$$

定理证毕. □

为了用 Habicht 定理来证明子结式链定理, 我们需要考察两个多项式的子结式链与它们的同态像的子结式链之间的关系. 设 ϕ 为整环 $\mathcal{R}$ 到另一整环 $\tilde{\mathcal{R}}$ 上的一个环同态, 其诱导的 $\mathcal{R}[x]$ 到 $\tilde{\mathcal{R}}[x]$ 上的环同态也记为 ϕ, 定义为

$$\phi\Big(\sum_{i=0}^{k} a_i x^i\Big) = \sum_{i=0}^{k} \phi(a_i) x^i.$$

命题 A.1.1　设 ϕ 为整环 $\mathcal{R}$ 到另一整环 $\tilde{\mathcal{R}}$ 上的一个环同态及其诱导的 $\mathcal{R}[x]$ 到 $\tilde{\mathcal{R}}[x]$ 上的环同态, 多项式 F, G 如 (1.2.1) 式所示, 且

$$\tilde{a}_0 = \phi(a_0), \quad \tilde{b}_0 = \phi(b_0), \quad \tilde{m} = \deg(\phi(F), x) \geqslant \tilde{l} = \deg(\phi(G), x).$$

在 $\tilde{m} > \tilde{l}$ 时定义 $\tilde{\mu} = \tilde{m} - 1$; 否则定义 $\tilde{\mu} = \tilde{m}$. 则关于 x, F 和 G 的第 j 个子结式 S_j 在 ϕ 下的像等同于 $\phi(F)$ 和 $\phi(G)$ 的第 j 个子结式 $\tilde{S}_j$ 乘上 δ, 即 $\phi(S_j) = \delta \tilde{S}_j$,

$0 \leqslant j < \tilde{\mu}$, 这里

$$\delta = \begin{cases} 1, & 若\ \tilde{a}_0\tilde{b}_0 \neq 0, \\ \tilde{a}_0^{l-\tilde{l}}, & 若\ \tilde{a}_0 \neq 0\ 而\ \tilde{b}_0 = 0, \\ (-1)^{(m-\tilde{m})\,(l-j)}\tilde{b}_0^{m-\tilde{m}}, & 若\ \tilde{a}_0 = 0\ 而\ \tilde{b}_0 \neq 0, \\ 0, & 若\ \tilde{a}_0 = \tilde{b}_0 = 0. \end{cases}$$

证明 我们证明第三种情形 ($\tilde{l} = l$), 其他情形的证明留给读者. 当 $l < j < \tilde{\mu}$ 时, 显然 $S_j = \tilde{S}_j = 0$. 当 $j \leqslant l$ 时, 首先

$$S_j(A,B) = (-1)^{(m-j)\,(l-j)} S_j(B,A),$$

其次

$$\begin{aligned} \phi(S_j(B,A)) &= \mathrm{detpol}(x^{m-j-1}\phi(B),\cdots,\phi(B),x^{l-j-1}\phi(A),\cdots,\phi(A)) \\ &= \tilde{b}_0^{m-\tilde{m}}\mathrm{detpol}(x^{\tilde{m}-j-1}\phi(B),\cdots,\phi(B),x^{l-j-1}\phi(A),\cdots,\phi(A)) \\ &= \tilde{b}_0^{m-\tilde{m}}(-1)^{(\tilde{m}-j)\,(l-j)} \\ &\quad \cdot\mathrm{detpol}(x^{l-j-1}\phi(A),\cdots,\phi(A),x^{\tilde{m}-j-1}\phi(B),\cdots,\phi(B)) \\ &= \tilde{b}_0^{m-\tilde{m}}(-1)^{(\tilde{m}-j)\,(l-j)}\mathrm{subres}_j(\phi(A),\phi(B)) \\ &= (-1)^{(\tilde{m}-j)\,(l-j)}\tilde{b}_0^{m-\tilde{m}}\tilde{S}_j. \end{aligned}$$

所以

$$\phi(S_j) = (-1)^{(m+\tilde{m}-2j)\,(l-j)}\tilde{b}_0^{m-\tilde{m}}\tilde{S}_j = (-1)^{(m-\tilde{m})\,(l-j)}\tilde{b}_0^{m-\tilde{m}}\tilde{S}_j. \qquad \square$$

注 A.1.2 我们没有定义 $m < l$ 时多项式 F 和 G 的子结式, 所以上面证明中的 $S_j(B,A)$ 应当理解为一个记号, 代表

$$\mathrm{detpol}(x^{m-j-1}B,\cdots,B,x^{l-j-1}A,\cdots,A).$$

命题 A.1.2 设 A,B 如 (A.1.1) 式所定义,

$$S_{n+1},S_n,S_{n-1},\cdots,S_1,S_0$$

为 A,B 的子结式链. 又设 ϕ 为 $\mathbf{Z}[a_0,\cdots,a_{n+1},b_0,\cdots,b_n]$ 到整环 $\tilde{\mathcal{R}}$ 上的一个环同态及其诱导的 $\mathbf{Z}[a_0,\cdots,a_{n+1},b_0,\cdots,b_n][x]$ 到 $\tilde{\mathcal{R}}[x]$ 上的环同态.

如果 $\phi(S_{j+1})$ 是正则的, 而 $\phi(S_j)$ 是 r 次亏损的, 那么

(a) $\phi(S_{j-1}) = \phi(S_{j-2}) = \cdots = \phi(S_{r+1}) = 0$;

(b) 若 $j = n$, 则

$$\phi(S_r) = [\mathrm{lc}(\phi(S_{n+1}), x)\,\mathrm{lc}(\phi(S_n), x)]^{n-r}\,\phi(S_n);$$

若 $j < n$, 则

$$\phi(R_{j+1})^{j-r}\phi(S_r) = \mathrm{lc}(\phi(S_j), x)^{j-r}\phi(S_j);$$

(c) 若 $j = n$, 则

$$\phi(S_{r-1}) = [-\mathrm{lc}(\phi(S_{n+1}), x)]^{n-r}\,\mathrm{prem}(\phi(S_{n+1}), \phi(S_n), x);$$

若 $j < n$, 则

$$\phi(-R_{j+1})^{j-r+2}\phi(S_{r-1}) = \mathrm{prem}(\phi(S_{j+1}), \phi(S_j), x).$$

证明 由 Habicht 定理, 对每个 i $(0 \leqslant i < j)$, 都有

$$R_{j+1}^{2\,(j-i)}S_i = \mathrm{subres}_i(S_{j+1}, S_j).$$

此外, $\deg(\phi(S_{j+1}), x) = j+1$, $\deg(\phi(S_j), x) = r$. 于是

$$\begin{aligned}
&\phi(R_{j+1})^{2\,(j-i)}\phi(S_i)\\
&= \phi(\mathrm{subres}_i(S_{j+1}, S_j))\\
&= \phi(\mathrm{lc}(S_{j+1}, x))^{j-r}\mathrm{subres}_i(\phi(S_{j+1}), \phi(S_j)) \qquad (\text{命题 A.1.1})\\
&= \mathrm{lc}(\phi(S_{j+1}), x)^{j-r}\mathrm{subres}_i(\phi(S_{j+1}), \phi(S_j)).
\end{aligned}$$

另一方面,

$$\begin{aligned}
&\mathrm{subres}_i(\phi(S_{j+1}), \phi(S_j))\\
&= \begin{cases} 0, & \text{若 } r < i < j,\\ \mathrm{lc}(\phi(S_j), x)^{j-r}\phi(S_j), & \text{若 } i = r,\\ (-1)^{j-r+2}\mathrm{prem}(\phi(S_{j+1}), \phi(S_j), x), & \text{若 } i = r-1. \end{cases}
\end{aligned}$$

再注意到

$$\phi(R_{j+1}) = \begin{cases} \mathrm{lc}(\phi(S_{j+1}), x), & \text{若 } j < n,\\ 1, & \text{若 } j = n. \end{cases}$$

命题证毕. □

A.2 子结式链定理

子结式链定理 (在 $m > l$ 时) 是由 Loos [81] 首先证明的, 但他的证明有错. 后来有人给出了正确的证明. Mishra 在《算法代数》[86] 一书中声称该定理对 $m = l$ 也成立, 但我们将看到这两种情形下的定理是有区别的.

定理 A.2.1 (子结式链定理; $m > l$) 设

$$S_{\mu+1}, S_{\mu}, \cdots, S_0$$

是由定义 A.1.1 定义的 $S_{\mu+1}$ $(= F)$ 和 S_{μ} $(= G)$ 关于 x 的子结式链, 其主子结式系数链为

$$R_{\mu+1}, R_{\mu}, \cdots, R_0,$$

而 $m > l$. 如果对某个 j $(1 \leqslant j \leqslant \mu)$, S_{j+1} 和 S_j 都是正则的, 那么

$$R_{j+1}^2 S_{j-1} = \mathrm{prem}(S_{j+1}, S_j, x).$$

如果 S_{j+1} 是正则的, 但 S_j 是 r $(< j)$ 次亏损的, 那么

$$\begin{aligned} S_{j-1} = S_{j-2} = \cdots = S_{r+1} = 0, \\ R_{j+1}^{j-r} S_r = \mathrm{lc}(S_j, x)^{j-r} S_j, \\ (-1)^{j-r} R_{j+1}^{j-r+2} S_{r-1} = \mathrm{prem}(S_{j+1}, S_j, x). \end{aligned}$$

定理 A.2.2 (子结式链定理; $m = l$) 记号同上一定理, 但 $m = l$. 如果 S_{μ} 和 $S_{\mu-1}$ 都是正则的, 那么

$$R_{\mu} S_{\mu-2} = \mathrm{prem}(S_{\mu}, S_{\mu-1}, x);$$

如果 S_{μ} 是正则的而 $S_{\mu-1}$ 是 r 次亏损的, 那么

$$\begin{aligned} S_{\mu-2} = S_{\mu-3} = \cdots = S_{r+1} = 0, \\ S_r = \mathrm{lc}(S_{\mu-1}, x)^{\mu-r-1} S_{\mu-1}, \\ (-1)^{\mu-r+1} R_{\mu} S_{r-1} = \mathrm{prem}(S_{\mu}, S_{\mu-1}, x). \end{aligned}$$

如果对某个 j $(1 \leqslant j < \mu - 1)$, S_{j+1} 和 S_j 都是正则的, 那么

$$R_{j+1}^2 S_{j-1} = \mathrm{prem}(S_{j+1}, S_j, x), \quad j < \mu - 1;$$

如果 S_{j+1} 是正则的, 但 S_j 是 r 次亏损的, 那么

$$\begin{aligned} S_{j-1} = S_{j-2} = \cdots = S_{r+1} = 0, \\ R_{j+1}^{j-r} S_r = \mathrm{lc}(S_j, x)^{j-r} S_j, \\ (-1)^{j-r} R_{j+1}^{j-r+2} S_{r-1} = \mathrm{prem}(S_{j+1}, S_j, x), \quad j < \mu - 1. \end{aligned}$$

读者不难看出, 定理 A.2.2 中对 $j < \mu - 1$ 成立的关系式在 $j = \mu - 1$ 时并不成立. 它们的左边多了一个因子.

定理 A.2.1 和定理 A.2.2 的证明　考虑两个符号系数多项式

$$A = c_0 x^{\mu+1} + \cdots + c_{\mu+1}, \quad B = d_0 x^{\mu} + \cdots + d_{\mu}.$$

设

$$S^*_{\mu+1}, S^*_{\mu}, \cdots, S^*_0$$

为 A 和 B 关于 x 的子结式链, 其主子结式系数链为

$$R^*_{\mu+1}, R^*_{\mu}, \cdots, R^*_0.$$

多项式 F, G 可以分别视为 A, B 在环同态

$$\begin{aligned} \phi: \quad & \phi(c_i) = \mathrm{coef}(F, x^{\mu+1-i}), \qquad 0 \leqslant i \leqslant \mu+1, \\ & \phi(d_j) = \mathrm{coef}(G, x^{\mu-j}), \qquad 0 \leqslant j \leqslant \mu \end{aligned}$$

下的像.

首先考虑 $m > l$ 的情形, 此时 $\mu = m - 1$ 而 $S_{\mu+1}$ 正则. 依据命题 A.1.1, 我们有下列结果:

- 对任意 i $(0 \leqslant i < \mu)$,

$$\phi(S^*_i) = \phi(\mathrm{subres}_i(A, B)) = a_0^{\mu-l}\mathrm{subres}_i(\phi(A), \phi(B)) = a_0^{\mu-l} S_i.$$

- $\phi(S^*_i)$ 是正则的当且仅当 S_i 是正则的; $\phi(S^*_i)$ 是 r 次亏损的当且仅当 S_i 是 r 次亏损的.
- 若 S_i $(0 \leqslant i < \mu)$ 正则, 则

$$\phi(R^*_i) = \phi(\mathrm{lc}(S^*_i, x)) = \mathrm{lc}(\phi(S^*_i), x) = a_0^{\mu-l} R_i.$$

(1) 如果 S_{j+1} 和 S_j 是正则的, 那么由 Habicht 定理可知

$$(R^*_{j+1})^2 S^*_{j-1} = \mathrm{prem}(S^*_{j+1}, S^*_j, x) = \mathrm{detpol}(x S^*_j, S^*_j, S^*_{j+1}).$$

如果 $j = \mu$ 或 $j = \mu - 1$, 那么 S_μ 正则. 由命题 A.1.1, $\phi(S^*_i) = S_i$ $(0 \leqslant i \leqslant \mu+1)$, 于是结论显然成立. 若 $j < \mu - 1$, 则

$$\begin{aligned} \phi(R^*_{j+1})^2 \phi(S^*_{j-1}) &= a_0^{2\,(\mu-l)} R^2_{j+1} a_0^{\mu-l} S_{j-1} \\ &= \mathrm{detpol}(x\phi(S^*_j), \phi(S^*_j), \phi(S^*_{j+1})) \\ &= a_0^{3\,(\mu-l)} \mathrm{detpol}(x S_j, S_j, S_{j+1}) \\ &= a_0^{3\,(\mu-l)} \mathrm{prem}(S_{j+1}, S_j, x). \end{aligned}$$

此即

$$R_{j+1}^2 S_{j-1} = \mathrm{prem}(S_{j+1}, S_j, x).$$

(2) 现在考虑 S_{j+1} 正则, 而 S_j 为 r 次亏损的情形.

(a) 如果 $j=\mu$, 即 $S_{\mu+1}$ 正则, 而 S_μ 为 $r\ (=l)$ 次亏损, 那么由子结式链的定义直接有

$$S_{\mu-1} = S_{\mu-2} = \cdots = S_{r+1} = 0.$$

按定义又有 $R_{\mu+1}=1$, 所以

$$R_{\mu+1}^{\mu-r} S_r = S_r = \mathrm{lc}(S_\mu, x)^{\mu+1-r-1} S_\mu = \mathrm{lc}(S_\mu, x)^{\mu-r} S_\mu.$$

最后

$$\begin{aligned}(-R_{\mu+1})^{\mu-r+2} S_{r-1} &= (-1)^{\mu-r+2} S_{r-1}\\ &= (-1)^{\mu-r+2}(-1)^{\mu+1-r+1}\mathrm{prem}(S_{\mu+1}, S_\mu, x)\\ &= \mathrm{prem}(S_{\mu+1}, S_\mu, x).\end{aligned}$$

(b) 如果 $j=\mu-1$, 那么 S_μ 正则. 由命题 A.1.1, $\phi(S_i^*) = S_i\ (0 \leqslant i \leqslant \mu+1)$, 于是结论显然成立.

(c) 如果 $j<\mu-1$, 即 $\phi(S_{j+1}^*)$ 正则, 而 $\phi(S_j^*)$ 为 r 次亏损, 那么由命题 A.1.2 有

$$\begin{gathered}\phi(S_{j-1}^*) = \phi(S_{j-2}^*) = \cdots = \phi(S_{r+1}^*) = 0,\\ \phi(R_{j+1}^*)^{j-r}\phi(S_r^*) = \mathrm{lc}(\phi(S_j^*), x)^{j-r}\phi(S_j^*),\\ \phi(-R_{j+1}^*)^{j-r+2}\phi(S_{r-1}^*) = \mathrm{prem}(\phi(S_{j+1}^*), \phi(S_j^*), x).\end{gathered}$$

于是根据前面的讨论, 上面三式成为

$$\begin{aligned}a_0^{\mu-l} S_{j-1} = \cdots = a_0^{\mu-l} S_{r+1} &= 0,\\ a_0^{(j-r)\,(\mu-l)} R_{j+1}^{j-r} a_0^{\mu-l} S_r &= [a_0^{\mu-l}\mathrm{lc}(S_j, x)]^{j-r} a_0^{\mu-l} S_j,\\ (-a_0^{\mu-l} R_{j+1})^{j-r+2} a_0^{\mu-l} S_{r-1} &= \mathrm{prem}(a_0^{\mu-l} S_{j+1}, a_0^{\mu-l} S_j, x)\\ &= a_0^{\mu-l} a_0^{(\mu-l)\,(j-r+2)}\mathrm{prem}(S_{j+1}, S_j, x).\end{aligned}$$

因此

$$\begin{gathered}S_{j-1} = \cdots = S_{r+1} = 0,\\ R_{j+1}^{j-r} S_r = \mathrm{lc}(S_j, x)^{j-r} S_j,\\ (-R_{j+1})^{j-r+2} S_{r-1} = \mathrm{prem}(S_{j+1}, S_j, x).\end{gathered}$$

至此定理 A.2.1 证毕.

现在考虑 $m=l$ 的情形, 此时 $\mu=m=l$ 且 $S_{\mu+1}$ 为 m 次亏损, 而 S_μ 正则. 由命题 A.1.1 有下列结果:

• 对任意 i $(0\leqslant i<\mu)$,

$$\begin{aligned}\phi(S_i^*) &= \phi(\mathrm{subres}_i(A,B)) = (-1)^{\mu-i}b_0\mathrm{subres}_i(\phi(A),\phi(B))\\ &= (-1)^{\mu-i}b_0S_i.\end{aligned}$$

• $\phi(S_i^*)$ 是正则的当且仅当 S_i 是正则的; $\phi(S_i^*)$ 是 r 次亏损的当且仅当 S_i 是 r 次亏损的.

• 若 S_i $(0\leqslant i<\mu)$ 正则, 则

$$\phi(R_i^*) = (-1)^{\mu-i}b_0R_i.$$

(1) S_{j+1} 和 S_j 正则. 由 Habicht 定理, 有

$$(R_{j+1}^*)^2S_{j-1}^* = \mathrm{prem}(S_{j+1}^*,S_j^*,x) = \mathrm{detpol}(xS_j^*,S_j^*,S_{j+1}^*).$$

(a) 当 $j=\mu-1$ 时,

$$(R_\mu^*)^2S_{\mu-2}^* = \mathrm{prem}(S_\mu^*,S_{\mu-1}^*,x) = \mathrm{detpol}(xS_{\mu-1}^*,S_{\mu-1}^*,S_\mu^*).$$

所以

$$\begin{aligned}\phi((R_\mu^*)^2S_{\mu-2}^*) &= R_\mu^2\cdot(-1)^2\cdot b_0\cdot S_{\mu-2}\\ &= \mathrm{detpol}(x\cdot(-1)\cdot b_0\cdot S_{\mu-1},(-1)\cdot b_0\cdot S_{\mu-1},S_\mu)\\ &= b_0^2\,\mathrm{prem}(S_\mu,S_{\mu-1},x).\end{aligned}$$

注意 $R_\mu=b_0$, 于是有

$$R_\mu S_{\mu-2} = \mathrm{prem}(S_\mu,S_{\mu-1},x).$$

(b) 当 $j<\mu-1$ 时,

$$\begin{aligned}&(-1)^{2(\mu-j-1)}b_0^2\cdot R_{j+1}^2\cdot(-1)^{\mu-j+1}b_0\cdot S_{j-1}\\ &= \mathrm{detpol}(x\cdot(-1)^{\mu-j}\cdot b_0\cdot S_j,(-1)^{\mu-j}\cdot b_0\cdot S_j,(-1)^{\mu-j-1}\cdot b_0\cdot S_{j+1})\\ &= (-1)^{3(\mu-1)-1}b_0^3\,\mathrm{detpol}(xS_j,S_j,S_{j+1})\\ &= (-1)^{3(\mu-1)-1}b_0^3\,\mathrm{prem}(S_{j+1},S_j,x).\end{aligned}$$

因此

$$R_{j+1}^2S_{j-1} = \mathrm{prem}(S_{j+1},S_j,x).$$

(2) S_{j+1} 正则, 而 S_j 为 r 次亏损, 即 $\phi(S_{j+1}^*)$ 正则, 而 $\phi(S_j^*)$ 为 r 次亏损. 由命题 A.1.2 可知

$$\phi(S_{j-1}^*) = \phi(S_{j-2}^*) = \cdots = \phi(S_{r+1}^*) = 0, \tag{A.2.1}$$

$$\phi(R_{j+1}^*)^{j-r}\phi(S_r^*) = \mathrm{lc}(\phi(S_j^*), x)^{j-r}\phi(S_j^*), \tag{A.2.2}$$

$$\phi(-R_{j+1}^*)^{j-r+2}\phi(S_{r-1}^*) = \mathrm{prem}(\phi(S_{j+1}^*), \phi(S_j^*), x). \tag{A.2.3}$$

显然 (A.2.1) 式蕴涵着 $S_{j-1} = S_{j-2} = \cdots = S_{r+1} = 0$.

(a) 如果 $j = \mu - 1$, (A.2.2) 式成为

$$R_\mu^{\mu-r-1} \cdot (-1)^{\mu-r} b_0 \cdot S_r = (-b_0)^{\mu-r-1} \cdot \mathrm{lc}(S_{\mu-1}, x)^{\mu-r-1} \cdot (-b_0) \cdot S_{\mu-1}.$$

注意到 $R_\mu = b_0$, 即得

$$S_r = \mathrm{lc}(S_{\mu-1}, x)^{\mu-r-1} S_{\mu-1}.$$

此外, (A.2.3) 式成为

$$\begin{aligned}(-1)^{\mu-r+1} R_\mu^{\mu-r+1} \cdot (-1)^{\mu-r+1} b_0 \cdot S_{r-1} &= \mathrm{prem}(S_\mu, -b_0 S_{\mu-1}, x) \\ &= (-b_0)^{\mu-r+1}\mathrm{prem}(S_\mu, S_{\mu-1}, x).\end{aligned}$$

所以 $(-1)^{\mu-r+1} R_\mu S_{r-1} = \mathrm{prem}(S_\mu, S_{\mu-1}, x)$.

(b) 如果 $j < \mu - 1$, 同理可以验证

$$R_{j+1}^{j-r} S_r = \mathrm{lc}(S_j, x)^{j-r} S_j,$$

$$(-R_{j+1})^{j-r+2} S_{r-1} = \mathrm{prem}(S_{j+1}, S_j, x).$$

定理 A.2.2 证毕. □

定理 A.2.1 和定理 A.2.2 提供了一个用伪除构造子结式链的有效算法. 但在 $\deg(S_{\mu+1}, x) = \deg(S_\mu, x)$ 时, $S_{\mu+1}$ 是亏损的, 因而定理未给出如何求得 $S_{\mu-1}$. 此时, 直接由命题 1.3.2 可知

$$S_{\mu-1} = -\mathrm{prem}(S_{\mu+1}, S_\mu, x).$$

根据定理 A.2.1 和定理 A.2.2 以及上面的讨论, 我们可以给出如下计算子结式链的算法.

算法 `SubresChain`: $\mathfrak{S}$:= `SubresChain` (F, G). 任给多项式 $F, G \in \mathcal{R}[x]$, 这里 $\deg(F, x) \geqslant \deg(G, x) > 0$, 本算法计算 F 和 G 关于 x 的子结式链 $\mathfrak{S}$.

S1. 命 $m := \deg(F, x)$, $l := \deg(G, x)$. 如果 $l < m$, 则命 $j := m - 1$; 否则命 $j := l$. 又命

$$S_{j+1} := F, \quad S_j := G, \quad R_{j+1} := 1, \quad \mu := j.$$

S2. 若 $m = l$, 则命 $j := j-1$, $R_{j+1} := \mathrm{lc}(S_{j+1}, x)$, 并计算

$$S_j = -\mathrm{prem}(S_{\mu+1}, S_\mu, x).$$

S3. 如果 $S_j = 0$, 则命 $r := -1$; 否则命 $r := \deg(S_j, x)$. 对 $k = j-1, j-2, \cdots, r+1$, 命 $S_k := 0$.

S4. 如果 $0 \leqslant r < j$, 则在 $m = l$ 且 $j = \mu - 1$ 时计算

$$S_r := \mathrm{lc}(S_j, x)^{j-r} S_j,$$
$$S_{r-1} := \mathrm{prem}(S_{j+1}, S_j, x)/[(-1)^{j-r} R_{j+1}];$$

否则计算

$$S_r := \mathrm{lc}(S_j, x)^{j-r} S_j / R_{j+1}^{j-r},$$
$$S_{r-1} := \mathrm{prem}(S_{j+1}, S_j, x)/(-R_{j+1})^{j-r+2}.$$

如果 $0 < r = j$, 则在 $m = l$ 且 $j = \mu - 1$ 时计算

$$S_{r-1} := \mathrm{prem}(S_{j+1}, S_j, x)/R_{j+1};$$

否则计算

$$S_{r-1} := \mathrm{prem}(S_{j+1}, S_j, x)/R_{j+1}^2.$$

如果 $r \leqslant 0$, 则输出 $\mathfrak{S} := [S_{\mu+1}, S_\mu, \cdots, S_0]$, 且算法终止.

S5. 命 $j := r-1$, $R_{j+1} := \mathrm{lc}(S_{j+1}, x)$, 并回到 S3.

例 A.2.1 考虑多项式

$$F = -x^4 - z^3x^2 + x^2 - z^4 + 2\,z^2 - 1,$$
$$G = x^4 + z^2x^2 - r^2x^2 + z^4 - 2\,z^2 + 1.$$

应用算法 `SubresChain` 可求得 F 和 G 关于 x 的子结式链如下:

$$F,\ G,\ Hx^2,\ H^2x^2,\ -(z^4 - 2\,z^2 + 1)\,H^3,\ (z^4 - 2\,z^2 + 1)^2H^4,$$

其中 $H = z^3 - z^2 + r^2 - 1$. 此时 $\mu = 4$; S_4, S_2, S_0 是正则的, 而 S_5, S_3, S_1 分别为 $4, 2, 0$ 次亏损的.

A.3 子结式多项式余式序列

定义 A.3.1 环 $\mathcal{R}[x]$ 中的非零多项式序列 $P_1, P_2, \cdots, P_r$ 称为 P_1 和 P_2 关于 x 的 *子结式多项式余式序列*, 这里

$$r \geqslant 2, \quad d_i = \deg(P_i, x), \quad d_1 \geqslant d_2,$$

如果

$$P_{i+2} = \operatorname{prem}(P_i, P_{i+1}, x)/\beta_{i+2}, \quad 1 \leqslant i \leqslant r-2,$$
$$\operatorname{prem}(P_{r-1}, P_r, x) = 0,$$

其中

$$\beta_3 = (-1)^{\delta_2},\ \beta_{i+1} = (-1)^{\delta_i}\psi_{i-1}^{\delta_i - 1} I_{i-1}, \qquad i = 3, \cdots, r-1,$$
$$I_1 = 1,\ I_i = \operatorname{lc}(P_i, x), \qquad i = 2, \cdots, r,$$
$$\delta_i = d_{i-1} - d_i + 1, \qquad i = 2, \cdots, r,$$
$$\psi_1 = 1,\ \psi_2 = I_2^{\delta_2 - 1},\ \psi_i = \psi_{i-1}\left(\frac{I_i}{\psi_{i-1}}\right)^{\delta_i - 1}, \qquad i = 3, \cdots, r.$$

本节将建立子结式多项式余式序列与子结式链之间的关系, 从而说明子结式多项式余式序列的定义是合适的, 即对所有 $i \geqslant 3$, 只要 $P_1, P_2 \in \mathcal{R}[x]$ 就有 $P_i \in \mathcal{R}[x]$. 首先, 我们来说明由子结式链定理所表明的子结式链的 "块结构".

定义 A.3.2 设 F 和 G 为 $\mathcal{R}[x]$ 中的多项式, 且 $m = \deg(F, x) \geqslant \deg(G, x) = l > 0$. 又设

$$\mathfrak{S}:\ S_{\mu+1}, S_\mu, \cdots, S_0$$

为 F 和 G 关于 x 的子结式链. 严格递减的非负整数序列

$$d_1, d_2, \cdots, d_r$$

称为 $\mathfrak{S}$ 的 *块指标*, 如果 $d_1 = \mu + 1$, 而且对任意 $2 \leqslant i \leqslant r$, S_{d_i} 都是正则的, 而对 $0 \leqslant j \leqslant \mu$, $j \notin \{d_2, \cdots, d_r\}$, S_j 是亏损的.

称正则子结式序列 $S_{d_2}, \cdots, S_{d_r}$ 为 F 和 G 关于 x 的 *子结式正则子链*.

子结式链 $\mathfrak{S}$ 具有其块指标 $d_1, \cdots, d_r$ 所刻画的有趣块结构. 它的第一块由单项 $S_{\mu+1}$ 构成. 我们用 $\sim$ 表示两个多项式相似, 即相差常数倍. 对任意 $2 \leqslant i \leqslant r$,

$$S_{d_i} \neq 0,\ S_{d_i} \sim S_{d_{i-1}-1}, \quad \text{而} \quad S_{d_{i-1}-2} = \cdots = S_{d_i+1} = 0.$$

也就是说, $\mathfrak{S}$ 的第 i *非零块* 具有如下形式

$$S_{d_{i-1}-1}, 0, \cdots, 0, S_{d_i},$$

这里 $S_{d_{i-1}-1} \sim S_{d_i}$, 且 $d_{i-1} - 1 \geqslant d_i$. 若 $d_r > 0$, 则

$$S_{d_r - 1} = \cdots = S_0 = 0,$$

这是 $\mathfrak{S}$ 的最后一块, 称之为 *零块*. $\mathfrak{S}$ 的块结构如下图所示.

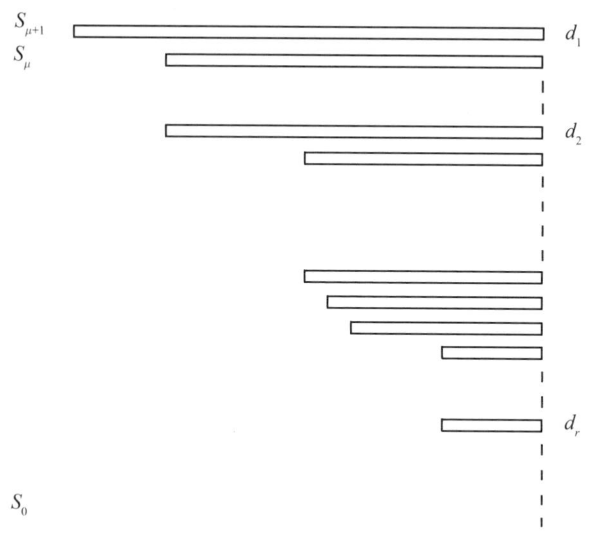

命题 A.3.1　设 F 和 G 如 (1.2.1) 式所示, 且 $m \geqslant l > 0$. 又设 $\mathfrak{S}$: $S_{\mu+1}, S_\mu, \cdots, S_0$ 为 F 和 G 关于 x 的子结式链, $d_1, d_2, \cdots, d_r$ 是 $\mathfrak{S}$ 的块指标, 那么

(a) 当 $m > l$ 时, 对 $i = 1, \cdots, r-1$ 有

$$R_{d_i}^{\delta_{i+1}-2} S_{d_{i+1}} = \mathrm{lc}(S_{d_i-1}, x)^{\delta_{i+1}-2} S_{d_i-1}, \tag{A.3.1}$$

$$(-R_{d_i})^{\delta_{i+1}} S_{d_{i+1}-1} = \mathrm{prem}(S_{d_i}, S_{d_i-1}, x), \tag{A.3.2}$$

其中 $\delta_{i+1} = d_i - d_{i+1} + 1$.

(b) 当 $m = l$ 时, 定义

$$\delta_2 = 1, \quad \delta_{i+1} = d_i - d_{i+1} + 1, \quad i \geqslant 2;$$

这时 (A.3.1) 式和 (A.3.2) 式对 $i = 3, \cdots, r-1$ 成立, 并且

$$\begin{aligned} S_{d_2} = S_{d_1-1}, \quad S_{d_3} = \mathrm{lc}(S_{d_2-1}, x)^{\delta_3-2} S_{d_2-1}, \\ -S_{d_2-1} = \mathrm{prem}(S_{d_1}, S_{d_1-1}, x), \\ (-1)^{\delta_3} R_{d_2} S_{d_3-1} = \mathrm{prem}(S_{d_2}, S_{d_2-1}, x). \end{aligned} \tag{A.3.3}$$

证明　(a) $m > l$. 若 $d_i - 1 = d_{i+1}$, 则 $\delta_{i+1} - 2 = 0$. 这时 (A.3.1) 式是恒等式. 在定理 A.2.1 中取 $j + 1 = d_i$ 直接可得 (A.3.2) 式. 如果 $d_i - 1 > d_{i+1}$, 那么在定理 A.2.1 中取

$$S_{j+1} = S_{d_i}, \quad S_r = S_{d_{i+1}}.$$

于是有

$$S_j = S_{d_i-1}, \quad S_{r-1} = S_{d_{i+1}-1}.$$

注意

$$R_{j+1} = R_{d_i}, \quad j-r = d_i - d_{i+1} - 1 = \delta_{i+1} - 2.$$

命题得证.

(b) $m = l$. 这时只需注意到 $d_1 = \mu+1$, $d_2 = \mu$. 结论 (A.3.3) 要么显然, 要么能从定理 A.2.2 中 $j = \mu - 1$ 时的结论直接得到. $i > 2$ 时的证明与 $m > l$ 时的证明完全类似. □

上述命题说明

$$S_{d_{i+1}} \sim S_{d_i-1}, \quad S_{d_{i+1}-1} \sim \mathrm{prem}(S_{d_i}, S_{d_i-1}, x).$$

于是

$$S_{d_{i+2}} \sim \mathrm{prem}(S_{d_i}, S_{d_i-1}, x) \sim \mathrm{prem}(S_{d_i}, S_{d_{i+1}}, x).$$

在命题 A.3.1 的假设之下, 如果 $P_1 = F, P_2 = G, \cdots, P_k$ 是 F 和 G 的多项式余式序列, 那么 $k = r$, 而且 $S_{d_i} \sim P_i, i = 1, \cdots, r$.

定理 A.3.1 设 F 和 G 为 $\mathcal{R}[x]$ 中的多项式, 如 (1.2.1) 式所示, 且 $m \geqslant l > 0$. 又设

$$\mathfrak{S}: \quad S_{\mu+1}, S_\mu, \cdots, S_0$$

为 F 和 G 关于 x 的子结式链, $d_1, d_2, \cdots, d_r$ 为 $\mathfrak{S}$ 的块指标, 而 $P_1 = F, P_2 = G, P_3, \cdots, P_r$ 为 F 和 G 关于 x 的子结式多项式余式序列 (见定义 A.3.1), 那么

(a) $P_i = S_{d_{i-1}-1}, i = 1, \cdots, r$, 其中 $d_0 - 1 = \mu + 1$. 换言之,

$$S_{d_0-1}, S_{d_1-1}, \cdots, S_{d_{r-1}-1}$$

是 F 和 G 关于 x 的子结式多项式余式序列.

(b) $\psi_i = R_{d_i}, i = 1, \cdots, r$. 只有一个例外, 就是在 $m = l$ 时, $\psi_2 = 1 \neq R_{d_2}$.

证明 因为 $S_{d_i} \sim P_i$ $(1 \leqslant i \leqslant r)$, 所以定义 A.3.1 中的 $\delta_i = d_{i-1} - d_i + 1$ 与现在的记号没有矛盾.

我们使用归纳法. 在 $i = 1$ 时, 由定义可知

$$P_1 = F = S_{\mu+1} = S_{d_1} = S_{d_0-1}, \quad \psi_1 = 1 = R_{\mu+1} = R_{d_1}.$$

在 $i = 2$ 时有 $P_2 = S_\mu = S_{d_1-1}$. 当 $m > l$ 时, 在 (A.3.1) 式中令 $i = 1$ 可得

$$R_{d_2} = I_2^{\delta_2-1} = \psi_2.$$

当 $m=l$ 时,$\delta_2=1$, 故 $\psi_2=1$.

在 $i=3$ 时, 由命题 A.3.1 可得

$$\operatorname{prem}(P_1,P_2,x)=(-1)^{\delta_2}S_{d_2-1}.$$

上式无论对 $m>l$ 还是 $m=l$ 都成立, 于是 $P_3=S_{d_2-1}$. 当 $m>l$ 时, 在 (A.3.1) 式中令 $i=2$ 可得 $\psi_3=R_{d_3}$. 当 $m=l$ 时, 由

$$S_{d_3}=\operatorname{lc}(S_{d_2-1},x)^{\delta_3-2}S_{d_2-1}$$

及 $\psi_2=1$ 同样可得 $\psi_3=R_{d_3}$.

在 $i=4$ 时, $\beta_4=(-1)^{\delta_3}\cdot\psi_2^{\delta_3-1}\cdot\operatorname{lc}(S_{d_1-1},x)$. 若 $m>l$, 则

$$\beta_4=(-1)^{\delta_3}\cdot R_{d_2}^{\delta_3-1}\cdot\operatorname{lc}(S_{d_1-1},x).$$

若 $m=l$, 则

$$\beta_4=(-1)^{\delta_3}\cdot R_{d_2}.$$

所以, 在 $m\geqslant l$ 时, $P_4=S_{d_3-1}$.

现在我们假设定理的两个结论分别在 $j\leqslant i$ 和 $j\leqslant i-1$ $(i\geqslant 4)$ 时成立, 那么由 (A.3.1) 式可知

$$R_{d_i}=\left(\frac{I_i}{R_{d_{i-1}}}\right)^{\delta_i-1}R_{d_{i-1}}.$$

依据归纳假设, 显然有 $\psi_i=R_{d_i}$. 其次,

$$\begin{aligned}
\operatorname{prem}(P_{i-1},P_i,x)&=\operatorname{prem}(S_{d_{i-2}-1},S_{d_{i-1}-1},x)\\
&=\operatorname{prem}\left(\left(\frac{R_{d_{i-2}}}{I_{i-1}}\right)^{\delta_{i-1}-2}\cdot S_{d_{i-1}},S_{d_{i-1}-1},x\right)\\
&=\left(\frac{R_{d_{i-2}}}{I_{i-1}}\right)^{\delta_{i-1}-2}\cdot\operatorname{prem}(S_{d_{i-1}},S_{d_{i-1}-1},x)\\
&=\left(\frac{R_{d_{i-2}}}{I_{i-1}}\right)^{\delta_{i-1}-2}\cdot(-R_{d_{i-1}})^{\delta_i}\cdot S_{d_i-1}\\
&=(-1)^{\delta_i}R_{d_{i-1}}^{\delta_i-1}I_{i-1}S_{d_i-1}\\
&=(-1)^{\delta_i}\psi_{i-1}^{\delta_i-1}I_{i-1}S_{d_i-1}\\
&=\beta_{i+1}S_{d_i-1}.
\end{aligned}$$

证毕. □

附录B　柱形代数分解算法

自从 Tarski 在 20 世纪 50 年代的开创性工作以来, 人们知道实闭域上的量词消去问题是可以算法求解的. 但第一个较为实用的量词消去算法却是 Collins 在 1975 年首次提出的*柱形代数分解算法* (cylindrical algebraic decomposition)[30]. 本书研究的实解分类问题与实量词消去问题紧密相连, 并且多处使用了柱形代数分解算法这个工具, 因此我们在本附录中扼要地介绍柱形代数分解的基本概念和基本算法, 以期让读者能迅速把握该算法的基本思想. 本部分的主要内容来自文献 [116, 123].

B.1　基本概念

B.1.1　实闭域上的量词消去问题

定义 B.1.1　由常数 $0, 1$, 变元符号 $x_0, x_1, \cdots$, 函数符号 $+, -, \cdot$ 和谓词符号 $=, >, \geqslant, <, \leqslant, \neq$ 构成的 (*初等代数*) 并满足实闭域公理的一阶理论称为 *实闭域的初等理论*.

显而易见, 出现在实闭域的初等理论中的多项式都是整系数的. 为简单起见, 我们把谓词符号 $\geqslant, <, \leqslant, \neq$ 也写在定义中, 实际上它们可以通过 $=, >$ 经逻辑运算得到. 不难看出, 实闭域的初等理论之模型就是实数域. Tarski[103] 给出了如下原理:*任何初等代数的公式 ϕ, 如果在实闭域的初等理论的一个模型中成立, 则在其他模型中也成立*. 那么, 为判定一个初等代数公式 ϕ 在实闭域中成立与否, 只需在实数域 $\mathbf{R}$ 上判定就行了. 除非特别指明, 下面我们所论问题的基域都是实数域 $\mathbf{R}$.

定义 B.1.2　称实闭域的初等理论中形如 $P \triangleright 0$ 的表达式为 *标准原子公式*, 其中 P 是一个整系数 (多元) 多项式, 而 $\triangleright$ 是一个谓词符号. 若一个公式中的原子公式皆是标准原子公式, 则称其为一个 *标准公式*. 又称一个前束形式的标准公式为 *标准前束式*.

实闭域初等理论上的 *量词消去问题* 可陈述如次: *给定一个标准前束式, 求一个与其等价的无量词标准公式*. 比如, 求 $(\forall x)\,[x^4 + px^2 + qx + r \geqslant 0]$ 的等价无量词公式就是一个量词消去问题.

B.1.2　柱形代数分解

设公式 ϕ 中出现的变元个数是 n. 柱形代数分解的基本思想就是将 n 维 Euclid 空间 $\mathbf{R}^n$ 剖分成 "块", 使得能通过对 "块" 中个别点的检验来判定公式 ϕ 成立与否.

分 “块” 的思想其实很自然, 例如

$$H = y^4 - 2y^3 + y^2 - 3x^2y + 2x^4 = 0$$

将平面分成 5 块 (见图 B.1), 在每一块上 H 的符号 (+1, −1 或 0) 都是不变的.

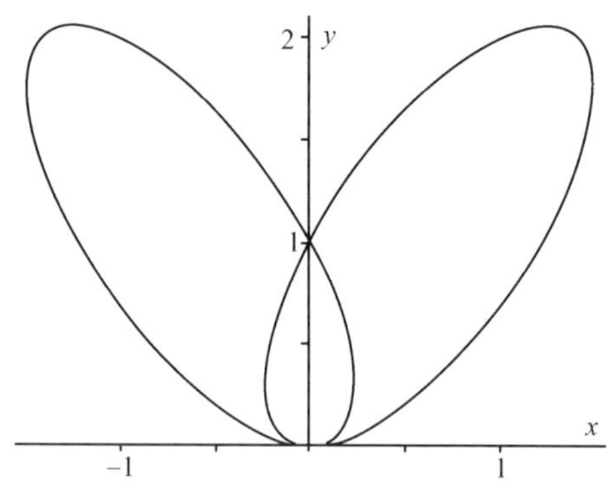

图 B.1　$H = 0$ 的图像将平面分成 5 块

于是, 通过在每一块上找一个测试点检验就可以确定 H 在这块上的符号. 怎样保证在每一块上都至少取到一个点, 并将这种思想用于量词消去? 这正是柱形代数分解要解决的问题.

定义 B.1.3　称 $\mathbf{R}^n$ 的非空连通子集为 *区域*. 一组不相交的区域 $(\mathfrak{D}_1, \cdots, \mathfrak{D}_m)$ 如果满足 $\mathfrak{D}_1 \bigcup \cdots \bigcup \mathfrak{D}_m = X$, 则称为 $\mathbf{R}^n$ 的子集 X 的一个 *分解*, 其中每个区域称为该分解的一个 *胞腔*, 而任意一个属于胞腔的点都称为 *样本点*. 如果 $(\mathfrak{D}_1, \cdots, \mathfrak{D}_m)$ 是一个分解, 而 $s_i \in \mathfrak{D}_i$ $(1 \leqslant i \leqslant m)$, 则称 $(s_1, \cdots, s_m)$ 为该分解的一个 *样本*.

定义 B.1.4　设 $\mathbb{P} \subset \mathbf{Z}[x]$ 为一组整系数多项式, 它们含 n 个变元. $\mathbf{R}^n$ 的一个分解 $\mathfrak{D}$ 称为 $\mathbb{P}$ *不变号* 的当且仅当每个多项式 $P \in \mathbb{P}$ 在 $\mathfrak{D}$ 的每个胞腔上符号恒定.

如果我们求得了 $\mathbf{R}^n$ 的一个 $\mathbb{P}$ 不变号的分解 $\mathfrak{D}$ 及其样本 s, 那么 $\mathbb{P}$ 中的某个多项式 P 在每个胞腔上的符号都可以通过计算 P 在相应的样本点的值而得到.

定义 B.1.5　设 $\phi(x_1, \cdots, x_n)$ 为一个标准无量词公式. 如果

$$X = \{(x_1, \cdots, x_n) \in \mathbf{R}^n \mid \ \phi(x_1, \cdots, x_n) \text{ 取真值}\},$$

那么称 $\phi(x_1, \cdots, x_n)$ 为 X 的 *定义公式*. 设有分解 $\mathfrak{D} = (\mathfrak{D}_1, \cdots, \mathfrak{D}_m)$, 如果 $\phi = (\phi_1, \cdots, \phi_m)$ 中的每个 ϕ_i 都是相应 $\mathfrak{D}_i$ 的标准无量词定义公式, 那么称 ϕ 为 $\mathfrak{D}$ 的一个 *标准定义*.

定义 B.1.6　称 $X \times \mathbf{R}$ 为区域 X 上的 *柱形*, 记为 $\mathcal{C}(X)$. 设连续实值函数 $F(x_1, \cdots, x_n)$ 在区域 X 上有定义. 称集合

$$\{(a_1, \cdots, a_n, F(a_1, \cdots, a_n)) \mid \ (a_1, \cdots, a_n) \in X\}$$

为柱形 $\mathcal{C}(X)$ 的一个 截面 或 F 截面. 又设

$$F_1 = F_1(x_1, \cdots, x_n), \quad F_2 = F_2(x_1, \cdots, x_n)$$

为区域 X 上的两个连续实值函数, 且 $F_1 < F_2$. 称集合

$$\{(a_1, \cdots, a_n, b) \mid (a_1, \cdots, a_n) \in X, \ F_1(a_1, \cdots, a_n) < b < F_2(a_1, \cdots, a_n)\}$$

为柱形 $\mathcal{C}(X)$ 上的一个 扇形 或 (F_1, F_2) 扇形. 这里允许 $F_1 = -\infty$, $F_2 = +\infty$.

设区域 X 上有连续实值函数 $F_1 < \cdots < F_k$ $(k \geqslant 0)$, 并取 $F_0 = -\infty$, $F_{k+1} = +\infty$, 那么 F_i 截面 $(1 \leqslant i \leqslant k)$ 和 (F_i, F_{i+1}) 扇形 $(0 \leqslant i \leqslant k)$ 自然地构成了柱形 $\mathcal{C}(X)$ 的一个分解. 这个分解称为 X 上的一个由 $F_1, \cdots, F_k$ 定义的 叠加.

现在我们递归地定义 $\mathbf{R}^n$ 的 柱形分解 $\mathfrak{D}$ 如下.

当 $n = 1$ 时, $\mathfrak{D} = \mathbf{R}$ 或者存在实数 $t_1 < \cdots < t_m$ $(m \geqslant 1)$, 使得 $\mathfrak{D} = (\mathfrak{D}_1, \cdots, \mathfrak{D}_{2m+1})$, 其中

$$\begin{aligned} \mathfrak{D}_1 &= (-\infty, t_1), \\ \mathfrak{D}_{2i} &= \{t_i\}, \quad 1 \leqslant i \leqslant m, \\ \mathfrak{D}_{2i+1} &= (t_i, t_{i+1}), \quad 1 \leqslant i < m, \\ \mathfrak{D}_{2m+1} &= (t_m, +\infty). \end{aligned}$$

当 $n > 1$ 时, 存在一个 $\mathbf{R}^{n-1}$ 上的柱形分解 $\mathfrak{D}' = (\mathfrak{D}_1, \cdots, \mathfrak{D}_l)$, 使得对任意 i $(1 \leqslant i \leqslant l)$, $(\mathfrak{D}_{i,1}, \cdots, \mathfrak{D}_{i,2m_i+1})$ 都是 $\mathfrak{D}_i$ 上的一个叠加, 且

$$\mathfrak{D} = (\mathfrak{D}_{1,1}, \cdots, \mathfrak{D}_{1,2m_1+1}, \cdots, \mathfrak{D}_{l,1}, \cdots, \mathfrak{D}_{l,2m_l+1}).$$

称 $\mathfrak{D}'$ 为 $\mathfrak{D}$ 诱导的 $\mathbf{R}^{n-1}$ 上的柱形分解.

如果 $\mathfrak{D}$ 是由代数函数确定的, 则称其为 柱形代数分解.

关于柱形代数分解 $\mathfrak{D} = (\mathfrak{D}_1, \cdots, \mathfrak{D}_m)$ 的 柱形样本 $s = (s_1, \cdots, s_m)$ 也可类似地定义如下.

当 $n = 1$ 时, s 总是柱形样本; 当 $n > 1$ 时, 存在一个 $\mathbf{R}^{n-1}$ 的柱形代数分解 $\mathfrak{D}'$ 的柱形样本 $s' = (s_1, \cdots, s_l)$, 使得

$$s = (s_{1,1}, \cdots, s_{1,2m_1+1}, \cdots, s_{l,1}, \cdots, s_{l,2m_l+1}),$$

这里, 对任意 $s_{i,j}$ $(1 \leqslant i \leqslant l, \ 1 \leqslant j \leqslant 2m_i + 1)$ 它的前 $n-1$ 个坐标恰是 s_i 的相应坐标.

如果柱形样本 s 的每个点都是代数的, 则称 s 为一个 柱形代数样本.

例 B.1.1　设 $t_1 < t_2 < t_3$ 为多项式 $F = 10\,x^3 - 20\,x^2 + 10\,x - 1$ 的 3 个不同实根：$t_1 \approx 0.13$, $t_2 \approx 0.59$, $t_3 \approx 1.28$. 令

$$\mathfrak{D}_1 = (-\infty, t_1), \quad \mathfrak{D}_2 = \{t_1\}, \quad \mathfrak{D}_3 = (t_1, t_2), \quad \mathfrak{D}_4 = \{t_2\},$$
$$\mathfrak{D}_5 = (t_2, t_3), \quad \mathfrak{D}_6 = \{t_3\}, \quad \mathfrak{D}_7 = (t_3, +\infty),$$

则 $\mathfrak{D} = (\mathfrak{D}_1, \cdots, \mathfrak{D}_7)$ 就是 $\mathbf{R}^1$ 的一个柱形代数分解.

以 S_1, S_2 分别记代数方程 $x^2 + y^2 = (3/2)^2$ 在区域 $\mathfrak{D}_3$ 上的较小和较大的解, 而 S_3, S_4 记其在区域 $\mathfrak{D}_5$ 上较小和较大的解, 那么 S_1, S_2 确定了 $\mathfrak{D}_3$ 上的一个叠加 $(\mathfrak{D}_{3,1}, \cdots, \mathfrak{D}_{3,5})$, 而 S_3, S_4 确定了 $\mathfrak{D}_5$ 上的一个叠加 $(\mathfrak{D}_{5,1}, \cdots, \mathfrak{D}_{5,5})$. 于是 $\mathbf{R}^2$ 的一个可能的柱形代数分解为

$$\begin{aligned}\mathfrak{D} = (\ & \mathfrak{D}_1 \times \mathbf{R},\\ & \mathfrak{D}_2 \times \mathbf{R},\\ & \mathfrak{D}_{3,1}, \cdots, \mathfrak{D}_{3,5},\\ & \mathfrak{D}_4 \times \mathbf{R},\\ & \mathfrak{D}_{5,1}, \cdots, \mathfrak{D}_{5,5},\\ & \mathfrak{D}_6 \times \mathbf{R},\\ & \mathfrak{D}_7 \times \mathbf{R}\ \ ),\end{aligned}$$

而

$$\begin{aligned}s = (\ & (-1, 0),\\ & (t_1, 0),\\ & (1/2, -3/2), (1/2, -\sqrt{2}), (1/2, 0), (1/2, \sqrt{2}), (1/2, 3/2),\\ & (t_2, 0),\\ & (1, -3/2), (1, -\sqrt{5}/2), (1, 0), (1, \sqrt{5}/2), (1, 3/2),\\ & (t_3, 0),\\ & (2, 0)\ \ )\end{aligned}$$

则是 $\mathfrak{D}$ 的一个柱形代数样本. 另外, 例如,

$$\phi_{3,3} := F > 0 \wedge x < 1 \wedge x^2 + y^2 < (3/2)^2$$

是胞腔 $\mathfrak{D}_{3,3}$ 的定义公式.

B.2　基本算法

设 $\mathbb{P} \subset \mathbf{Z}[x_1, \cdots, x_n]$ 为一组有限多个含 n 个变元的整系数多项式. 我们欲求 $\mathbf{R}^n$ 的一个 $\mathbb{P}$ 不变号的柱形代数分解. 下面不妨假设 $\mathbb{P}$ 中多项式皆无平方因子且两

两互素 (为什么?). 由柱形分解的定义, 我们不难看出算法的大致轮廓：第一步, 定义一个适当的投影算子 proj, 它将 $\mathbb{P}^{(n)}=\mathbb{P}$ 映到一个含 $n-1$ 个变元的多项式组 $\mathbb{P}^{(n-1)}=\mathrm{proj}(\mathbb{P}^{(n)})\subset \mathbf{Z}[x_1,\cdots,x_{n-1}]$; 再将 proj 作用于 $\mathbb{P}^{(n-1)}$ 得 $\mathbb{P}^{(n-2)}$, 如此等等, 直到 $\mathbb{P}^{(1)}$. 第二步, 计算 $\mathbf{R}^1$ 的一个 $\mathbb{P}^{(1)}$ 不变号的柱形代数分解. 第三步, 逐次将 $\mathbb{P}^{(i)}$ 不变号的柱形代数分解提升为 $\mathbb{P}^{(i+1)}$ 不变号的柱形代数分解, 直到 $\mathbb{P}^{(n)}$. 问题的关键是投影算子 proj 的定义, 它必须也只需满足下面的要求：

(#) 对 $\mathbf{R}^i$ 的每个 $\mathbb{P}^{(i)}$ 不变号的柱形代数分解 $\mathfrak{D}'$, 都存在 $\mathbf{R}^{i+1}$ 的一个 $\mathbb{P}^{(i+1)}$ 不变号的柱形代数分解 $\mathfrak{D}$, 使得 $\mathfrak{D}$ 诱导 $\mathfrak{D}'$ (即 $\mathfrak{D}'$ 可提升为 $\mathbf{R}^{i+1}$ 的一个柱形代数分解).

下面的定理给出了 $n=2$ 时投影算子的定义.

定理 B.2.1 对 $\mathbf{Z}[x_1,x_2]$ 中的任意一组无平方因子且两两互素的多项式 $\mathbb{P}=\{P_1,\cdots,P_t\}$, 定义

$$\begin{aligned}\mathrm{proj}(\mathbb{P}):=\ &\{\mathrm{lc}(P_i,x_2)\mid\ 1\leqslant i\leqslant t\}\\&\bigcup\{\mathrm{dis}(P_i,x_2)\mid\ 1\leqslant i\leqslant t\}\\&\bigcup\{\mathrm{res}(P_i,P_j,x_2)\mid\ 1\leqslant i<j\leqslant t\}.\end{aligned}$$

那么 proj 满足条件 (#).

证明 设 $\mathbb{Q}=\mathrm{proj}(\mathbb{P})$, 而 $\mathfrak{D}$ 是 $\mathbf{R}^1$ 的一个 $\mathbb{Q}$ 不变号的柱形代数分解. 我们只需说明 $\mathfrak{D}$ 的每个一维胞腔 c 都满足：

(1) 每个多项式 P_i 在 c 上 (关于 x_2) 的实根数目恒定;

(2) $\mathbb{P}$ 中多项式的实根确定的曲线在柱形 $\mathcal{C}(c)$ 上不相交.

不妨设 $c=(a_i,a_{i+1})$, 于是 c 中不含 $\mathbb{Q}$ 中任何多项式的根. 对任意多项式 $P_i\in\mathbb{P}$, 其关于 x_2 的实根个数只有在 x_1 连续变化跨过 $\mathrm{lc}(P_i,x_2)$ 或 $\mathrm{dis}(P_i,x_2)$ 的实根时才可能发生变化, 因此 (1) 得证. 如果 $\mathbb{P}$ 中多项式的实根确定的曲线在 $\mathcal{C}(c)$ 上相交, 那么, 或者某个 $\mathrm{dis}(P_i,x_2)$ 在 c 上有根 (自相交), 或者某个 $\mathrm{res}(P_i,P_j,x_2)$ 在 c 上有根. 于是 (2) 得证. □

注 B.2.1 在 Collins 的最初定义中, 投影算子远较定理 B.2.1 中复杂, 它包含各项系数及大量子结式. 虽然在 $n=2$ 时很容易得到上述简单的算子, 但 $n>2$ 时的简化却极其困难. 直到最近, Brown [14] 才证明了在采取一定的策略后, $n>2$ 时的投影算子也具有上述形式.

注 B.2.2 设 $\mathbb{P}^{(1)}=\{P_1^{(1)},\cdots,P_{t_1}^{(1)}\}$. 在计算 $\mathbf{R}^1$ 的 $\mathbb{P}^{(1)}$ 不变号柱形代数分解时, 需要隔离 $P_1^{(1)}\cdots P_{t_1}^{(1)}$ 的无平方部分的实根. 同样, 在每一步提升时也要使用实根隔离算法.

下面的算法在计算 $\mathbf{R}^n$ 的某个柱形代数分解 $\mathfrak{D}$ 的样本的同时还给出了 $\mathfrak{D}$ 诱导的 $\mathbf{R}^k$ 的柱形代数分解 $\mathfrak{D}^*$ 的标准定义, 其中 k 是自由变元的个数.

算法 CAD:(s,ϕ) :=CAD$(\mathbb{P},k)$. 任给非零多项式构成的有限集合 $\mathbb{P}\subset\mathbf{Z}[x_1,\cdots,x_n]$, 本算法计算 $\mathbf{R}^n$ 的某个柱形代数分解 $\mathfrak{D}$ 的一个样本 s 及 $\mathfrak{D}$ 诱导的 $\mathbf{R}^k$ $(0<k\leqslant n)$ 的柱形代数分解 $\mathfrak{D}^*$ 的标准定义 ϕ. 在 $k=0$ 时,$\phi=(\ )$.

C1. 若 $n>1$, 则转至 C2. 否则

C1.1. 设 $\mathbb{P}$ 中多项式的不可约因子之积为 F, 并隔离 F 的实根 $a_1,\cdots,a_m$.

C1.2. 由 m 个根 $a_1,\cdots,a_m$ 得到 $\mathbf{R}^1$ 的柱形代数分解 $\mathfrak{D}$ 的样本 s. 若 $k=0$, 则命 $\phi:=(\ )$, 且算法终止. 若 $m=0$, 则命 $\phi:=(1=1)$, 且算法终止.

C1.3. 对 $\mathfrak{D}$ 的每个胞腔 c, 计算 $\mathbb{P}$ 中的多项式在 c 上样本点的符号, 从而构造 $\mathfrak{D}$ 的标准定义 ϕ; 算法终止.

C2. 若 $k=n$, 则命 $k':=k-1$; 否则命 $k':=k$. 以 proj$(\mathbb{P})$ 和 k' 作为输入递归调用本算法CAD, 得到 s' 和 ϕ'. 又设 $s'=(s'_1,\cdots,s'_l)$, 其中 $s'_i=(s'_{i,1},\cdots,s'_{i,n-1})$.

C3. 对任意 i $(1\leqslant i\leqslant l)$, 命

$$Q_i:=\prod_{\substack{P\in\mathbb{P}\\ P(s'_{i,1},\cdots,s'_{i,n-1},x_n)\neq 0}} P(s'_{i,1},\cdots,s'_{i,n-1},x_n).$$

隔离 Q_i 的实根, 从而得到 $\mathbf{R}^n$ 的柱形代数分解 $\mathfrak{D}$ 的样本 s.

C4. 若 $k<n$, 则命 $\phi:=\phi'$; 否则, 使用 $P(s'_{i,1},\cdots,s'_{i,n-1},x_n)$ 的实根将 ϕ' 提升为 $\mathfrak{D}$ 的标准定义 ϕ.

以算法 CAD 为基础, 容易给出一个实闭域上的量词消去算法, 这里从略. 下面的例子用作说明.

例 B.2.1 我们演示用柱形代数分解算法求与公式

$$\psi^*:=(\exists y)\,[x^2+y^2-4<0\wedge y^2-2\,x+2<0]$$

等价的无量词公式 ψ.

算法开始时, $k=1$, $\mathbb{P}=\{P_1,P_2\}$, 其中

$$P_1=y^2+x^2-4,\quad P_2=y^2-2\,x+2.$$

因为 $n=2$, 转到第二步计算 proj$(\mathbb{P})$. 根据定理 B.2.1,

$$\mathrm{proj}(\mathbb{P})=\{1,\,-4\,x^2+16,\,8\,x-8,\,(x^2+2\,x-6)^2\}.$$

不失一般性, 我们可以只考虑该集合中多项式的不可约因子, 并且可以乘除任意非零常数. 这样,$\mathbb{Q}=\mathrm{proj}(\mathbb{P})=\{Q_1,Q_2,Q_3\}$, 其中

$$Q_1=x^2+2\,x-6,\quad Q_2=x^2-4,\quad Q_3=x-1.$$

以 $\mathbb{Q}$ 和 1 作为输入递归调用CAD. 现在 $n=1$, 而 $\mathbb{Q}$ 中多项式的实根为

$$-1-\sqrt{7} \ < \ -2 \ < \ 1 \ < \ -1+\sqrt{7} \ < \ 2.$$

于是 $\mathbf{R}^1$ 的一个 $\mathbb{Q}$ 不变号的柱形代数分解有 11 个胞腔, 它的样本可取为

$$s' = (-4, -1-\sqrt{7}, -3, -2, 0, 1, 3/2, -1+\sqrt{7}, 9/5, 2, 3).$$

这个分解的标准定义是

$$\begin{aligned}
\phi' := (\quad & Q_1 > 0 \wedge Q_2 > 0 \wedge Q_3 < 0, \quad Q_1 = 0 \wedge Q_2 > 0 \wedge Q_3 < 0, \\
& Q_1 < 0 \wedge Q_2 > 0 \wedge Q_3 < 0, \quad Q_1 < 0 \wedge Q_2 = 0 \wedge Q_3 < 0, \\
& Q_1 < 0 \wedge Q_2 < 0 \wedge Q_3 < 0, \quad Q_1 < 0 \wedge Q_2 < 0 \wedge Q_3 = 0, \\
& Q_1 < 0 \wedge Q_2 < 0 \wedge Q_3 > 0, \quad Q_1 = 0 \wedge Q_2 < 0 \wedge Q_3 > 0, \\
& Q_1 > 0 \wedge Q_2 < 0 \wedge Q_3 > 0, \quad Q_1 > 0 \wedge Q_2 = 0 \wedge Q_3 > 0, \\
& Q_1 > 0 \wedge Q_2 > 0 \wedge Q_3 > 0 \quad).
\end{aligned}$$

因为 $k < n$, 所以 ϕ' 不必提升, 因而 $\phi = \phi'$. 下面来提升 s', 并以 $s'_5 = 0$ 为例. 这时

$$P_5 = P_1(0,y)\,P_2(0,y) = (y^2-4)\,(y^2+2)$$

的实根是 $-2, 2$. 于是可取 $\mathbf{R}^2$ 中的点

$$(0,-3), \quad (0,-2), \quad (0,0), \quad (0,2), \quad (0,3).$$

对每个胞腔计算后, s' 提升为

$$\begin{aligned}
s = (\quad & (-4,0), \\
& (-1-\sqrt{7},0), \\
& (-3,0), \\
& (-2,-1), (-2,0), (-2,1), \\
& (0,-3), (0,-2), (0,0), (0,2), (0,3), \\
& (1,-2), (1,-\sqrt{3}), (1,-1), (1,0), (1,1), (1,\sqrt{3}), (1,2), \\
& (3/2,-2), (3/2,-\sqrt{7}/2), (3/2,-6/5), (3/2,-1), (3/2,0), \\
& \qquad (3/2,1), (3/2,6/5), (3/2,\sqrt{7}/2), (3/2,2), \\
& (-1+\sqrt{7},-2), (-1+\sqrt{7},-\alpha), (-1+\sqrt{7},0), (-1+\sqrt{7},\alpha), \\
& \qquad (-1+\sqrt{7},2),
\end{aligned}$$

$$(9/5,-2),(9/5,-\beta),(9/5,-1),(9/5,-\sqrt{19}/5),(9/5,0),$$
$$(9/5,\sqrt{19}/5),(9/5,1),(9/5,\beta),(9/5,2),$$

$$(2,-2),(2,-\sqrt{2}),(2,-1),(2,0),(2,1),(2,\sqrt{2}),(2,2),$$

$$(3,-3),(3,-2),(3,0),(3,2),(3,3)\ \ ),$$

其中

$$\alpha=\sqrt{2}\sqrt{\sqrt{7}-2},\quad \beta=2\sqrt{2}/\sqrt{5}.$$

至此, 算法 CAD 结束. 下面是量词消去的最后一步：将 s 中的样本点逐个代入 $\mathbb{P}$ 中多项式 P_1,P_2. 简单计算可知, 仅在 ϕ_7,ϕ_8,ϕ_9 定义的胞腔之柱形上有样本点同时满足 $P_1<0\wedge P_2<0$. 所以, 与 ψ^* 等价的无量词标准公式是

$$\psi:=\phi_7\vee\phi_8\vee\phi_9,$$

这里 $\vee$ 表示逻辑意义上的或.

Collins 在 1975 年的文章[30] 中还研究了基于柱形代数分解的量词消去算法的计算复杂性. 他指出, 如果一个待消去量词的公式中多项式的个数是 s, 多项式的最大次数是 d, 系数的最大长度是 l, 原子公式出现的次数是 t, 那么复杂性上界是

$$(2\,d)^{2^{2n+8}}s^{2^{n+6}}l^3t.$$

应该看到, 虽然这个结果明显优于 Tarski 的超指数复杂性, 但它仍然是双指数的. 另一方面, 有研究表明, 实量词消去问题在一般情形的复杂性就是变元个数的双指数. 因此, 实量词消去的策略也许应该是将问题分类, 然后针对每类问题给出一种较好的算法.

附录C　BOTTEMA 简易使用指南

虽然正文中对 BOTTEMA 的部分指令有过介绍, 为统一起见, 这里仍然一并说明.

C.1　如何安装和运行 BOTTEMA

BOTTEMA是在 Maple 平台上开发的应用程序, 如果离开了 Maple, 您将无法使用这个程序. 首先将BOTTEMA拷贝到您的计算机的某个子目录之下, 譬如说

```
X:\YY\ZZZ.
```

在进入 Maple 环境后您就可以运行这个程序. 首先读入 bottema(或者 bottema.dat, 如果该程序带扩展名的话), 即键入

```
> read `X:/YY/ZZZ/bottema`;
```

或者

```
> read `X:/YY/ZZZ/bottema.dat`;
```

注意标点 ` ` 是不能省略的, 然后您就可以执行BOTTEMA的所有指令, 使用其所有功能.

C.2　关于三角形中几何不变量的约定记号列表 (可扩充)

```
a,b,c,        三角形 ABC 的三边长
s,            s:=(a+b+c)/2, 半周长
x,y,z,        x:=s-a, y:=s-b, z:=s-c
S,            三角形的面积
R,            外接圆半径
r,            内切圆半径
ra,rb,rc,     旁切圆半径
ha,hb,hc,     高
ma,mb,mc,     中线
wa,wb,wc,     内角平分线
p,            p:=4*r*(R-2*r)/r^2
q,            q:=(s^2-16*R*r+5*r^2)/r^2
```

A,B,C	三角形的三个内角
sin(A),···	角的正弦，其他三角函数类似
abs(),	绝对值
aa,	这是一个约束条件，表示讨论的是一个锐角三角形

提示　这些代表几何不变量的记号在 BOTTEMA 中属于保留字符, 对它们赋值是无效的. 对于代数不等式没有约定记号和保留字符 (除 Maple 固有的保留字符之外).

C.3　证明不等式型定理的主要指令及其例解

C.3.1　prove

目的：证明某个三角形中的几何不等式或与之等价的代数不等式.

输入指令：prove(ineq);　或　prove(ineq, [ineqs]);

说明：
- ineq：一个待证的不等式, 用上面列表中的几何不变量来表述的.
- ineqs：作为假设条件的一组不等式, 其中每一个都是用上面列表中的几何不变量来表述的.

注意：
- 待证的几何不等式必须是 <= 型或者 >= 型的, 而且作为假设条件的那组不等式定义一个开集或者一个开集加上它的全部或部分边界; ineq 和 ineqs 必须由上述表列的几何不变量的有理函数或根式表出.
- 指令 prove 也适用于这样的命题：其假设 ineqs 和结论 ineq 都是用 x, y, z(其中 $x>0, y>0, z>0$) 的有理函数或根式表出的齐次代数不等式, 它是 <= 型或者 >= 型的, 而且作为假设条件的那组不等式定义一个开集或者一个开集加上它的全部或部分边界. 这样的代数命题等价于一个几何不等式命题.

例子：

```
> prove(a^2+b^2+c^2>=4*sqrt(3)*S+(b-c)^2+(c-a)^2+(a-b)^2);
```

The theorem holds

```
> prove(A>=B, [a>=b]);
```

The theorem holds

C.3.2　xprove

目的：证明某个具有非负变量的代数不等式.

输入指令：xprove(ineq);　或　xprove(ineq, [ineqs]);

说明：• ineq：一个待证的代数不等式, 它的所有变量都取非负值.

• ineqs：作为假设条件的一组代数不等式, 其所有变量都取非负值.

注意：• 待证的代数不等式必须是 <= 型或者 >= 型的, 而且作为假设条件的不等式组 ineqs 定义一个开集或者一个开集加上它的全部或部分边界 (由于后一限制, 当原问题的假设条件中含有某个等式 $P = Q$ 时, 必须用消元的办法去掉等式并降低整个问题的维数, 绝不能简单地用两个不等式 $P \geqslant Q, P \leqslant Q$ 代替)。

• 其假设 ineqs 和结论 ineq 中只出现有理函数和根式.

• “所有变量非负”在此是默认的, 不必写入假设条件中.

例子：

```
> xprove(sqrt(u^2+v^2)+sqrt((1-u)^2+(1-v)^2)>=sqrt(2),
        [u<1,v<1]);
```

The theorem holds

```
> f:=(x+1)^(1/3)+sqrt(y-1)+x*y+1/x+1/y^2:
> xprove(f>=42496/10000,[y>1]);
```

The theorem holds

```
> xprove(f>=42497/10000,[y>1]);
```

with a counter example

$$\left[x = \frac{29}{32}, y = \frac{294117648}{294117647}\right]$$

The theorem does not hold.

C.3.3 yprove

目的：证明某个代数不等式.

输入指令：yprove(ineq); 或 yprove(ineq, [ineqs]);

说明：• ineq：一个待证的代数不等式.

• ineqs：作为假设条件的一组代数不等式.

注意：• 待证的代数不等式必须是 <= 型或者 >= 型的, 而且作为假设条件的不等式组 ineqs 定义一个开集或者一个开集加上它的全部或部分边界 (由于后一限制, 当原问题的假设条件中含有某个等式 $P = Q$ 时, 必须用消元的办法去掉等式并降低整个问题的维数, 绝不能简单地用两个不等式 $P \geqslant Q, P \leqslant Q$ 代替).

• 其假设 ineqs 和结论 ineq 中只出现有理函数和根式.

例子：

```
> f:=x^6*y^6+6*x^6*y^5-6*x^5*y^6+15*x^6*y^4-36*x^5*y^5+15*x^4
      *y^6+20*x^6*y^3-90*x^5*y^4+90*x^4*y^5-20*x^3*y^6+15
      *x^6*y^2-120*x^5*y^3+225*x^4*y^4-120*x^3*y^5+15*x^2*y^6
      +6*x^6*y-90*x^5*y^2+300*x^4*y^3-300*x^3*y^4+90*x^2*y^5
      -6*x*y^6+x^6-36*x^5*y+225*x^4*y^2-400*x^3*y^3+225*x^2
      *y^4-36*x*y^5+y^6-6*x^5+90*x^4*y-300*x^3*y^2+300*x^2
      *y^3-90*x*y^4+6*y^5+15*x^4-120*x^3*y+225*x^2*y^2-120*x
      *y^3+15*y^4-20*x^3+90*x^2*y-90*x*y^2+20*y^3+16*x^2-36
      *x*y+16*y^2-6*x+6*y+1:
> yprove(f>=0);
```

The theorem holds.

C.3.4 sprove

目的： 证明某个具有非负变量的对称的多项式不等式.

输入指令： sprove(ineq);

说明：
- ineq：一个待证的具有非负变量的对称的多项式不等式.
- “所有变量非负”在此是默认的.
- 此版本尚未考虑另加约束条件的 sprove.

C.4 关于全局优化的主要指令及其例解

C.4.1 cmin

目的： 对于某个依赖于一个参数 (譬如 var) 的几何不等式, 寻求使该不等式成立的 var 的最小可能值.

输入指令： cmin(ineq, [ineqs], var);

说明：
- ineq：一个依赖于参数 var 的几何不等式, 当 var 取常数值时它属于指令 prove 所能处理的不等式的类型.
- ineqs：一组作为约束条件的几何不等式, 其中每个都属于指令 prove 所能处理的不等式的类型.
- var：参数.

输出： 一个代数数.

例子：

```
> cmin( wa^2+wb^2+wc^2 <= 4*R^2+11*r^2+k*r*(R-2*r),[ ],k );
```

C.4.2 ccmin

这个指令的功能和用法与 cmin 几乎完全相同, 但它只适用于如果我们已经知道该最小可能值只在等腰三角形上取到. 例子:

```
> ccmin( wa^2+wb^2+wc^2 <= 4*R^2+11*r^2+k*r*(R-2*r),[ ],k );
```

C.4.3 findmin

目的: 对于某个依赖于一个参数 (譬如 var) 的几何不等式, 寻求使该不等式成立的 var 的最小可能值. 与 cmin 不同的是: 待证的几何不等式以及作为约束条件的不等式组都必须是关于三角形三边对称的.

输入指令: findmin(var, ineq, [ineqs]);

说明:
- var: 参数.
- ineq: 一个依赖于参数 var 的几何不等式, 当 var 取常数值时它属于指令 prove 所能处理的不等式的类型, 而且是关于三角形三边对称的.
- ineqs: 一组作为约束条件的几何不等式, 其中每个都属于指令 prove 所能处理的不等式的类型, 而且都是关于三角形三边对称的.

输出: 一个代数数.

例子:

```
> findmin( k,wa^2+wb^2+wc^2 <= 4*R^2+11*r^2+k*r*(R-2*r),[] );
```

C.4.4 fmin

目的: 对于某个依赖于一个参数 (譬如 var) 的几何不等式, 寻求使该不等式成立的 var 的最小可能值的近似值.

输入指令: fmin(ineq, start, end, dig, var, [ineqs]);

说明:
- ineq: 一个依赖于参数 var 的几何不等式, 当 var 取常数值时它属于指令 prove 所能处理的不等式的类型.
- ineqs: 一组作为约束条件的几何不等式, 其中每个都属于指令 prove 所能处理的不等式的类型.
- start: 参数 var 的最小可能值的一个已知的下界.
- end: 参数 var 的最小可能值的一个已知的上界.
- dig: 对近似值所要求的有效数字的位数.
- var: 参数.

输出: 参数 var 的最小可能值的满足要求精度的下界和上界.

例子:

```
> fmin(wa^2+wb^2+wc^2 <= 4*R^2+11*r^2+k*r*(R-2*r),-10,10,5,k,[ ]);
```

C.4.5　xmin

目的：对于某个依赖于一个参数 (譬如 var) 的代数不等式, 寻求使该不等式成立的 var 的最小可能值.

输入指令：xmin(ineq, [ineqs], var);

说明：
- ineq：一个依赖于参数 var 的代数不等式, 当 var 取常数值时它属于指令 xprove 所能处理的不等式的类型.
- ineqs：一组作为约束条件的代数不等式, 其中每个都属于指令 xprove 所能处理的不等式的类型.
- var：参数.

输出：一个代数数.

例子：

```
> ineq:=1/5*(x2^3+1)^(1/3)*x2^2*x3^2<=k;
> ineqs:=x2^3+1 <= 12167/1000, x3 <= 32/10,
     10-(x2^3+1)^(2/3)-x2^2-x3^2-2/5*x2*x3 >= 0,
     sqrt(250-25*(x2^3+1)^(2/3)-25*x2^2-25*x3^2+10*x2*x3)
     +sqrt(250-25*(x2^3+1)^(2/3)-25*x2^2-25*x3^2-10*x2*x3)
     <= 32;
> xmin(ineq,[ineqs],k);
```

C.4.6　xfmin

目的：对于某个依赖于一个参数 (譬如 var) 的代数不等式, 寻求使该不等式成立的 var 的最小可能值的近似值.

输入指令：xfmin(ineq, start, end, dig, var, [ineqs]);

说明：
- ineq：一个依赖于参数 var 的代数不等式, 当 var 取常数值时它属于指令 xprove 所能处理的不等式的类型.
- ineqs：一组作为约束条件的代数不等式, 其中每个都属于指令 xprove 所能处理的不等式的类型.
- start: 参数 var 的最小可能值的一个已知的下界.
- end：参数 var 的最小可能值的一个已知的上界.
- dig：对近似值所要求的有效数字的位数.
- var：参数.

输出：参数 var 的最小可能值的满足要求精度的下界和上界.

例子：

```
> ineq:=1/5*(x2^3+1)^(1/3)*x2^2*x3^2<=k;
> ineqs:=x2^3+1 <= 12167/1000, x3 <= 32/10,
```

```
    10-(x2^3+1)^(2/3)-x2^2-x3^2-2/5*x2*x3 >= 0,
    sqrt(250-25*(x2^3+1)^(2/3)-25*x2^2-25*x3^2+10*x2*x3)
    +sqrt(250-25*(x2^3+1)^(2/3)-25*x2^2-25*x3^2-10*x2*x3)
    <= 32;
> xfmin(ineq,0,40,5,k,[ineqs]);
```

关于寻求参数的 "最大可能值", 我们有函数 cmax,ccmax,findmax,fmax, xmax 和 xfmax, 其用法相应地与 cmin,ccmin,findmin, fmin,xmin 和 xfmin 类似.

注 这是一个简易的使用指南, 以上介绍的只是软件的主要功能, 并不包括所有的函数.

附录D　六次多项式根的分类

设

$$g_6 = x^6 + px^4 + qx^3 + rx^2 + sx + t.$$

下面我们给出 g_6 的实根 (兼及虚根) 依其重数的详尽的分类表, 共分 23 种情况. 这个分类完全由 g_6, $\Delta(g_6)$ 和 $\Delta^2(g_6)$ 的判别式序列的符号修订表所确定. 这些判别式序列均属于 g_6 的 "完全判别系统", 这一判定实际用到 12 个 (以 g_6 的系数 p, q, r, s, t 为变元的) 非平凡的多项式.

1. $\{1,1,1,1,1,1\}$, 即 g_6 有 6 个相异实根, 当且仅当符号修订表为 $[1,1,1,1,1,1]$.
2. $\{1,1,1,1\}$, 即 g_6 有 4 个单实根, 当且仅当其符号修订表为下列之一者:

$$[1,-1,-1,-1,-1,-1],\ [1,1,-1,-1,-1,-1],\ [1,1,1,-1,-1,-1],$$
$$[1,1,1,1,-1,-1], [1,1,1,1,1,-1].$$

3. $\{1,1\}$ 只有 2 个单实根而且没有虚的重根, 当且仅当其符号修订表为下列之一者:

$$[1,-1,1,1,1,1], [1,-1,-1,1,1,1], [1,-1,-1,-1,1,1],$$
$$[1,-1,-1,-1,-1,1], [1,1,-1,1,1,1], [1,1,-1,-1,1,1],$$
$$[1,1,-1,-1,-1,1], [1,1,1,-1,1,1], [1,1,1,-1,-1,1],$$
$$[1,1,1,1,-1,1].$$

4. $\{\ \}$ 无实根而且没有虚的重根, 当且仅当其符号修订表为下列之一者:

$$[1,-1,1,-1,-1,-1], [1,-1,1,1,-1,-1], [1,-1,1,1,1,-1],$$
$$[1,-1,-1,1,-1,-1], [1,-1,-1,1,1,-1], [1,-1,-1,-1,1,-1],$$
$$[1,1,-1,1,-1,-1], [1,1,-1,1,1,-1], [1,1,-1,-1,1,-1],$$
$$[1,1,1,-1,1,-1].$$

5. $\{1,1,1,1,2\}$, 即 g_6 有 4 个单实根和 1 个 2 重实根, 当且仅当其符号修订表为

$$[1,1,1,1,1,0].$$

6. $\{1,1,2\}$, 即 g_6 有 2 个单实根和 1 个 2 重实根, 当且仅当其符号修订表为下列之一者:

$$[1,-1,-1,-1,-1,0], [1,1,-1,-1,-1,0], [1,1,1,-1,-1,0],$$
$$[1,1,1,1,-1,0].$$

7. $\{2\}$ 只有 1 个 2 重实根而且没有虚的重根, 当且仅当其符号修订表为下列之一者:

$$[1,-1,1,1,1,0],[1,-1,-1,1,1,0],[1,-1,-1,-1,1,0],$$
$$[1,1,-1,1,1,0],[1,1,-1,-1,1,0],[1,1,1,-1,1,0].$$

8. $\{1,1,2,2\}$, 即 g_6 有 2 个单实根和 2 个 2 重实根, 当且仅当其符号修订表为 $[1,1,1,1,0,0]$, 同时 $\Delta(g_6)$ 的符号修订表为 $[1,1]$.
9. $\{1,1,1,3\}$, 即 g_6 有 3 个单实根和 1 个 3 重实根, 当且仅当其符号修订表为 $[1,1,1,1,0,0]$, 同时 $\Delta(g_6)$ 的符号修订表为 $[1,0]$.
10. $\{2,2\}$, 即 g_6 有 2 个 2 重实根, 当且仅当其符号修订表为下列之一: $[1,-1,-1,-1,0,0]$, $[1,1,-1,-1,0,0]$, $[1,1,1,-1,0,0]$, 同时 $\Delta(g_6)$ 的符号修订表为 $[1,1]$.
11. $\{1,3\}$, 即 g_6 有 1 个单实根和 1 个 3 重实根, 当且仅当其符号修订表为下列之一: $[1,-1,-1,-1,0,0]$, $[1,1,-1,-1,0,0]$, $[1,1,1,-1,0,0]$, 同时 $\Delta(g_6)$ 的符号修订表为 $[1,0]$.
12. $\{1,1\}$ g_6 只有 2 个单实根但有虚的重根, 当且仅当其符号修订表为下列之一: $[1,-1,-1,-1,0,0]$, $[1,1,-1,-1,0,0]$, $[1,1,1,-1,0,0]$, 同时 $\Delta(g_6)$ 的符号修订表为 $[1,-1]$.
13. $\{\ \}$ g_6 无实根但有 2 个 2 重虚根, 当且仅当其符号修订表为下列之一者:

$$[1,-1,1,1,0,0],[1,-1,-1,1,0,0],[1,1,-1,1,0,0].$$

14. $\{2,2,2\}$, 即 g_6 有 3 个 2 重实根, 当且仅当其符号修订表为 $[1,1,1,0,0,0]$, 同时 $\Delta(g_6)$ 的符号修订表为 $[1,1,1]$.
15. $\{1,2,3\}$, 即 g_6 有 1 个单实根, 1 个 2 重实根和 1 个 3 重实根, 当且仅当其符号修订表为 $[1,1,1,0,0,0]$, 同时 $\Delta(g_6)$ 的符号修订表为 $[1,1,0]$.
16. $\{1,1,4\}$, 即 g_6 有 2 个单实根和 1 个 4 重实根, 当且仅当其符号修订表为 $[1,1,1,0,0,0]$, 同时 $\Delta(g_6)$ 的符号修订表为 $[1,0,0]$.
17. $\{4\}$, 即 g_6 有 1 个 4 重实根, 当且仅当其符号修订表为 $[1,-1,-1,0,0,0]$ 或 $[1,1,-1,0,0,0]$, 同时 $\Delta(g_6)$ 的符号修订表为 $[1,0,0]$.
18. $\{2\}$ g_6 有 1 个 2 重实根并有 2 个 2 重虚根, 当且仅当其符号修订表为 $[1,-1,-1,0,0,0]$ 或 $[1,1,-1,0,0,0]$, 同时 $\Delta(g_6)$ 的符号修订表为 $[1,-1,-1]$ 或 $[1,1,-1]$.
19. $\{3,3\}$, 即 g_6 有 2 个 3 重实根, 当且仅当 g_6 的符号修订表为 $[1,1,0,0,0,0]$, $\Delta(g_6)$ 的符号修订表为 $[1,1,0,0]$, 同时 $\Delta^2(g_6)$ 的符号修订表为 $[1,1]$.
20. $\{2,4\}$, 即 g_6 有 1 个 2 重实根和 1 个 4 重实根, 当且仅当 g_6 的符号修订表为 $[1,1,0,0,0,0]$, $\Delta(g_6)$ 的符号修订表为 $[1,1,0,0]$, 同时 $\Delta^2(g_6)$ 的符号修

订表为 $[1,0]$.

21. $\{1,5\}$, 即 g_6 有 1 个单实根和 1 个 5 重实根, 当且仅当 g_6 的符号修订表为 $[1,1,0,0,0,0]$ 同时 $\Delta(g_6)$ 的符号修订表为 $[1,0,0,0]$.
22. $\{\ \}$ g_6 无实根但有 2 个 3 重虚根, 当且仅当符号修订表为 $[1,-1,0,0,0,0]$.
23. $\{6\}$, g_6 有 1 个 6 重实根, 当且仅当其符号修订表为 $[1,0,0,0,0,0]$.

按第 3 章的定义计算出 g_6 的判别式序列 $[D_1,\cdots,D_6]$ 如下：

$$
\begin{aligned}
&D_1=1,\qquad D_2=-p,\qquad D_3=24\,rp-8\,p^3-27\,q^2,\\
&D_4=32\,p^4r-12\,p^3q^2+96\,p^3t+324\,prq^2-224\,r^2p^2-288\,ptr\\
&\quad-120\,qp^2s+300\,ps^2-81\,q^4+324\,tq^2-720\,qsr+384\,r^3,\\
&D_5=-4\,p^3q^2r^2-1344\,ptr^3+24\,p^4q^2t+144\,pq^2r^3+1440\,ps^2r^2\\
&\quad+162\,q^4tp-5400\,rts^2+1512\,prtsq+16\,p^4r^3-192\,p^4t^2+72\,p^5s^2\\
&\quad-128\,r^4p^2+256\,r^5+1875\,s^4-64\,p^5rt+592\,p^3tr^2+432\,rt^2p^2\\
&\quad-616\,rs^2p^3+558\,q^2p^2s^2+1080\,s^2tp^2-2400\,ps^3q-324\,pt^2q^2\\
&\quad-1134\,tsq^3+648\,q^2tr^2+1620\,q^2s^2r-1344\,qsr^3+3240\,qst^2\\
&\quad+12\,p^3q^3s-1296\,pt^3-27\,q^4r^2+81\,q^5s+1728\,t^2r^2-56\,p^4rsq\\
&\quad-72\,p^3tsq+432\,r^2p^2sq-648\,rq^2tp^2-486\,prq^3s,\\
&D_6=-32400\,ps^2t^3-3750\,pqs^5+16\,q^3p^3s^3-8640\,q^2p^3t^3+825\,q^2p^2s^4\\
&\quad+108\,q^4p^3t^2+16\,r^3p^4s^2-64\,r^4p^4t-4352\,r^3p^3t^2\\
&\quad+512\,r^2p^5t^2+9216\,rp^4t^3-900\,rp^3s^4-17280\,t^3p^2r^2\\
&\quad-192\,t^2p^4s^2+1500\,tp^2s^4-128\,r^4p^2s^2+512\,r^5p^2t+9216\,r^4pt^2\\
&\quad+2000\,r^2s^4p+108\,s^4p^5-1024\,p^6t^3-4\,q^2p^3r^2s^2-13824\,t^4p^3\\
&\quad+16\,q^2p^3r^3t+8208\,q^2p^2r^2t^2-72\,q^3p^3str+5832\,q^3p^2st^2\\
&\quad+24\,q^2p^4ts^2-576\,q^2p^4t^2r-4536\,q^2p^2s^2tr-72\,rp^4qs^3\\
&\quad+320\,r^2p^4qst-5760\,rp^3qst^2-576\,rp^5ts^2+4816\,r^2p^3s^2t-120\,tp^3qs^3\\
&\quad+46656\,t^3p^2qs-6480\,t^2p^2s^2r+560\,r^2qp^2s^3-2496\,r^3qp^2st\\
&\quad-3456\,r^2qpst^2-10560\,r^3s^2pt+768\,sp^5t^2q+19800\,s^3rqpt+3125\,s^6\\
&\quad-46656\,t^5-13824\,r^3t^3+256\,r^5s^2-1024\,r^6t+62208\,prt^4+108\,q^5s^3\\
&\quad-8748\,q^4t^3+729\,q^6t^2+34992\,q^2t^4-630\,prq^3s^3+3888\,prq^2t^3\\
&\quad+2250\,rq^2s^4-4860\,prq^4t^2-22500\,rts^4+144\,pr^3q^2s^2-576\,pr^4q^2t\\
&\quad-8640\,r^3q^2t^2+2808\,pr^2q^3st+21384\,rq^3st^2-9720\,r^2q^2s^2t
\end{aligned}
$$

$$-77760\,rt^3qs + 43200\,r^2t^2s^2 - 1600\,r^3qs^3 + 6912\,r^4qst$$
$$-27540\,pq^2t^2s^2 - 27\,q^4r^2s^2 + 108\,q^4r^3t - 486\,q^5str + 162\,pq^4ts^2$$
$$-1350\,q^3ts^3 + 27000\,s^3qt^2.$$

在表列情况 8 ~ 13 中, $\Delta(g_6)$ 是一个二次多项式, 它的判别式序列经计算为

$$E_1^{(2)} = 1,$$
$$E_2^{(2)} = (-4\,p^3rq + 24\,p^4s + 48\,qpr^2 - 172\,rp^2s - 36\,qp^2t + 180\,stp - 27\,rq^3$$
$$+126\,q^2ps - 225\,s^2q - 216\,trq + 240\,sr^2)^2 - (-12\,p^3q^2 + 32\,p^4r$$
$$+96\,p^3t + 324\,prq^2 - 224\,r^2p^2 - 288\,ptr - 120\,qp^2s + 300\,ps^2 - 81\,q^4$$
$$+324\,tq^2 - 720\,qsr + 384\,r^3)\,(-4\,qp^3s + 64\,p^4t + 48\,rpsq - 384\,rp^2t$$
$$-20\,s^2p^2 - 27\,q^3s + 324\,q^2tp - 540\,tsq + 576\,tr^2).$$

在表列情况 14 ~ 18 中, $\Delta(g_6)$ 是一个三次多项式, 它的判别式序列经计算为

$$E_1^{(3)} = 1,$$
$$E_2^{(3)} = -32\,rp^5 + 12\,q^2p^4 + 288\,p^4t + 96\,r^2p^3 - 480\,qp^3s + 36\,rp^2q^2$$
$$+300\,s^2p^2 - 864\,rp^2t + 972\,q^2tp + 360\,rpsq + 432\,r^2q^2 - 1215\,q^3s,$$
$$E_3^{(3)} = 656100\,r^2s^2q^4 - 512\,r^3p^9 - 2460375\,q^5s^3 - 14348907\,q^6t^2$$
$$-1728\,s^2p^{10} + 373248\,p^6t^3 + 54000\,p^5s^4 + 291600\,p^4s^2t^2$$
$$-9920232\,p^3q^4t^2 - 129600\,p^6s^3q + 144\,r^2p^8q^2 - 432\,p^8sq^3$$
$$+5184\,r^4p^4q^2 - 2519424\,r^3q^4t + 13824\,p^8r^2t + 1728\,p^8rs^2$$
$$+14256\,p^7s^2q^2 + 13968\,p^6r^2s^2 - 124416\,p^7t^2r + 77760\,p^7s^2t$$
$$-4199040\,pr^2tq^3s + 1296\,p^6q^3sr + 44064\,p^7tq^2r - 13536\,p^7r^2sq$$
$$-108864\,p^8tsq - 11664\,p^6q^4t - 41472\,p^6r^3t - 1667952\,p^6t^2q^2$$
$$+373248\,p^5t^2r^2 + 64152\,p^4q^4s^2 - 1119744\,p^4t^3r - 1239300\,p^3q^3s^3$$
$$+1259712\,p^3q^2t^3 + 455625\,p^2q^2s^4 + 155520\,p^5r^2tq^2 + 1536\,r^4p^7$$
$$+1728\,p^9rsq + 10628820\,q^5str + 616896\,p^6rtsq - 11664\,p^5q^3ts$$
$$-84888\,p^5rq^2s^2 + 12096\,p^5r^3sq + 583200\,p^5st^2q - 298080\,p^5s^2tr$$
$$-31104\,p^4r^2sq^3 - 52488\,p^4rq^4t + 6018624\,p^4q^2t^2r$$
$$-1195560\,p^4q^2ts^2 - 637632\,p^4r^2tsq + 178200\,p^4rs^3q$$
$$+272160\,p^3r^2q^2s^2 - 933120\,p^3r^3tq^2 + 5161320\,p^3q^3trs$$

$$+729000\,p^3tqs^3-2799360\,p^3rst^2q+708588\,p^2q^5ts$$
$$-43740\,p^2q^4rs^2+23328\,p^2r^3q^3s+2361960\,p^2q^3st^2$$
$$-874800\,p^2q^2rts^2-3359232\,p^2r^2t^2q^2-314928\,p^2r^2q^4t$$
$$+17006112\,pq^4t^2r-2952450\,pq^4ts^2+1093500\,pq^3rs^3.$$

在表列情况 19 ~ 22 中, $\Delta(g_6)$ 是一个四次多项式, 它的判别式序列经计算为

$$E_1^{(4)}=1,\qquad E_2^{(4)}=27\,q^2-64\,rp,$$
$$E_3^{(4)}=144\,r^2q^2-405\,q^3s-648\,q^2tp-512\,r^3p+1680\,rpsq+1536\,rp^2t-1800\,s^2p^2,$$
$$E_4^{(4)}=110592\,t^3p^3-103680\,sp^2t^2q+14580\,q^3str-4050\,q^2tps^2+93312\,q^2t^2pr+13500\,rps^3q+86400\,rp^2ts^2-57600\,r^2psqt+900\,q^2r^2s^2-3456\,q^2r^3t-3375\,q^3s^3-19683\,q^4t^2-73728\,r^2p^2t^2-3200\,r^3ps^2+12288\,r^4pt-16875\,s^4p^2.$$

在表列情况 19 ~ 20 中, $\Delta^2(g_6)$ 是一个二次多项式, 它的判别式序列经计算为

$$F_1=1,$$
$$F_2=-4096\,rp^2t+1200\,s^2p^2-160\,rpsq+1728\,q^2tp+48\,r^2q^2-135\,q^3s.$$

作为以上结果的一个直接应用, 我们可以轻易地解决下述的尚无人给出显式判定的一个问题：*为了使*

$$(\forall x)\quad g_6=x^6+px^4+qx^3+rx^2+sx+t\geqslant 0$$

成立, p, q, r, s, t *应满足什么样的充分必要条件?*

根据上面的分类表, g_6 没有实根或只有偶重实根 (即 g_6 是正半定) 的充分必要条件是其判别系统的符号修订表属于上表中第 4, 7, 10, 13, 14, 17, 18, 20, 22, 23 等 10 种情况之一.

前面我们建立的显式判准对于所有高次参系数多项式是完备的, 从理论上讲可以 7 次, 8 次 …… 一直做下去. 然而随着次数的增加, 有关的判别式序列的计算复杂度增长极快. 从上面的讨论可以看出, 对一般六次多项式的根的分类已不适合第 3 章中对五次多项式所采用的那种叙述方式. 对于更高次数的情况, 我们还可以采取所谓 “lazy 策略”, 即对所得的行列式序列不作展开. 这时, 对一个 n 次的多项式, 我们实际上就是讨论一个长度为 n 的符号表的所有可能情况, 然后根据符号修订规则和判别定理直接列举结果.

索　引